RAINER SLOTTA

EINFÜHRUNG
IN DIE INDUSTRIEARCHÄOLOGIE

RAINER SLOTTA

EINFÜHRUNG
IN DIE
INDUSTRIEARCHÄOLOGIE

1982

WISSENSCHAFTLICHE BUCHGESELLSCHAFT
DARMSTADT

CIP-Kurztitelaufnahme der Deutschen Bibliothek

Slotta, Rainer:
Einführung in die Industriearchäologie / Rainer
Slotta. – Darmstadt: Wissenschaftliche Buchge-
sellschaft, 1982.
   ISBN 3-534-07411-4

1 2 3 4 5

 Bestellnummer 7411-4

© 1982 by Wissenschaftliche Buchgesellschaft, Darmstadt
Satz: Maschinensetzerei Janß, Pfungstadt
Druck und Einband: Wissenschaftliche Buchgesellschaft, Darmstadt
Printed in Germany
Schrift: Linotype Garamond, 9/11

ISBN 3-534-07411-4

INHALT

VORWORT

In den letzten Jahren ist in der Bundesrepublik Deutschland das Interesse an den Zeugnissen und Denkmälern der technischen Entwicklung sprunghaft gestiegen; die Forschung hat sich in einem bis dahin kaum gekannten Ausmaß mit diesem Problemkreis beschäftigt. Wichtige Beiträge lieferte auch die Industriearchäologie – eine Wissenschaftsdisziplin, hinter deren neuer Bezeichnung sich grundsätzlich ein seit langem bekannter „Kern" verbirgt. Wie bei vielen Bezeichnungen ist der Terminus „Industriearchäologie" nicht gerade glücklich gewählt – zumindest in der deutschen Übersetzung des englischen Begriffs. Was es nun mit dieser Wissenschaftsdisziplin auf sich hat, wie sie arbeitet und welche Objekte das Feld der Bearbeitung sind, soll im Folgenden andeutungsweise aufzuzeigen versucht werden.

Das Verständnis, was denn nun Industriearchäologie eigentlich ist und welche Problemkreise diese interdisziplinär arbeitende Disziplin abdecken kann, ist innerhalb der Industriearchäologen durchaus unterschiedlich und kontrovers. Insofern stellt diese Einführung in der vorliegenden Form das Verständnis einer Einzelperson dar, hinter der allerdings die Kulturinstitution des Deutschen Bergbau-Museums Bochum steht, ein Museum, das sich schon seit den 60er Jahren mit industriearchäologischen Fragestellungen beschäftigt, das den II. Internationalen Kongreß zur Erhaltung technischer Denkmäler im Jahre 1975 in seinem Hause abgehalten hat, das mit der Erhaltung der Maschinenhalle Zollern II/IV und der Übertragung des Fördergerüstes der ehemaligen Zeche Germania von Dortmund nach Bochum immerhin wichtige Initiativen hinsichtlich der Erhaltung technischer Denkmäler getätigt hat und das sich mit industriearchäologischen Grundlagenforschungen beschäftigt. Die Einrichtung einer Abteilung „Technische Denkmäler" im Museum mit wesentlicher Unterstützung der Westfälischen Berggewerkschaftskasse (WBK), Bochum, und ihre Inventarisationsarbeiten an den Denkmälern selbst waren Grundvoraussetzungen zum Entstehen dieser Einführung.

Industriearchäologie befaßt sich mit allen Sparten der Industrie. Wenn diese Einführung fast ausschließlich den Montanbereich in seinen Beispielen berührt, so liegt dies darin begründet, daß der Verfasser sich vorwiegend mit diesem Denkmälerbereich beschäftigt. Andererseits muß man in der freiwilligen Beschränkung auf diesen Denkmälerbereich nicht unbedingt eine „Verarmung" oder Beschneidung der Materie sehen; umgekehrt kann für einen Denkmälerbereich doch vieles deutlicher und prägnanter ausgesagt werden. Und schließlich darf nicht übersehen werden, daß die gewählten Beispiele Modelle sind, die jederzeit auf andere Denkmälergattungen übertragen werden können: So ist diese Einführung nur scheinbar ein Buch über den Montanbereich.

Man mag bei den vorgestellten Beispielen vielleicht einwenden, daß sie zu breit und ausgreifend vorgestellt und erläutert worden sind: Dies liegt darin begründet, daß die vorgestellten Modelle, welche die technischen Denkmäler zum Ausgangspunkt haben, nur ganz ausnahmsweise auf eine Deutung ausgelegt werden können. Vielmehr bergen diese Denkmäler eine Fülle von Einflüssen in sich, die mehr oder weniger dominant hervortreten. Es schien mir wichtig, klarzumachen, daß diese Einwirkungen und Einflußnahmen, die zum Entstehen des technischen Denkmals einstmals geführt haben, manchmal nur sehr schwer voneinander getrennt und „herausdestilliert" werden können, daß vielmehr wirtschaftliche, politische, technische, rechtliche und künstlerische Grundvoraussetzungen – um nur einige zu nennen – zusammengekommen sind. Insofern ist jedes Abweichen vom unmittelbaren Erklärungsversuch zugleich eine willkommene Bereicherung zur Deutung des technischen Denkmals.

Ich möchte mich an dieser Stelle vor allem bei meinen Kollegen, allen voran bei Herrn Dr. Gerd Weisgerber, für die Unterstützung und Hilfestellung bedanken. Bergassessor a. D. Hans-Günter Conrad hat wichtige Hinweise gegeben und das Entstehen dieser Arbeit wohlwollend gefördert. Schließlich gilt mein Dank Herrn Dr. Reinhardt Hootz, der das Zustandekommen dieser Einführung initiiert hat.

Ich widme dieses Buch meiner Frau Elisabeth, die unter der Industriearchäologie viel zu leiden hat.

Bochum, im Mai 1981   Rainer Slotta

I. INDUSTRIEARCHÄOLOGIE
UND TECHNISCHE DENKMÄLER

Industriearchäologie ist die systematische Erforschung aller dinglichen Quellen jeglicher industriellen Vergangenheit von der Prähistorie bis zur Gegenwart: Mit dieser Definition ist das Wesen und der Inhalt dieser Wissenschaftsdisziplin am kürzesten und prägnantesten ausgedrückt.[1] Damit ist auch zugleich ausgesagt, daß Industriearchäologie eine historische Disziplin ist, die sich um dingliche Quellen – das sind die „Technischen Denkmäler" – und ihre Erklärung bemüht. Ähnlich der Kunstwissenschaft, die von den Kunstdenkmälern ausgehend eine Kunstgeschichte geschrieben hat, versucht die Industriearchäologie anhand der technischen Denkmäler eine Geschichte der industriellen Entwicklung zu schreiben. Wichtig dabei ist, daß die Industriearchäologie das technische Denkmal als Informationsträger betrachtet und braucht, da in der Auffassung der Industriearchäologie das technische Denkmal Ergebnis und Summe der Kultur- und Umwelteinflüsse verkörpert. Damit eröffnet sich für die Industriearchäologie die Arbeitsweise, deduktiv anhand der technischen Denkmäler nach einer Vielzahl von Gründen zu fragen und zu forschen, die zum Entstehen des technischen Denkmals geführt haben. Das technische Denkmal ist demnach als Spiegelbild unterschiedlichster Einflüsse ein aussagefähiger Informationsträger: Die industriearchäologische Forschung muß diesen Informationsträger nach verschiedenen Seiten hin abfragen. Die erhaltenen Antworten erklären nicht nur das Denkmal an sich, sondern geben auch Informationen über die „Hintergründe", die zum Entstehen und zur Ausbildung des Objektes geführt haben.

So kann das technische Denkmal als Informationsträger und Ergebnis und Summe der Kultureinflüsse wesentliche Aufschlüsse über Wirtschaft und Ökonomie, Technik, Geschichte, Kunst, Religion, natur-

---

[1] Vgl. Manfred Wehdorn, Die Baudenkmäler des Eisenhüttenwesens in Österreich, Düsseldorf 1977, S. 1, Anm. 1.

wissenschaftliche Verhältnisse, über Ökologie, Klima und Botanik, über Geologie und schließlich über soziale Verhältnisse vermitteln, wobei gleich zugestanden werden muß, daß die hier aufgezählten Kulturkomponenten nur ganz selten in „reiner", unvermischter Form „herausseziert", vielmehr fast immer in Abhängigkeit von- und zueinander auftreten und erkannt werden können.

T 11–13   Dies mag an einem Beispiel erläutert werden: Betrachtet man das heute wohl herausragende technische Denkmal des deutschen Erzbergbaus, die *Grube Dr. Geier in Waldalgesheim* bei Bingen, so lassen sich aus den erhaltenen Tagesanlagen bemerkenswerte Rückschlüsse ziehen. Zunächst fällt die an barocken Schloßbauwerken orientierte Grundrißanlage mit dem umgedeuteten „Ehrenhof" («cour d'honneur») auf, dann die sorgfältige architektonische Gestaltung und Gliederung der einzelnen Baukörper, die als Nachklänge des Darmstädter Jugendstils zu bewerten sind. Hieraus sind zunächst schon einmal Rückschlüsse auf die Kunstauffassung und das Architektur- bzw. Designverständnis der Architekten möglich, die in den Persönlichkeiten von Eugen Seibert und Georg Markwort bekannt sind. Den Bereich des „Persönlichen" können wir etwas näher durch den Auftraggeber Dr. Esch erfassen, der als Chefgeologe und Direktor die Initiative zur vollständigen Neugestaltung der Zechenanlage im Ersten Weltkrieg ergriffen und die Erbauung durchgesetzt hat. Damit sind zugleich wesentliche Aussagen über die wirtschaftliche und historische Situation angedeutet worden: Mitten im Ersten Weltkrieg, als die Kriegswirtschaft dringend manganhaltiges Eisen benötigte, entschloß man sich zum vollständigen Neubau einer Schachtanlage, um den wirtschaftlich-gesamtökonomischen Bedürfnissen entsprechen zu können. Das rasche Ansteigen der Förderziffern verdeutlicht die wirtschaftliche Bedeutung dieses Projektes. Auch in geologischer Hinsicht bietet die Grube Bemerkenswertes: Sie baute auf einer Lagerstätte in nicht allzu großer Tiefe, so daß sich z. B. die Konstruktion des Fördergerüstes und seine Höhenerstreckung ebenfalls in gewissen Grenzen halten konnte. Das macht deutlich, daß technische Ausbildung der Tagesanlagen, maschinelle Ausrüstung und geologische Grundvoraussetzungen eng miteinander verwoben sind und sich gegenseitig bedingen: Alle diese Informationen vereinigen sich im technischen Denkmal. Wer die Grube Dr. Geier vor der Stillegung im Jahre 1962 noch gekannt hat, wird einen großen Drehrohrofen bemerkt haben: Er diente zur Sinterung des Dolomits, der nach der Umstellung im Grubenbetrieb von der Erz- zur Dolomitförderung erbaut worden war. Damit sind selbstverständlich technische Verhältnisse wie auch wirtschaftliche Bedingungen greifbar: Neben der Umstellung der Förderung hat sich auch das Abbauverfahren unter Tage geändert – was an der Tagesoberfläche zu starken Bergschäden geführt hat, die noch heute erkennbar sind. Auch die gesamtwirtschaftliche Entwicklung innerhalb der deutschen Hüttenindustrie wird erkennbar, die in den späten 50er und 60er Jahren dieses Jahrhunderts weg von den teuren deutschen und hin zu den billigen ausländischen Rohstoffen geführt hat. Da die teuren Waldalgesheimer Manganerze in den Hüttenwerken des Mannesmann-Konzerns nicht mehr rentabel eingesetzt werden konnten, rüstete man die Grube zur Gewinnung von Kalk-Dolomit um; mit diesem Rohstoff kleidete man die Konzern-Hochöfen an Rhein und Ruhr aus.

Man kann sehr gut verdeutlichen, daß gerade im Bereich der Rohstoffe produzierenden Industrie die Aussagemöglichkeiten hinsichtlich ökologischer Fragen vortrefflich sind. Man kennt die gesundheitlichen Schädigungen, denen die Belegschaftsangehörigen in den Metallhütten ausgesetzt waren und noch immer sind. Ähnliches gilt für die chemische Industrie; die durch Abgase entstandenen Flurschäden in der Umgebung der Hüttenwerke sind dafür deutliche Zeugnisse, und die Rodungspolitik der mittelalterlichen und vorgeschichtlichen Unternehmen zeigen dies ebenso. So ist die „Versteppung" der Lüneburger Heide auf den riesigen Holzbedarf der *Saline in Lüneburg* zurückzuführen, da T 25 diese die geförderte Natursole in offenen Pfannen versott. Die Verkarstungen des Mittelmeergebietes sind u. a. ebenfalls auf Abholzung zurückzuführen, um Holzkohle für die antiken Hüttenbetriebe zu erhalten. Hierhin gehören auch die mit der Abholzung verbundenen klimatischen Auswirkungen: Erosion verändert eine Landschaft vollständig, Änderungen der klimatischen Verhältnisse von nur 2–3° C können in einer Region zum wirtschaftlichen und botanisch-zoologischen Kollaps führen.

Zu einer Bergwerks- oder Hüttenanlage gehören immer die typischen T 18 b Zechensiedlungen. Mit den Hausbauten fassen wir soziale Verhältnisse, mit den Siedlungen Gesamtstrukturen einer Bevölkerungspolitik, die planmäßig von den Unternehmen betrieben und vom Staat gebilligt bzw. unterstützt wurde. Auch im Falle der Grube Dr. Geier hat sich eine derartige Wohnsiedlung erhalten, die deshalb erbaut worden ist, weil die vor 1916 ff. errichteten Arbeiterhäuser durch das Vordringen des unterirdischen Abbaus bedroht waren. Deshalb verlegte man die Bergleute in eine neue Siedlung und brach die alten Häuser ab oder ließ sie zu Bruch gehen: Es entstand ein vollständig neues Dorf: „Waldalgesheim".

T 31, In medizinischer Hinsicht können vor allem die *Kauen* (= Wasch-
32   und Umkleideräume) der Bergleute Informationen über das technische Denkmal liefern: Die heute überall anzutreffenden Brausebäder waren noch bis weit ins 19. Jh. hinein beileibe nicht die Regel, sondern der Ausnahmefall: Zunächst besaßen die Bergwerke Sammelbäder mit großen Becken. In diesen Gemeinschaftsbädern, die sich fast nie in hygienisch einwandfreiem Zustand befanden, infizierten sich die Bergleute;

GENERALÜBERSICHT

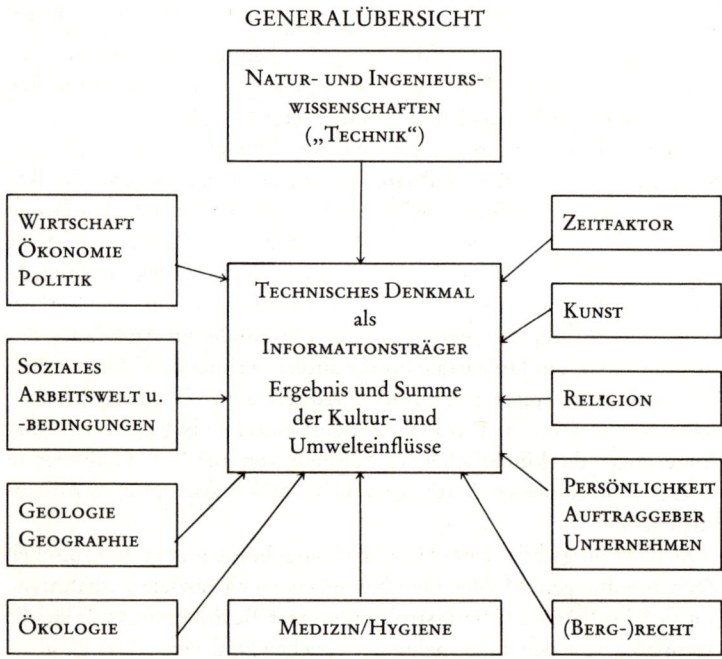

die sog. Wurmkrankheit war zu jener Zeit eine der gefürchteten Folge-
erscheinungen, eine Seuche, die mit dazu beitrug, daß die Bergleute an
Rhein und Ruhr sich zu den ersten großen Streiks zusammenfanden und
eine Veränderung der hygienischen Verhältnisse forderten.

Daß bergrechtliche Verordnungen und Gesetze ihren Widerhall in
Zechenbauten finden, ist so bekannt und einsichtig, daß man diese Tatsache nicht weiter ausbreiten muß. Aber selbst dann, wenn von einer
Schachtanlage heute nur noch ein verschlossener Schacht als technisches
Denkmal vor uns steht und die Erinnerung an einen ehemals wichtigen
wirtschaftlichen Faktor wachhält, greifen wir damit berggesetzliche
Regelungen, wonach nach erfolgter bergwirtschaftlicher Ausbeutung
einer Lagerstätte der vor der Bergbauaufnahme bestehende Zustand
wieder herbeigeführt werden muß.

Mit diesen Andeutungen, die im Folgenden noch weiter ausgeführt
und exemplifiziert werden sollen, wird ersichtlich, daß die technischen
Denkmäler als dingliche Quellen vergangener und noch heute vorhan-
dener Industrieentwicklung eine Vielzahl von Informationen beinhalten und in sich bergen. Es bleibt der Methodik der Industriearchäologie
überlassen, diese einzelnen Informationen, die einst beim Entstehen des
technischen Denkmals eingeflossen sind, zurückzugewinnen.

a) Technische Denkmäler als Informationsträger
technischer Verhältnisse und Entwicklungen

Die Erforschung von Bergbau und Verhüttung in der Antike ist Aufgabe der Montanarchäologie als Spezialbereich und -disziplin der Industriearchäologie. Beide Disziplinen wollen neben anderen Aspekten
auch die Techniken erforschen, die in den verschiedenen Zeiten an unterschiedlichen Orten im Berg- und Hüttenwesen zum Einsatz gelangt
sind. Bergleute haben seit Jahrhunderten immer neue Lösungen für die
Probleme der Prospektion und der Erschließung von Lagerstätten, Vor-
und Ausrichtung von Grubenbauen, des Vortriebes von Strecken und
des Abteufens von Schächten, der Hereingewinnung der Erze, ihres
Transports unter und nach über Tage, die Beleuchtung, Bewetterung
und Wasserhaltung gefunden. Gleiches gilt für die Entwicklung von

Verhüttungsmethoden der Erze.[1a] Daß technische Denkmäler aufgrund industriearchäologischer Fragestellungen Rückschlüsse auf technische Verhältnisse erlauben, soll zunächst an den Pingenfeldern und freigelegten Schächten verschiedener *Feuersteinbergwerke* gezeigt werden.

T 1, 2b

Die ältesten Artefakte der Menschheit bestehen aus Stein; in Mittel- und Nordeuropa ist dies meist ein besonders harter Stein gewesen, der als Flint, Silex oder Feuerstein bzw. Hornstein allgemein in die Literatur eingegangen ist. Im Gegensatz zu vielen hie und da gleichfalls benutzten Felsgesteinen und Mineralien (Quarzit, Bergkristall) läßt sich Feuerstein hervorragend zurechtschlagen und fein bearbeiten: Seine harten und scharfen Kanten mit ihren Retuschen sind mit denen des Obsidians zu vergleichen, der in der Vorzeit vor allem im Vorderen Orient, aber auch in den Mittelmeer-Kulturen und im Karpatenbecken als Werkstoff in Gebrauch war. Aus beiden Werkstoffen ließen sich Werkzeuge herstellen zum Schneiden, Schlagen, Stechen, Kratzen und Bohren für den täglichen Gebrauch oder als Waffen für die Jagd und den Kampf; Klein- und Kleinstgeräte wie Pfeilspitzen wurden mit Birkenpech an den hölzernen Schäften befestigt: Wir bewundern noch heute die Kunstfertigkeit z. B. jener „Steinschmiede" Dänemarks und Schwedens, die Metallschwerter in Feuerstein nachzuahmen versucht haben.

Feuerstein hat als Werkstoff die Eigenart, daß er nur dann ausreichend gut geschlagen und verarbeitet werden kann, wenn er „bergfrisch" ist, d. h. wenn er nicht von der Tagesoberfläche genommen wurde, wo er durch langes Lagern „mürbe" und „spröde" geworden war, sondern nur, wenn er aus den noch feuchten Lagerstätten frisch abgebaut wurde. Dieses Qualitätsmerkmal wurde wichtig, als in der jüngeren Steinzeit Großgeräte benötigt wurden. In Westeuropa und England, aber auch in Dänemark und Polen kam er in der Kreide und in Kalken, oftmals in flözartigen Schichten vor. An zahlreichen Stellen waren steinzeitliche Bergleute damit beschäftigt, den Feuerstein zu gewinnen, und es ist bemerkenswert, daß sich in jenem Zeitraum über ganz Europa eine kulturelle Einheitlichkeit hinsichtlich der Gewinnung

---

[1a] Vgl. Gerd Weisgerber, in: museum. Deutsches Bergbau-Museum Bochum, Braunschweig 1978, S. 23 ff.

dieses Rohstoffs erkennen läßt, die uns dazu berechtigt, von einer regelrechten Suche nach dem „Stahl der Steinzeit" zu sprechen.

In England und Dänemark mußte man 6–8 m weite, leicht trichterförmige Schächte durch die weiche Kreide graben, ehe man in 10 m Tiefe gute Feuersteinlagen erreichte. Von der Schachtsohle aus wurden dann niedrige und kleinräumige Strecken und Örter, oft nur Weitungen so vorgetrieben, daß man die Feuersteinknollen auf der Sohle freikratzen und hereingewinnen konnte: Wegen der weichen Kreide als Muttergestein mußte man starke Sicherheitspfeiler stehenlassen und sich auf die Umgebung des Schachtes beschränken. Wollte man das Feuersteinlager weiter verfolgen, war man gezwungen, einen neuen Schacht mühevoll abzuteufen. In Westeuropa war das Gebirge meistens fester und standsicherer: Von zahlreichen, wesentlich engeren, im Durchmesser nur 150 cm breiten und tieferen (16 m!) Schächten wurden ausgedehnte Streckennetze entwickelt, die wegen der Verbesserung der Atemluft miteinander in Verbindung gestanden hatten. Als Werkzeuge waren vorwiegend Hirschgeweihgeräte im Einsatz, aus denen die bergmännischen Spezialgezähe wie Hacken, Keile, Krätzer usw. hergestellt wurden.[2]

Es erscheint lohnend, sich diese Gewinnungsarbeit von Feuerstein als Rohstoff in den beiden Gruben von Grime's Graves in Südengland und von Rijckholt in Südholland näher anzusehen und Vergleiche anzustellen.

Die *Feuersteingruben von Grime's Graves* bei Brandon in Norfolk wurden 1869 entdeckt; in mehreren Kampagnen zwischen 1868–1870, 1914–1938 und seit 1971 wurden verschiedene Ausgrabungen durchgeführt. Der Platz war durch die eng beieinanderliegenden Pingen (= verstürzte Schachtöffnungen) immer bekannt gewesen; Pingendurchmesser bis zu 15 m waren keine Seltenheit. Die Gruben bestanden aus einzelnen senkrechten Schächten, von denen horizontale Strecken von der Schachtsohle ausgingen. Die Schächte wurden im allgemeinen zylindrisch angelegt, aber durch Zusammenbrüche von Strecken entstanden bisweilen glockenartige Schachtprofile. Die Kreide aus den Schächten schaffte man nach Übertage und schüttete diese in benachbarte, bereits aufgegebene Schachtöffnungen: Man „versetzte" sie.

T 1,
2 b

[2] Vgl. Anm. 1a.

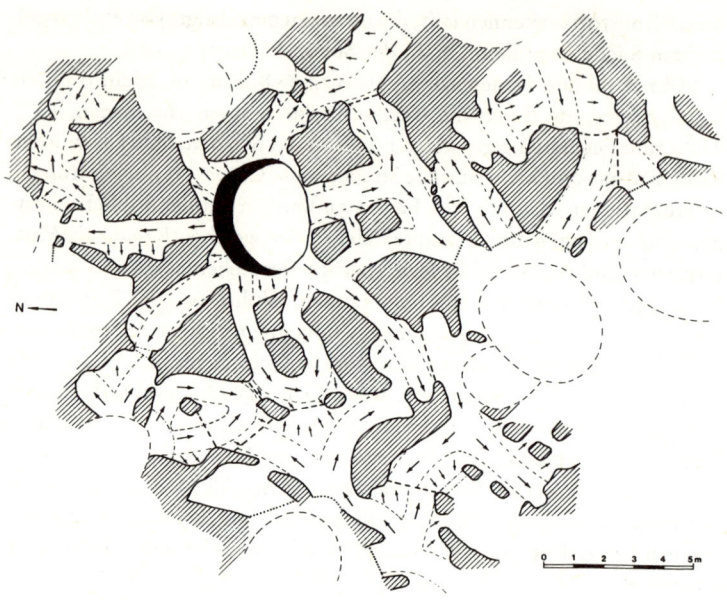

Z 1   Grime's Graves, Weitungsbau von Strecken entwickelt.

Ebenso wurde abgebautes Kreidematerial dazu benutzt, leergeförderte, feuersteinfreie Weitungen zu versetzen: So sparte man sich den Transport durch den Schacht zur Tagesoberfläche.

Die Werkzeuge (Gezähe) bestanden vor allem aus Hirschgeweih- hacken, einem Standardinstrument. Gelegentlich benutzte man auch Flint- oder Felsgesteinäxte. Diese Hacken wurden gebraucht, um die Klüfte zwischen den Flintblöcken freizukratzen und sie herauszuhe- beln. Leitern oder horizontale Zwischenbühnen konnten wahrschein- lich gemacht werden.

Der Feuerstein wurde auf der Sohle der Schächte und der Strecken gewonnen, wobei die umgebende Kreide nur bis zum Niveau der Feuer- steinknollen abgegraben wurde. Die Hauptflintlage ließ sich – wie Abbauversuche ergeben haben – recht leicht herausheben. In den Gru- ben finden sich keine Hinweise darauf, daß der so gewonnene Feuer- stein bereits unter Tage bearbeitet wurde. In allen Gruben fanden sich

aber Hunderte von Geweihhacken, ebenso wie Beilspuren an den Strek-
kenstößen (= Wandungen), die bezeugen, daß man mit ihnen wahrscheinlich größere und scharfkantige Feuersteinblöcke von der Decke
(Firste) gelöst hat. Enge Strecken wurden bevorzugt. Da mit ganz wenigen Ausnahmen Firstenabstützungen in Art von Stempeln nicht in Gebrauch waren (einmal hat ein neolithischer Bergmann eine Hirschge-
weihhacke zur Abstützung der Firste verwendet!), war die Breite einer
Strecke durch das Kluftsystem bestimmt. Größere Hohlräume und Ni- Z 1
schen konnten von den Strecken aus zur Gewinnung des Feuersteins
angelegt werden; sie wurden nach der Gewinnung versetzt. Die Schich-
tung dieses „Versatzmaterials" läßt vermuten, daß dieser Vorgang sofort erfolgte, wenn der Bergmann sich zum Schacht zurückarbeitete,
d. h. er gewann den Feuerstein beim Vortrieb zunächst auf der einen
Seite und – wenn er den Streckenvortrieb beendet hatte – gewann er den
Feuerstein auf der anderen Streckenwandung und verfüllte mit dem anfallenden Kreidematerial die vor ihm liegenden Streckenteile. Die Länge
dieser Strecken war begrenzt, sie überschritten niemals 40 m. Insgesamt
vermutet man in Grime's Graves mindestens 400 Schächte; sie werden
aufgrund von Radiokarbondaten in die Zeit zwischen 2100 und 1800
v. Chr. angesetzt. Eine begleitende Siedlung ist bislang noch nicht
angetroffen worden.[3]

Ein zweites großes, prähistorisches Feuersteinabbaugebiet liegt im
Südosten der Provinzhauptstadt Maastricht am rechten Ufer der Maas
in der Umgebung der Ortschaften *Rijckholt und St. Geertruid.* Dort
wurden seit 1881 immer wieder Artefakte bei Ausgrabungen angetroffen; seit 1964 arbeitete dort eine Gruppe an der Erforschung und
Untersuchung der dortigen Gruben, die einen Stollen durch das alte
Bergbaugebiet auffuhr und dabei die prähistorischen Abbaue freilegen
und untersuchen konnte. Bis 1978 hatte man 66 Schächte mit Durchmessern von 1 m bis 1,4 m angefahren, deren Teufen zwischen 6 und
16 m lagen. Ein Schachtausbau war nicht nachweisbar, verschiedene
Aushöhlungen in der festen Kreide könnten als Balkenlager einer Ar-

---

[3] Vgl. G. de G. Sieveking, in: 5000 Jahre Feuersteinbergbau – Die Suche nach
dem Stahl der Steinzeit. Bearb. v. Gerd Weisgerber u. a., Bochum 1980 (=
Veröffentlichungen aus dem Deutschen Bergbau-Museum Bochum Nr. 22),
S. 528–540.

beitsbühne interpretiert werden. Die angetroffenen Schächte durchteuften mehrere Feuersteinbänke, bis man die abbauwürdige Feuersteinlage erreicht hatte. Da an einigen Schächten Seilrillen angetroffen worden sind, denkt man an eine mögliche Seilförderung.

Hatte man eine bauwürdige Feuersteinlage erreicht, trieb man nach allen Richtungen Strecken vor, die sich oftmals verzweigten oder größere Weitungen ausbildeten. Der flach-ovale Streckenquerschnitt betrug 60–80 cm. Zur Sicherung des Grubengebäudes wurden Sicherheitspfeiler stehen gelassen. Das anfallende, feuersteinfreie Haufwerk diente als Versatzmaterial: Etwa 90 % aller Abbaue waren auf diese Weise wieder verfüllt worden. Mit der oben geschilderten Methode des Feuersteinabbaus konnten die neolithischen Bergleute immerhin 75 % allen Feuersteins gewinnen.

Im Laufe der montanarchäologischen Grabung verstärkte sich der Eindruck, daß immer nur 1 oder 2 Schächte in einem bestimmten Geländeabschnitt in Betrieb gestanden hatten. Im Anfang wurden Grubenfelder mit einer Ausdehnung von etwa 16 m² angetroffen, doch vergrößerten sie sich bald auf über 60 m², je weiter die Untersuchungen in den Hang hineinführten; ebenso nahm die Tiefe der Schächte zu. Eine Erklärung dieses Phänomens liegt in der größeren Standfestigkeit des Gebirges, je weiter die Bergleute in den Berg vordrangen. Verbindungsstrecken zwischen den tieferen Strecken wurden sicherheitshalber offengehalten. Eine besondere Wasserhaltung war nicht notwendig; Hinweise auf ein Geleucht der Bergleute fanden sich ebenfalls nicht: In der weißen, hellen Kreide war es auch in 16 m Tiefe noch möglich, infolge des reflektierten Lichteinfalls den dunklen Feuerstein zu erkennen und zu gewinnen!

Von dem gesamten neolithischen Bergbaugebiet ist bislang nur ein geringer Teil freigelegt und untersucht worden; man nimmt insgesamt etwa 5000 Schächte an. Als Abbauwerkzeuge dienten wiederum Hakken, die weitgehend aus Feuerstein bestanden; bislang wurden etwa 15000 Stück gefunden. Holzkohlenreste aus den Schachtverfüllungen datieren diesen Bergbau in die Zeit um 3150 v. Chr. Auch in Rijckholt/St. Geertruid fehlen bislang die zugehörigen Siedlungen und Gräber.[4]

---

[4] Vgl. F. H. G. Engelen, in: ebd. S. 559–567.

Die Aussagemöglichkeiten über die neolithischen Arbeitsverhältnisse gehen indessen weit über das rein Technische hinaus. Vergleicht man die *Arbeitsmethoden* der prähistorischen Bergleute *von Grime's Graves* und *Rijckholt/St. Geertruid* miteinander, so stellen sich verblüffende Übereinstimmungen heraus: Zur Sicherheit wurde eine „Fluchtstrecke" zwischen zwei Schächten immer offengehalten, die Gewinnung war derart angelegt, daß einem Minimum an Hohlraum ein Maximum an Ausbeute gegenüberstand. Die Zusammenhänge zwischen der Tiefe des Schachtes und der Länge der Strecken in Relation zur Anzahl der beschäftigten Personen waren bekannt und wurden berücksichtigt. Die Länge der Strecken war fast immer geringer als die Teufe der Schächte: Die horizontalen Grubenhohlräume entsprachen mindestens der Fläche des Quadrates der Schachttiefe. Die Menge des gewinnbaren Feuersteins nahm in gleicher Weise wie die horizontalen Grubenräume mit der Teufe des Schachtes zu. Weiterhin mußte die Zahl der beschäftigten Bergleute mit der Ausdehnung der Grubenhohlräume zunehmen: Ein Bergmann allein konnte eine Strecke wirtschaftlich sinnvoll nur auf 2 m Länge vorantreiben. Schließlich liegt ein wirtschaftlich wichtiger Gesichtspunkt in der Tatsache, daß Gewinnungsorte in der Nähe der Schächte nach der Gewinnung möglichst schnell mit Bergematerial versetzt wurden, um unnötigen Transport zu vermeiden.

Rekonstruiert man nun die Arbeitsweise der neolithischen Bergleute im Revier von *Rijckholt/St. Geertruid*, so ergibt sich folgendes Bild: Die Schächte konnten von zwei Personen abgeteuft werden. Während der erste auf der Schachtsohle Gestein löste, hatte der andere es mit dem Seil emporzufördern. Hatte man die vorgesehene Feuersteinschicht erreicht, setzten der Abbau und der Vortrieb einer Sicherheitsstrecke ein, wobei der Abraum aus dem Schacht herausgefördert werden mußte. War die Gewinnung im Umkreis von 2 m um den Schacht vollendet, wurde der Schacht aufgegeben, wenn er nicht tiefer als 4 m war. Bei tieferen Schächten wurde die Arbeitsweise an die vergrößerte Gewinnungsfläche und die deshalb benötigte größere Zahl der Arbeitskräfte angepaßt. Bis in 8 m Tiefe wurden normalerweise zwei Schächte gleichzeitig und in geringem Abstand nebeneinander niedergebracht, wobei der Schacht dann nicht mehr im Zentrum des Abbaues lag. Man brauchte zwischen beiden Schächten nur kurze Fluchtstrecken zu treiben. Die vergrößerte Gewinnungsfläche forderte nun aber, daß die

Strecken länger wurden und mehr Bergleute arbeiteten. In den tiefsten, maximal 16 m tiefen Schächten zeigte sich eine abermals veränderte Arbeitsweise: Ein neuer Schacht wurde so abgeteuft, daß er über dem Ende einer aufgegebenen und fast leeren Strecke zu liegen kam: So konnten Fluchtstrecken erspart werden. Der Schacht lag in diesem Falle am Rande eines Gewinnungsbetriebes, weshalb die Strecken länger und die Zahl der beschäftigten Personen noch vermehrt werden mußte. Aber mit zunehmender Zahl von Personen mußte die Feuersteinproduktion pro Mann und Schicht sinken, da ja nur 1 Person fördern konnte: Alle übrigen waren mit dem Transport von Bergematerial und Feuerstein beschäftigt. So ergibt sich folgendes statistisches Modell der Fördermengen in Rijckholt/St. Geertruid:

Tiefe des Schachtes in m	Anzahl der Arbeiter	abgebauter Raum in m²	Gesamtmenge an Feuerstein in kg	Anzahl der Arbeitstage	Feuerstein pro Mann/Tag in kg
2– 4	2	4– 16	1 300– 5 200	7– 22	140–118
4– 6	3	16– 50	5 200–16 250	22– 59	118– 79
6– 8	4	50– 76	16 250–24 700	59– 88	79– 77
8–10	5	76–115	24 700–37 375	88–125	77– 65
10–12	6	115–161	37 375–52 325	125–179	65– 53

Tab. 1: Statistisches Modell der Fördermengen in Rijckholt

Versuche mit nachgebildeten Werkzeugen ergaben, daß der prähistorische Bergmann pro Tag etwa einen halben Kubikmeter Kreidematerial herausbrechen konnte, was bei der niedrigen Streckenhöhe etwa einem Vortrieb von 1 m² Fläche entsprach. Ein Quadratmeter konnte im Durchschnitt 325 kg Feuerstein enthalten.

Der stärkste Unterschied zwischen der Arbeitsweise in Rijckholt/St. Geertruid und Grime's Graves bestand im Bau und in der Anlage der Schächte: Die breiten, trichterförmigen Schächte im englischen Feuersteinrevier sind bis zu 50mal größer als die engen Schächte von Rijckholt/St. Geertruid. In *Grime's Graves* mußten deshalb bis zu 50mal mehr Gesteinsmaterial aus den Schächten entfernt werden, wozu man entsprechend mehr Zeit und Arbeiter benötigte. Die Weite der Schächte von 10–15 m an der Erdoberfläche und 3–4 m an der Schachtsohle läßt es unwahrscheinlich erscheinen, daß die Schachtöffnung durch eine Bühne überbaut war, weshalb eine Seilförderung ausgeschlossen ist. In Verbindung mit der in der Teufe zunehmenden Standfestigkeit des Gebirges entsteht die Trichterform der Schächte aber auch dadurch, daß mit zunehmender Tiefe immer mehr Personen mit dem Transport von Abraum beschäftigt waren und deshalb auch immer weniger Bergleute zur Teufarbeit auf der Sohle des Schachtes zur Verfügung standen. Daraus läßt sich die Zahl der Arbeitstage zum Abteufen eines derartigen Schachtes (als Beispiel soll der bekannte „Greenwell's Pit" dienen) in etwa abschätzen:

Tiefe des Schachtes in m	Ø des Schachtes in m	Anzahl der Förderer am Boden	Menge des entfernten Materials in cbm	Anzahl der Arbeitstage
0– 2	10,5–7,8	21–14	133	12
2– 4	7,8–6,3	14–10	78	12
4– 6	6,3–6,0	10– 9	59	13
6– 8	6,0–4,7	9– 6	45	13
8–10	4,7–3,5	6– 4	26	13
10–12	3,5–4,5	6– 4	25	13
12	10,5–3,5	21– 4	365	78

Tab. 2: Statistisches Modell der Ausbruchmenge in Grime's Graves

Das Abteufen des Schachtes in Grime's Graves dauerte also etwa viermal so lange (78 Arbeitstage) wie das Niederbringen eines 12 m tiefen Schachtes in Rijckholt. In Grime's Graves konnten aber von der Z 2–5 breiten Schachtsohle aus mehrere Personen gleichzeitig Strecken vortreiben, wodurch auch die Arbeitszeit für den Streckenvortrieb verkürzt wurde. In Greenwell's Pit wurden vier Strecken angesetzt und T 2b von diesen ausgehend eine Anzahl von Gewinnungsörtern, so daß während des gesamten Unternehmens immer vier Personen vor Ort während der Gewinnung beschäftigt und tätig waren: So konnte in rd. 34 Tagen eine Fläche von 136 m² abgebaut werden, wozu man in Rijck-

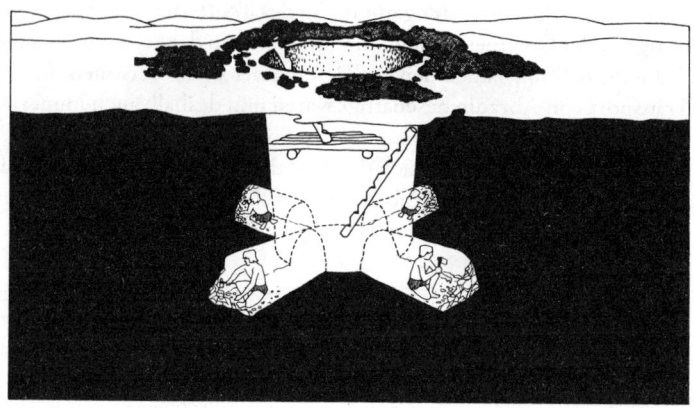

Z 2

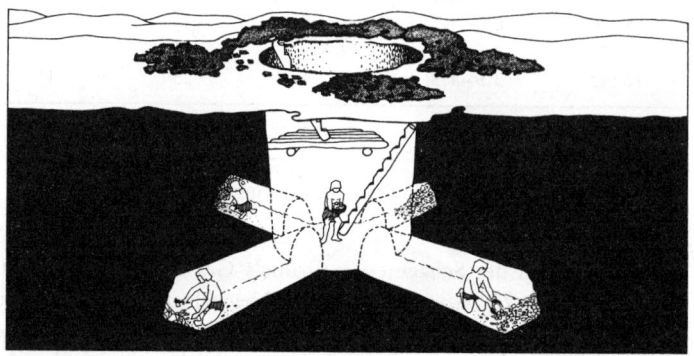

Z 3

Z 2–5   Grime's Graves, Schema der Vortriebs- und Abbauorganisation.

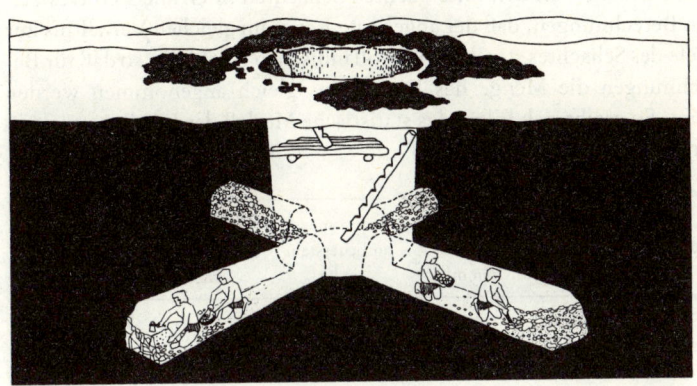

Z 4

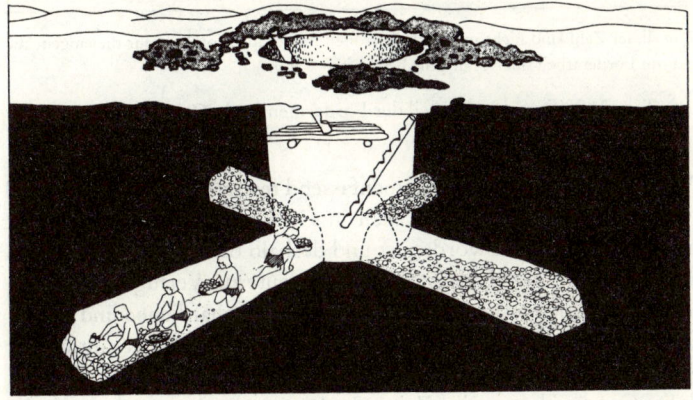

Z 5

holt 168 Arbeitstage benötigt hätte (die Arbeitszeit des Schachtteufens eingeschlossen).

Ausgehend von den untersuchten Schächten in Grime's Graves zeigen Berechnungen, daß der abgebaute Raum im gleichen Verhältnis zur Tiefe des Schachtes stand wie im holländischen Rijckholt, so daß für Berechnungen die Menge des Feuersteins gleich angenommen werden kann. So ergibt sich folgendes statistische Modell der Fördermengen in Grime's Graves:

Tiefe des Schachtes in m	Anzahl der Arbeiter	abgebauter Raum in m²	Gesamtmenge an Feuerstein in kg	Anzahl der Arbeits- tage	Feuerstein pro Mann/Tag in kg
2– 3	2– 4	4– 15	1 300– 4 875	7– 19	140–71*
3– 4	4– 9	15– 30	4 875– 9 750	19	71–62
4– 6	9–12	30– 50	9 750–16 250	19– 30	62–50
6– 8	12–15	50– 76	16 250–24 700	30– 47	50–39
8–10	15–18	76–115	24 700–37 375	47– 80	39–30
10–12	18–21	115–161	37 375–52 325	80–115	30–24

(* in dieser Zahl sind nicht mehr alle Personen mitgezählt, sondern nur diejenigen, die direkt mit Förderarbeit oder Transport beschäftigt waren.)

Tab. 3: Statistisches Modell der Fördermengen in Grime's Graves

Wenn sich auch heute zusammenfassend feststellen läßt, daß sowohl in Rijckholt/St. Geertruid als auch in Grime's Graves ehedem nicht ohne Fehler gearbeitet worden ist und deshalb bei Fehleinschätzungen der Schachtteufe zuviel oder zuwenig Bergleute zur Verfügung standen, so ergibt sich doch insgesamt das Bild eines wirtschaftlichen und sicherheitsmäßig vernünftigen Bergbaus mit ausgezeichneter Kenntnis der Lagerstätte. Man gewinnt den Eindruck, daß im Gegensatz zu Rijckholt/St. Geertruid, wo die Zeit offenbar eine untergeordnete Rolle spielte, der Zeitfaktor in Grime's Graves wichtig genommen wurde, die Leistung pro Mann aber geringer blieb:[5]

[5] Vgl. P. Joseph Felder, Feuersteinbergbau in Ryckholt-St. Geertruid und Grime's Graves – Ein Vergleich, in: ebd. S. 120–123.

Tiefe des Schachtes in m	Anzahl der Arbeiter		Anzahl der Arbeitstage		Tagesproduktion an Feuerstein in kg/Person	
	Rijckholt	Grime's	Rijckholt	Grime's	Rijckholt	Grime's
2– 4	2	2– 9	7– 22	7– 19	140–118	140–62
4– 6	3	9–12	22– 59	19– 30	118– 79	62–50
6– 8	4	12–15	59– 88	30– 47	79– 77	50–39
8–10	5	15–18	88–125	47– 80	77– 65	39–30
10–12	6	18–21	125–179	80–115	65– 53	30–24

Tab. 4: Statistischer Vergleich Rijckholt : Grime's Graves

Trotz dieser z. T. erstaunlichen Ergebnisse, die uns den im Neolithikum durchgeführten Bergbaubetrieb doch recht eindrücklich vor Augen führen können, bleiben die bergbautreibenden Menschen als Einzelpersonen und Individuen weitgehend unbekannt. Selten ist über das Schicksal Einzelner etwas herauszufinden: Die Funde verunglückter Bergleute wie in *Strépy* oder *Obourg* in Belgien, wobei letzterer noch seine Geweihhacke in der Hand hielt, als ihn das Unglück ereilte, sind Sonderfälle. Manchmal finden sich beim Abstreifen der Kienspäne an den Streckenwänden flüchtig hingekritzelte Zeichnungen (z. B. in polnischen *Krzemionki*). Oder man kennt die schweren Sandsteinblöcke, an denen die prähistorischen Steinschläger ihre Beile glätteten (die sog. Polissoirs). In der Verbreitung der Feuersteinhalbfabrikate bzw. des Rohstoffes an sich läßt sich die Bedeutung rekonstruieren, welche diesem Rohstoff einst zugekommen sein muß. Bestes Beispiel hierfür ist die Verbreitung der Feuersteinklingen aus dem französischen Feuersteinrevier von *Grand Pressigny,* die sich aufgrund ihrer besonders guten Spaltbarkeit und der Herstellungsmöglichkeiten von langen Klingen (bis zu über 40 cm Länge!) besonderer Beliebtheit erfreuten. Funde aus diesem Material sind außer im gesamten französischen Gebiet auch in den Niederlanden, Belgien und in Deutschland angetroffen worden: Funde von Grand Pressigny-Feuerstein finden sich in fast jedem größeren Museum Europas. Damit läßt sich immerhin einiges über den Handel jener Epochen aussagen. Mit dieser Aussagemöglichkeit erhält man zusammen mit den übrigen Kenntnissen vom neolithischen Bergbau auf Feuerstein doch eine Vorstellung, die über jene beim Betrachten einer einzelnen Schachtpinge in Grime's Graves oder in Rijckholt/St. Geertruid weit hinausgeht. Selbst bei einer der ältesten menschlichen Produktionen lassen sich durch industriearchäologische Untersuchungen neues Wissen und neue Kenntnisse gewinnen. Ausgangspunkt aller Erkenntnisse über den prähistorischen Feuersteinbergbau sind jene Pingen, die als verstürzte Schachtbaue anzeigen, daß Menschen an diesen Stellen Rohstoffe gewonnen und untertägig abgebaut haben: Diese Pingen sind ohne Zweifel technische Denkmäler ersten Ranges.

Es liegt in der Natur und jeweiligen Qualität der technischen Denkmäler, daß sich anhand ihrer Phänomene technische Gegebenheiten und Entwicklungen ablesen lassen. Ähnlich den Kunstdenkmälern, die in ihren Wesensäußerungen stilistische Entwicklungen aufzeigen können, bieten die technischen Denkmäler Möglichkeiten, vergangene technische Stadien zurückzugewinnen. Um diese Möglichkeiten vorzustellen, T 2 a– sollen die *Fördermaschinen des Bergbaus* in ihrer Entwicklung etwas 9 näher erörtert werden, zeigt diese doch in großer Deutlichkeit den technischen Fortschritt in der für den Bergbau wichtigen Fördertechnik.[6] Bis zum Ende des 18. Jh. wurden Kohle und Erz, soweit sie unter Tage gewonnen wurden, über schräge („tonnlägige") Schächte oder aus senkrechten („seigeren") Schächten von geringer Tiefe („Teufe") zu

[6] Zur Entwicklung der Dampfmaschinen vgl. Conrad Matschoß, Die Entwicklung der Dampfmaschine, 2 Bde., Berlin 1908. – Ferner: S. Lilley, Menschen und Maschinen. Eine kurze Geschichte der Technik in ihrer Beziehung zur gesellschaftlichen Entwicklung, Wien 1952. – H. W. Dickinson, A Short History of the Steam Engine, London 1963. – Ronald H. Clark, The Steam Engine in Industry and Road Transport, in: Engineering Heritage, Bd. 1, London 1963, S. 62–69. – Lionel T. C. Rolt/J. S. Allen, The Steam Engine of Thomas Newcomen, New York 1977. – L. T. C. Rolt, Thomas Newcomen – Father of the Steam Engine, in: Engineering Heritage, Bd. 1, London 1963, S. 62–69. – Kurt Mauel, Zur Geschichte der Dampfmaschine, in: Die Nützlichen Künste (hrsg. v. Tilmann Buddensieg/Henning Rogge), Berlin 1981, S. 76–82. – Hans-Joachim Braun, Die Dampfmaschine. Technische Entwicklung, wirtschaftliche und gesellschaftliche Ursachen und Auswirkungen, in: ebd. S. 82–90. – Einen guten, knappen Überblick über die Entwicklung des Fördermaschinenbaues, dem hier gefolgt worden ist, vermittelt Hermann Fauser, Entwicklung und Stand der Fördermaschinentechnik, in: Glückauf 100, 1964, S. 1077–1092.

Z 6   Agricola (1556), Rad- oder Kreuzhaspel.

Tage gebracht. Zur Förderung der verhältnismäßig geringen Mengen
genügten die seit Jahrhunderten bekannten Maschinen mit ihrem Antrieb durch Menschenkraft, Pferdegöpel oder Wasserräder. Da die Probleme der Schachtförderung über Jahrhunderte hinweg stets dieselben
blieben, tragen die z. B. von Agricola im Jahre 1556 beschriebenen Maschinen in ihrem mechanischen Aufbau und in ihrer Anordnung bereits
die grundsätzlichen Merkmale unserer heutigen Fördermaschinen.

Kennzeichnend für den *Rad-* oder *Kreuzhaspel* ist der Kurbelbetrieb Z 6
und das Schwungrad, das die ungleichmäßige Antriebskraft des am
Haspelsporn angreifenden Hasplers in eine gleichförmigere Bewegung
der Haspelwelle umsetzt. Die an den Stäben angreifenden beiden Has-

pler bringen die Beschleunigungskräfte und die Bremskräfte auf und er-
leichtern das Anfahren, falls die Kurbel in Totlage steht. Gefördert wird
zweitrümmig, wobei das Seil in der Mitte am Rundbaum angeschlagen
ist.

Während der Radhaspel nach seiner Anordnung über dem Schacht als
Turmfördermaschine angesprochen werden muß, handelt es sich beim
Z 7 *Pferdegöpel* um einen Vorläufer der sog. Flurfördermaschine, bei der
die Antriebsmaschine in einem eigenen, vom Schacht getrennten Maschinenhaus untergebracht ist. Zur Umlenkung und Führung der Förderseile dienen Seilscheiben. Da die Antriebskraft gleichförmig ist, entfällt das beim Haspel vorhandene Schwungrad. Agricola gibt an, daß
der einfache Pferdegöpel sechsmal so große Lasten fördern konnte wie
der Radhaspel. Als Antrieb dienten zwei, bei tieferen Schächten auch
vier Pferde. Zum Anfahren wurden nach Bedarf weitere Pferdepaare
eingespannt. Gebremst wurde mit einem schweren Holzblock, der an
den Göpelarm angehängt wurde und auf dem Boden schleifte: Auch
beim Göpel wurde zweitrümmig gefördert.[7]

Wo Wasser in geeigneter Form vorhanden war, konnte die Pferde-
kraft durch Wasserkraft ersetzt werden. Agricola erwähnt eine solche
T 2a mit einem *Kehrrad* ausgerüstete Fördermaschine im Zusammenhang
mit dem Heben von Wasser: Das Kehrrad bestand aus zwei auf der
Trommelwelle befestigten Wasserrädern, die eine entgegengesetzte Be-
schaufelung trugen. Der Maschinist betätigte über zwei Stangenhebel
die Schützen und beaufschlagte so entweder das vordere oder das hin-
tere Rad des Kehrrades, so daß sich die Fördermaschine in der einen
oder anderen Richtung drehte. Durch eine geschickte Steuerung ließ
sich das Kehrrad auch durch Wasserkraft abbremsen, doch blieb eine feste Bremse vor allem zum Stillsetzen und als Haltebremse unentbehr-
lich. Agricola vermerkt ausdrücklich, daß die Fördermaschine mit Was-
serkraftantrieb die größte für die Wasserhebung verwendete Maschi-
nenbauart sei. Der von ihm angegebene Durchmesser des Kehrrades

---

[7] Göpelfördermaschinen haben sich u. a. in den Museen von Kutna Hora
(Kuttenberg/CSSR) oder in Clausthal-Zellerfeld erhalten; einen Göpel in situ
findet man z. B. in Oberkaufungen bei Kassel (vgl. Gerhard Seib, Der letzte
bergmännische Pferdegöpel Westeuropas. Rettung eines technischen Kultur-
denkmals in Hessen, in: Der Anschnitt 26, 1974, Heft 5/6, S. 26–29).

Z 7   Agricola (1556), Pferdegöpel.

entsprach etwa 11 m. Die Gesamtlänge der 60 cm dicken Welle wurde mit ungefähr 10,5 m angegeben, und die Kettentrommel wies eine Breite von rd. 4 m bei einem Durchmesser von etwa 1,2 m auf. Eine Fördermaschine dieser Art hat sich z. B. im St. Andreasberger Gru-

T 2 a benmuseum der *Grube Samson* erhalten: Sie vermittelt einen ungeheuer plastischen Eindruck von den bewältigten Schwierigkeiten damaliger Zeit.[8]

In den Jahren zwischen 1500 und 1800 veränderten die Fördermaschinen ihre Gestalt so gut wie nicht. Für kleine Teufen bis 40 m (in Ausnahmefällen auch bis 80 m) und geringe Fördermengen wurden Haspel verwendet, die durch Menschenkraft betrieben wurden und Nutzgewichte von 25 kg förderten; man benutzte Hanfseile. Für größere Teufen und größere Nutzgewichte verwendete man Göpel oder Wasserrad-Fördermaschinen.

Ein ganz wesentliches Problem bildete in dieser Zeit die Frage der zu verwendenden Seile. Im 16. Jh. waren sowohl Hanfseile als auch Ketten in Benutzung. Die Ketten waren wesentlich billiger als die aus dem Ausland eingeführten Hanfseile, und so verdrängten die Ketten zunächst die Seile. Als mit der Zeit aber die Teufen zunahmen, begann das erheblich größere Kettengewicht, das je nach Kettenstärke 4–7 kg/m betrug, eine entscheidende Rolle zu spielen. Da die schweren Ketten zudem öfter brachen, kamen gegen 1750 wieder vermehrt Hanfseile auf.

T 3 a   Als Ende des 18. und Anfang des 19. Jh. die ersten *Dampfmaschinen* als Antriebe von Wasserhaltungsmaschinen in Betrieb genommen wurden und sich bewährten, lag der Gedanke nahe, diese neue Kraftmaschine auch zum Antrieb von Fördermaschinen zu verwenden. Seit dem Ende des 18. Jh. wurden dann in zunehmenden Maße auch bei den Fördermaschinen die Pferdegöpel durch solche Maschinen ersetzt, die zunächst als *stehende Einzylindermaschinen* ausgebildet waren: Sie arbeiteten entweder als atmosphärische Dampfmaschinen, wie sie von Newcomen gebaut wurden, oder nach dem Wattschen Prinzip als einfach-

---

[8] Fritz Klähn, Historisches Silberbergwerk Grube Samson, o. O. (St. Andreasberg), o. J. – H. Haase, Kunstbauten alter Wasserwirtschaft im Oberharz. Hanggräben, Teiche, Stollen in Landschaft, Wirtschaft und Geschichte, Clausthal-Zellerfeld 1961, S. 85 ff. – Kunsträder befinden sich u. a. auch noch im Erzbergwerk Rammelsberg bei Goslar bzw. in Gruben der Stadt Freiberg/Sachsen.

oder doppeltwirkende Niederdruckmaschinen mit Drücken bis zu 2 oder 3 kp/cm². Die senkrecht wirkende Kolbenkraft wurde dabei über ein Lenkersystem auf den Balancier übertragen, an dessen anderem Ende eine Schubstange befestigt war. Diese setzte mit Hilfe einer Kurbel die geradlinig wirkende Kraft in ein Drehmoment um, das den meist als Trommel ausgebildeten Seilträger antrieb. Die Ungleichförmigkeit des Antriebs machte es erforderlich, auf die Trommelwelle ein Schwungrad zu setzen, dessen äußerer Kranz gleichzeitig so ausgebildet war, daß er als Bremskranz dienen konnte.

Um 1825 wurden im westfälischen, rheinischen und schlesischen Bergbau bereits 77 Dampfmaschinen mit einer Gesamtleistung von 1440 PS betrieben: Davon wurden 20 zum Antrieb von Fördermaschinen verwendet. Die Leistung dieser ersten Fördermaschinen mit Dampfantrieb reichte von 5 PS bei den kleinsten bis zu 35 PS bei der größten. Die erhaltene *Balancier-Dampffördermaschine der Zeche* T 3 a *Trappe* (heute im Deutschen Bergbau-Museum Bochum) zeigt als herausragendes technisches Denkmal dieses Stadium der Entwicklung in aller Deutlichkeit auf.

Soweit als Seilträger Trommeln verwendet wurden, führte man diese T 3 b, als *zylindrische* oder als *konische Trommeln* aus. Der Zweck der koni- 4 a schen Trommeln ergab sich aus der Gleichung für das statische Lastmoment: Dieses stellt sich bei eintrümmiger Förderung vereinfacht dar als das Produkt aus dem Trommelhalbmesser (R) und der Summe der zu hebenden Gewichte, nämlich des Nutzgewichtes (G_n), des Totgewichtes des Fördermittels (G_f) und des Förderseilgewichtes (G_s) : $M_{st} = R\,L\,(G_n + G_f + G_s)$. Bei einer zylindrischen Trommel sind alle Größen dieser Gleichung konstant mit Ausnahme des Seilgewichtes, das eine Funktion der Teufe ist und linear mit dieser zunimmt. Das von der Antriebsmaschine bei einer zylindrischen Trommel und eintrümmiger Förderung aufzubringende Drehmoment erreicht also wegen des Seilgewichts ein Maximum, wenn das Fördermittel an der Fördersohle steht, und nimmt linear mit dessen Fahrt nach oben ab, bis es ein Minimalgewicht erreicht, wenn das Fördermittel an der Hängebank angekommen ist.

Da sich die Leistung der Antriebsmaschine nach dem höchsten geforderten Drehmoment bemißt, ist es wichtig, daß es möglichst klein ist, wenn das Fördermittel an der tiefsten Fördersohle steht. Für die Steue-

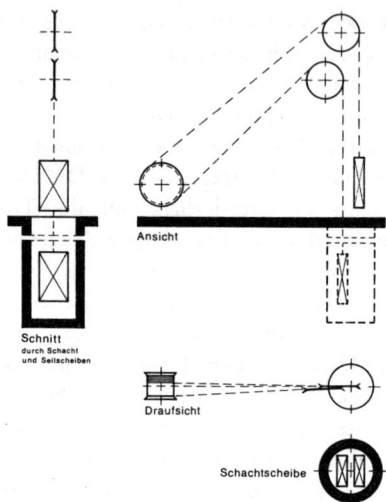

Ansicht

Schnitt
durch Schacht
und Seilscheiben

Draufsicht

Schachtscheibe

Z 8   Schema einer Förderung mit Trommelfördermaschine
und übereinander liegenden Seilscheiben.

rung der Dampfmaschinen ist es außerdem günstig, wenn sich dieses
Moment während des Treibens möglichst wenig ändert. Ein derart kon-
stantes statisches Lastmoment läßt sich erreichen, wenn der Trommel-
radius entsprechend der Abnahme des Seilgewichtes während der Fahrt
nach oben zunimmt. So entsteht aus der zylindrischen die konische
Trommel, deren kleinster Halbmesser der Hebelarm für das an der Fördersohle stehende Fördermittel bildet und deren größter Halbmesser
wirksam ist, wenn das Fördermittel an der Hängebank steht. Aus dieser
Betrachtung ergibt es sich, daß die Konizität der Trommel offensichtlich um so größer sein muß, je schwerer das Förderseil je laufenden Meter wird, je größer also die Teufe und das Nutzgewicht
werden.

Die Nutzgewichte und die Teufen, aus denen gefördert wurde, waren
in den Jahren 1800 bis etwa 1840 sehr unterschiedlich. Aus Westfalen
liegen aus der Zeit um das Jahr 1835 bei Teufen zwischen 120 und 150 m
Nutzgewichte um 300 kg, Antriebsleistungen um 10 PS und Förder-
geschwindigkeiten von 0,3–0,5 m/sec als Durchschnittswerte vor.

Im Laufe der Jahre ging man dazu über, die Dampfmaschinen mit höheren Drücken zu betreiben: Dies hatte nicht nur thermodynamische Vorteile, sondern ermöglichte auch die Verwendung kleinerer Zylinderdurchmesser, um dieselbe Leistung zu erzielen. Damit war die grundsätzliche Voraussetzung für eine neue Bauform geschaffen: die der *liegenden Einzylinder-Dampfmaschine,* die im Jahre 1835 erstmals gebaut wurde. Die liegende Einzylinder-Maschine geht aus der stehenden dadurch hervor, daß der Zylinder horizontal gelegt wird, die Kolbenstange direkt mit der Schubstange verbunden wird und der Balancier entfällt. Der Balancier schrumpft zum Kreuzkopf zusammen, der von der Kolbenstange auf einer Gleitbahn hin- und herbewegt wird.

Ein wesentlicher Vorteil dieser Maschinenform war, daß sie durch Wegfall des Balanciers und der für diesen erforderlichen Unterstützungen wesentlich leichter und damit billiger gebaut werden konnte. Trotz dieses Vorteils konnte sich die neue Form der Einzylinder-Maschine aber nur ungefähr 25 Jahre halten: Ihr Bau wurde um das Jahr 1865 wieder eingestellt, zur gleichen Zeit, als auch die Form der stehenden Einzylinder-Maschine auslief. Beiden Antriebsarten gemeinsam war nämlich der Nachteil, daß sie nicht von selbst anlaufen können, wenn sie einmal so stehengeblieben waren, daß Schubstange und Kurbel in einer Linie lagen. Dies führte vor allem deshalb zu Schwierigkeiten, weil die Nutzgewichte mit den zunehmenden Teufen laufend erhöht werden mußten. Sie stiegen von durchschnittlich 1 t im Jahre 1850 auf rd. 2 t im Jahre 1860; gleichzeitig stiegen auch die Leistungen der Antriebsmaschinen von rd. 30 PS im Jahre 1850 auf etwa 100 PS im Jahre 1860.

Die Schwierigkeiten beim Anfahren ließen sich dadurch beheben, daß parallel zum ersten liegenden Zylinder ein zweiter angeordnet wurde, der mit seinem Kurbeltrieb auf der anderen Seite der Seilträgerwelle angriff und dessen Kurbelstellung gegenüber der Kurbel des ersten Zylinders um 90° versetzt war: So stand immer ein Drehmoment zur Verfügung, auch wenn einmal einer der beiden Antriebe in seiner Totstellung stehengeblieben war.

So entstand gegen Mitte der 50er Jahre des 19. Jh. die *Zwillings-* T 4 b, *Dampffördermaschine,* die in dieser Form auch heute noch auf manchen 5 a Schachtanlagen läuft, nachdem sie sowohl in thermodynamischer Beziehung als auch in bezug auf die Steuerung wesentlich verbessert wurde. Da sich die Leistung der Maschine auf zwei Zylinder verteilt, konnte sie gegenüber der Einzylinder-Maschine gleicher Leistung im Zylinderdurchmesser kleiner gebaut werden.

Außer dem Vorteil der besseren Anfahrbedingungen ergab sich bei der Zwillings-Maschine auch eine bessere Steuerfähigkeit. Gleichzeitig konnte das bei Einzylinder-Maschinen unentbehrliche Schwungrad entfallen, da der Lauf der Fördermaschine durch die Verwendung von zwei doppeltwirkenden Zylindern gleichförmiger geworden war. Diese Gleichförmigkeit wurde unterstützt durch die höhere kinetische Energie des Seilträgers, die inzwischen dadurch angewachsen war, daß mit größerer Teufe und Nutzgewicht auch Durchmesser und Gewicht (also die Masse des Seilträgers) anstiegen und außerdem die Fördergeschwindigkeit bis zu 3 m/sec gesteigert worden war.

Eine Erhöhung des Nutzgewichtes bei größeren Teufen (im Oberharz um das Jahr 1830 bereits 400 m und tiefer) war nur möglich, wenn Seile zur Verfügung standen, die bei geringem Eigengewicht hohe Bruchlast und große Lebensdauer aufwiesen. So schieden Ketten wegen ihres großen Eigengewichts und ihrer Bruchanfälligkeit aus; Hanfseile waren teuer und feuchtigkeitsanfällig. Seit 1834 ließ daher Oberbergrat Albert in Clausthal Seile aus geflochtenem Eisendraht herstellen. Sie setzten sich bald durch und hatten den Vorteil, daß ihr Gewicht je laufenden Meter nur ungefähr ein Drittel von dem eines vergleichbaren Hanfseiles betrug und daß die Lebensdauer in nassen Schächten mindestens viermal so hoch war: Allein durch die Verwendung von Draht- anstelle von Hanfseilen ließ sich das Nutzgewicht und damit die Förderleistung einer Anlage steigern. Um aber die Biegebeanspruchung der Seile beim Auf- und Abwickeln klein zu halten und damit eine möglichst hohe Lebensdauer zu erzielen, ergab sich die Notwendigkeit, bei dickeren Seilen die Durchmesser der Seilträger zu vergrößern: Die Beziehung sagt, daß der Durchmesser des Seilträgers 80 bis 100mal so groß sein soll wie der Durchmesser des verwendeten Förderseils.

Mit dem Übergang zu größeren Teufen – sie lagen um das Jahr 1865 in Deutschland bereits bei etwa 300 m – erhöhte sich auch das Seilgewicht je laufendes Meter. Damit wuchs bei konischen Trommeln die Konizität, die zum ungefähren Ausgleich des Seilgewichtes erforderlich war. Da konische Trommeln bei großen Teufen zum vollständigen Seilausgleich nicht mehr ausreichten, entwickelte man aus ihnen später die Spiraltrommeln, bei denen das Seil in Profileisen-Nuten lief. So entstanden gegen Ende des vorigen Jahrhunderts schließlich riesige Trommeln, die bei Spiral-Trommeln Durchmesser von maximal 13,5 m (!) erreichten. Zwar wuchs mit diesen großen Durchmessern die Gleichförmigkeit des Laufes der Fördermaschinen, doch stellte das Abbremsen der in den umlaufenden Massen steckenden kinetischen Energie ein ernstes Problem dar, denn diese mußte mechanisch in den Bremsen vernichtet werden. Aus diesem Grunde blieb die Fördergeschwindigkeit meist recht klein.

Um das Jahr 1870 war man in den deutschen Revieren bereits bis in 500 m Tiefe fortgeschritten; gegen Ende des Jahrhunderts – um das Jahr 1885 – trat eine neue Antriebsmaschine in Erscheinung: die *Zwillings-Verbundmaschine*. Zweck dieser Maschinenart sollte es sein, den in der Zwillings-Maschine nur einstufig genutzten Dampf durch eine zweistufige Dampfdehnung besser auszunutzen. In der Anordnung gleich aufgebaut wie die Zwillings-Maschine, wurde hierzu der eine der beiden Zylinder als Hochdruckzylinder ausgeführt, dessen Abdampf dem als Niederdruckzylinder ausgebildeten anderen Zylinder zugeführt wurde. Der Vorteil der zweistufigen Dampfdehnung und die damit verbundene bessere Ausnutzung des Dampfes mußte jedoch durch einen weniger einfachen Aufbau, durch höhere Anschaffungskosten und durch eine schwierigere Bedienung erkauft werden. Um den Niederdruckzylinder zum Anfahren mitbenutzen zu können, mußte diesem über ein besonderes Ventil Frischdampf zugeführt werden. Der ohnehin nicht befriedigende energiewirtschaftliche Vorteil mußte also durch erhebliche betriebliche Nachteile erkauft werden: Aus diesem Grunde lief diese Baureihe bereits 15 Jahre später um 1900 wieder aus und wurde abgelöst durch die Zwillings-Tandem-Maschine.

Diese *Zwillings-Tandem-Maschine* ist nichts anderes als die mechanische Kupplung zweier hintereinander angeordneter Zwillings-Maschinen, von denen die eine als Hochdruck-, die andere als Niederdruck- T 4b, stufe ausgebildet ist. Die Kolben der Hoch- und Niederdruckstufe sit- 5a zen jeweils auf derselben Kolbenstange und arbeiten auf dieselbe Kurbel; damit entfallen die Anfahrschwierigkeiten der Verbundmaschine. Der Vorteil der größeren Wendigkeit bei besserer Dampfausnutzung mußte allerdings durch die größere Anzahl der Zylinder und dem damit verbundenen Mehraufwand an Steuerorganen, an Wartung und an Ersatzteilen erkauft werden. Hinzu kamen die höheren Anschaffungsko-

sten, die teureren Fundamente sowie der große Raumbedarf und höhere
Baukosten. Ein weiterer Punkt, der das Auslaufen dieser durch ihre
Massen beeindruckenden Baureihe gegen Ende der 20er Jahre beschleu-
nigte, war die inzwischen immer mehr genützte Möglichkeit, den Abdampf der Zwillings-Maschine mit Hilfe von Abdampfturbinen in elektrischen Strom zu verwandeln, so daß die Dampfausnutzung durch die
Verbundwirkung in der Zwillings-Tandem-Maschine weniger wichtig
wurde.

Die um die Jahrhundertwende größte Zwillings-Tandem-Maschine
besaß eine Leistung von 5000 PS und war zum Antrieb der damals größten Fördermaschine der Welt bestimmt, die bei der Tamarack Mining
Co. in Kanada eingebaut wurde. Sie war ausgelegt für ein Nutzgewicht
von 6 t, eine Fördergeschwindigkeit von 20 m/sec und eine Teufe von
1800 m und als konische Doppeltrommel mit einem für beide Seil-
trumms gemeinsamen zylindrischen Mittelteil ausgeführt. Ein Gegen-
stück der *Fördermaschine* drückte noch bis etwa 1977 im *Wasserwerk*
T 5 a *Mülheim-Styrum* Wasser in das Netz; diese Maschine wurde anschließend in das noch aufzubauende Industriemuseum Zollern in Dortmund
übergeführt und wartet auf die Wiedermontage.

Mit den Zwillings-Tandem-Maschinen war der Dampfmaschinenbau
für Förderanlagen an einem gewissen Endpunkt angelangt. Zwar baute
man in Deutschland gegen Mitte der 30er Jahre noch *Drillings-Dampf-
fördermaschinen*, doch setzten sich diese nicht durch.

Auf der *Zeche Hannover-Hannibal in Bochum* begann gegen 1875
eine technische Entwicklung, die bislang noch nicht erwähnt worden
ist, die aber den Fördermaschinenbau revolutionär verändern sollte.
Maßgeblich an dieser Entwicklung beteiligt war der damalige Betriebs-
direktor Koepe, der die schweren zylindrischen oder konischen Seiltrommeln durch eine sog. *Treibscheibe* ersetzte und damit letztlich den
Bau von Turmfördermaschinen anstelle der bislang vorhandenen Flur-
fördermaschinen einleitete.

Wer heute am Malakoffturm der stillgelegten Zeche Hannover 1/2 in
T 7, 8 der Hannoverstraße in Bochum-Hordel vorbeigeht, wird in der Regel
kaum wissen, welche bahnbrechenden technischen Entwicklungen hinter den rot-braunen Ziegelmauern des Malakoffturmes und seines jüngeren Pendants einst stattgefunden haben: Hier kam die erste „Koepe-
Förderung" im Jahre 1878 zum Einsatz, während im Schacht 2 im Jahre

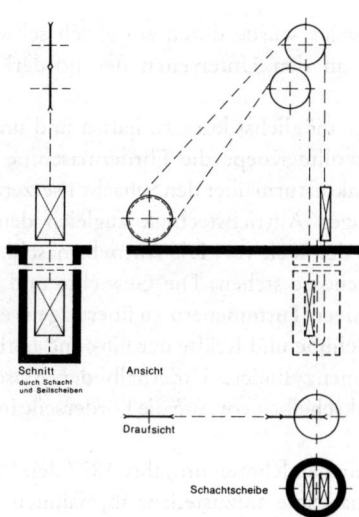

Schnitt
durch Schacht
und Seilscheiben

Ansicht

Draufsicht

Schachtscheibe

Z 9 Schema der Treib- und Seilscheibenanordnung bei Einfachförderung
(Flurförderung).

1888 die erste Turmfördermaschine der Welt installiert wurde. Aus dem
gleichen Schacht förderte nach dem Zweiten Weltkrieg die erste Vierseilförderung der Welt (seit 1947).

Im Jahre 1876 stand Carl Friedrich Koepe vor der Aufgabe, die För- T 7
derung im Schacht 1 der Steinkohlenzeche von der 161 m- auf die neue
243 m-Sohle zu verlegen. Koepe erkannte in diesem Moment die man-
gelhaften Möglichkeiten der bislang verwendeten Trommelfördermma-
schinen; daraufhin schlug er vor, die Fördermaschine statt mit einer
Trommel mit einer *Treibscheibe* auszustatten und diese über dem
Schacht 1 im obersten Geschoß des Malakoffturmes aufzustellen. Diese
Treibscheibe war gewissermaßen ein großes Schwungrad, das von den
Dampfzylindern der Fördermaschine in Drehung gebracht wurde.
Über die Treibscheibe legte Koepe das Förderseil, so daß an jedem Ende
des Seiles ein Förderkorb hing. Drehte sich die Scheibe nach rechts, so
hob sich der linke Förderkorb, während der rechte in den Schacht hin-
abglitt. Bei einer Linksdrehung der Treibscheibe wurde der rechte Förderkorb angehoben, und der linke Korb fuhr in den Schacht. Das Ge-

wicht des Förderseiles wurde durch ein gleich schweres „Unterseil" ausgeglichen, das an den Unterseiten der Förderkörbe angebracht wurde.

Um die Seillänge möglichst kurz zu halten und um ein Maschinenhaus zu sparen, wollte Koepe die Fördermaschine samt der Treibscheibe in den Malakoffturm über den Schacht 1 setzen: Damit schlug er neben der neuartigen Antriebstechnik zugleich den Bau der ersten *Turmförderanlage* der Welt vor! Die Antriebsmaschine sollte im obersten der fünf Geschosse stehen: Die Gewichte und Lasten dachte er direkt auf die massiven Turmmauern zu übertragen, ebenso die waagerecht wirkenden Schübe und Kräfte der hin- und herbewegten Massen der Dampfmaschinenzylinder. Unterhalb der Maschinenbühne sah Koepe zwei Ablenkscheiben vor, um die Förderseile in die Schachtmitte einzuführen.

Die Verantwortlichen lehnten im Jahre 1877 den Vorschlag Koepes, eine Turmfördermaschine aufzustellen, ab, nahmen aber die „Koepe-Treibscheibe" als Antrieb an, deren Vorteil in der Verringerung des Kraftaufwandes und in der leichteren Steuerung der Maschine lag, die jetzt kleinere Abmessungen und kleinere Kesselanlagen besitzen konnte. Zugleich konnten die enormen Kosten für die Förderseile gedrosselt werden, da ein einziges Förderseil und ein Unterseil unter den beiden Körben wesentlich billiger, weil kürzer waren als die beiden Förderseile der Trommelfördermaschinen. Dennoch setzte sich die Koepe-Treibscheibe nur relativ langsam durch: 1888 förderten erst 4 Schächte nach dieser Methode, was durch die Möglichkeit des Seilrutschens auf der Treibscheibe bedingt war. Nachdem auch diese Schwierigkeiten der Reibungsverhältnisse ausgeräumt waren, wurden nahezu alle Schachtanlagen mit diesem Typus der Fördermaschine ausgestattet.

Als im Jahre 1888 auf dem Nachbarschacht „Hannover 2" eine neue Fördermaschine nötig wurde, trug Koepe sein Projekt einer Turmfördermaschine erneut vor. Diesmal konnte er die Direktion von den Vorteilen und der Sicherheit seiner Maschinenanlage überzeugen: Noch im gleichen Jahr entstand im obersten Geschoß des Malakoffturmes die erste Turmfördermaschine der Welt. Die Zweizylinder-Verbund-Dampffördermaschine besaß Zylinder mit 980 und 1440 mm Durchmesser, die einen Hub von 1570 mm hatten. Der Dampfdruck belief sich auf 4,5 atü. Die Treibscheibe hatte 6450 mm, das Förderseil 50 mm

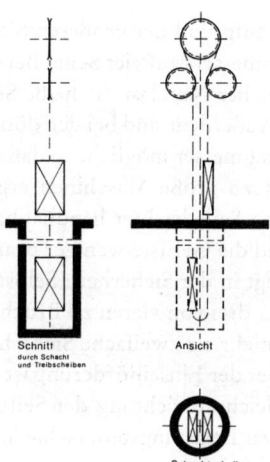

Schnitt
durch Schacht
und Treibscheiben

Ansicht

Schachtscheibe

Z 10   Schema der Treib- und Seilscheibenanordnung bei Einfachförderung (Turmförderung).

Durchmesser und bestand aus sechs Litzen zu jeweils 30 Drähten von 2,5 mm Durchmesser. Die größte Seilbelastung betrug bei einem Förderkorb mit sechs Wagen auf drei Tragböden rd. 13 t! Bei diesem Schacht wurde damals von der 384 m-Sohle gefördert; die Seilfahrtsgeschwindigkeit betrug 5 m/sec.

Koepes Treibscheiben-Fördermaschine ist als ein erster, wesentlicher Schritt auf dem Weg zur Schachtförderung aus großen Teufen anzusehen. Ein zweiter Schritt wurde mit der Entwicklung der *Mehrseilförderung* auf derselben Zechenanlage getan. Als der Schacht 2 Mitte der 40er Jahre für eine größere Fördereinrichtung erweitert werden mußte, wobei übrigens die alte Fördermaschine verschrottet wurde, wählte man wiederum eine Turmfördereinrichtung, die bis zu einer Schachtteufe von 1400 m genügen sollte. Da als Nutzlast 12 t angenommen wurde, hätte sich bei einer Einseilförderung nach bewährtem Muster ein Seildurchmesser von 90 mm ergeben: Ein Seil dieser Stärke ist aber nicht mehr ausreichend biegsam und praktikabel, es würde derartig starke Drallkräfte ausüben, daß ein für die Seilfahrt gefährlicher Verschleiß entstünde.

Zunächst wollte man das eine Förderseil durch zwei ersetzen. Dann

T 6 b

erhöhte man die Zahl aufgrund der größeren Sicherheit und des dann noch geringeren Durchmessers auf vier Seile: Bei vier Seilen genügte bei gleicher Teufe und gleicher Nutzlast die halbe Seildicke je Seil wie bei der Einzelförderung. Außerdem sind bei den dünnen Förderseilen kleinere Treibscheibendurchmesser möglich, so daß sich ausreichend hohe Drehzahlen und nicht zu große Maschinen ergeben. Hinzu kommt noch, daß die dünneren Seile leichter handhabbar sind, der Drall sich gegenseitig aufhebt und die Gerüste weniger beansprucht werden. Der größte Vorteil aber liegt in der Sicherheit: Selbst wenn ein Seil einmal reißen sollte oder sogar drei von vieren zu Bruch gingen, hat das vierte Seil immer noch eine mehr als zweifache Sicherheit. Einziger Nachteil der Mehrseil- gegenüber der Einseilförderung ist die Notwendigkeit einer besonderen Ausgleichsvorrichtung der Seile oberhalb der Körbe, um die unvermeidlichen Belastungsunterschiede in den Körben relativieren zu können.

Als Antriebsmaschine diente auf dieser ersten Vierseilförderung der Welt ein Gleichstrom-Nebenschluß-Motor mit Leonard-Schaltung für 825 V mit einer Dauerleistung von 3200 kW bei 69 U/min. Für die Wahl des elektrischen Antriebs war entscheidend, daß ein Betrieb schwerer Dampfmaschinen in einem rd. 50 m hohen Turm wenig ratsam erschien. Der Durchmesser der Vierseil-Treibscheibe, deren Rillenfutter aus Ulmenholz mit Ledereinlage bestand, betrug 5000 mm; von den vier vorhandenen Ablenkscheiben besaßen jeweils zwei einen Durchmesser von 4000 mm und von 5000 mm. Die Fahrgeschwindigkeit betrug bei der Materialfahrt 18 m/sec, bei der Seilfahrt 12 m/sec. Die Förderkörbe konnten 70 Bergleute aufnehmen.

So wurden innerhalb von 70 Jahren auf dem *Malakoffturm der Bochumer Steinkohlenzeche Hannover* drei bahnbrechende Entwicklungen erprobt und erfolgreich eingesetzt. Der Turm über dem Schacht 1 vermag als technisches Denkmal von diesen Vorgängen noch Zeugnis abzulegen.[9]

Gegen Ende des 19. Jh. trat mit der Kraftmaschine des *Elektromotors* eine völlig andersartige Antriebsmaschine in Erscheinung, die der

[9] Vgl. Festschrift zum 100jährigen Bestehen der Zechen Hannover und Hannibal (bearb. v. F. Lange u. H. Kleinhorst), Bochum 1947. – F. Lange, Wege zur Vierseilförderung, in: Glückauf 81/84, 1948, S. 103 ff.

Dampfmaschine schon sehr bald große Konkurrenz machen sollte. Nachdem im Siegerländer Erzbergbau eine kleine, 1893 auf der Herdorfer Eisenerzzeche Hollertzug errichtete elektrische Fördermaschine zunächst keine Nachfolge gefunden hatte, griff der Kalibergbau diese Neuentwicklung auf: Die Verwendung des elektrischen Antriebs lag nahe, weil größere Dampfmaschinen unter Tage wegen der Einwirkung von Dampf und Wasser auf Salz nicht zugelassen werden konnten und Druckluft bei Fördermaschinen damals noch zu teuer war. Nachdem die Gewerkschaft Wilhelmshall in Anderbeck und die Consolidirte Alkaliwerke AG zu Westeregeln einige Maschinenanlagen mit Gleichstrom-Nebenschlußmotoren und Ankeranlassern ausgestattet hatten, kam im Jahre 1899 im *Kaliwerk Thiederhall* in Salzgitter-Thiede eine T 5 b von der Siemens & Halske AG gelieferte *Fördermaschine* zur Aufstellung: Sie stand an der Hängebank eines Blindschachtes auf der 300 m-Sohle und förderte auf einetagigen Körben aus 500 m Teufe. Die mechanischen Teile der Fördermaschine lieferte die Nordhäuser Maschinenfabrik Schmidt, Kranz & Co, die beiden seitlich der 1700 mm großen Trommeln aufgestellten Motoren die Berliner Elektrofirma Siemens & Halske. Man wählte eine *Gleichstrommaschine,* um gute Geschwindigkeitsregelungen zu erhalten und um mit Hilfe einer Akkumulatorenbatterie eine annähernd gleichmäßige Belastung der Dampfmaschine des Kraftwerkes und damit ein wirtschaftliches Arbeiten sicherzustellen. Ein Ankeranlasser wurde zum Anlassen und Regeln der Drehzahl und eine Umschaltung der Ankeranschlüsse zum Wechseln der Drehrichtung gewählt. Die Leistung war entsprechend der Funktion als Fördermaschine in einem Blindschacht relativ gering, die Nutzlast eines Hubes betrug 800 kg, die Fördergeschwindigkeit bei Lastförderung 6 m/sec, bei Seilfahrt die Hälfte.[10]

Die ersten großen elektrischen Fördermaschinen wurden im Jahre 1901 auf der Gewerbe- und Industrieausstellung in Düsseldorf gezeigt und im Leerlauf vorgeführt, bereits ein Jahr später stellte die Gelsenkirchener Bergwerks-AG auf der neuen „Muster"-*Zeche Zollern 2/4* unter T 6 a maßgeblichem Einfluß von Karl Köttgen eine derartige *Gleichstrom-*

---

[10] Zur Thiederhaller Fördermaschine vgl. O. Hoppe, Die elektrische Fördermaschinenanlage der Aktien-Gesellschaft Thiederhall in Thiede bei Braunschweig, in: Glückauf 36, 1900, S. 490–501.

Fördermaschine auf. Diese Maschine ist erhalten und gilt als eines der herausragenden technischen Denkmäler des Fördermaschinenbaus.[11]

Bei den großen elektrischen Gleichstromantrieben gab es zunächst zwei Hauptprobleme zu lösen: Das erste war die Steuerung der Fördergeschwindigkeit, das zweite der Schutz anderer elektrischer Verbraucher vor Spannungsabsenkungen im Netz. Bei dem für den Antrieb von Fördermaschinen geeignetsten Motor – dem Gleichstrom-Nebenschluß-Motor – ließ sich die dem Motoranker zugeführte Spannung bei kleinen Leistungen noch mit Hilfe der Anlaßwiderstände stellen und so die Geschwindigkeit steuern. Bei größeren Leistungen war dies jedoch unmöglich, da der im Ankerstromkreis liegende Anlasser Ströme von 2000–4000 Ampère hätte schalten müssen und dementsprechend große Abmessungen gehabt hätte. Eine Lösung dieser Schwierigkeiten bot die *Leonard-Schaltung*: Bei ihr wird die Spannung, die dem als fremderregten Gleichstrommotor ausgebildeten Fördermotor zugeführt wird, in einem eigenen Motorgenerator stellbar erzeugt. Da die Spannung im Feldstromkreis des Generators erzeugt wird, braucht das Steuerorgan, der Feldsteller, nur für den verhältnismäßig geringen Feldstrom ausgelegt zu sein. Trotz der mit der Leonard-Schaltung verbundenen viermaligen Energieumsetzung sind die Gesamtverluste verhältnismäßig gering, da der Wirkungsgrad der elektrischen Maschinen hoch ist.

Das zweite Problem bildete die Rückwirkung der großen elektrischen Fördermaschinen auf andere elektrische Verbraucher. Während bei der Dampfmaschine die jeweils erforderliche Energie dem Dampfvorrat des Kessels entnommen wird und andere Dampfverbraucher hiervon fast nicht beeinflußt werden, führte die in den Spitzen hohe Energieaufnahme der elektrischen Fördermaschine bei den ungenügend bemessenen Netzen und den in ihrer Leistung beschränkten Kraftwerken der damaligen Zeit zu Spannungsabsenkungen und damit zu Rückwirkungen auf andere an demselben Netz liegende oder am selben Kraftwerk

---

[11] Vgl. Bernhard u. Hilla Becher/Hans Günther Conrad/Eberhard G. Neumann, Zeche Zollern 2. Aufbruch zur modernen Industriearchitektur und Technik, München 1977 (= Studien zur Kunst des 19. Jahrhunderts Band 34), S. 184 ff.

angeschlossene elektrische Verbraucher. Um diese unerwünschten Rückwirkungen zu vermeiden, wurden entweder Akkumulatoren-Batterien als Pufferbatterien parallel zum speisenden Netz geschaltet, oder es wurde nach dem Patent von Ilgner ein Schwungrad auf der Welle des Leonard-Umformers angebracht, dessen kinetische Energie bei Belastungsspitzen den Antriebsmotor des Umformersatzes entlastete. Die Schwungräder wurden z. T. auskuppelbar ausgeführt, um sie bei schwacher Förderung auszuschalten und so Energieverluste durch die Luft- und Lagerreibung des Schwungrades zu vermeiden.

Die Pufferbatterien hatten zwar den Vorteil, daß sie mehr Energie speichern konnten als das Schwungrad und außerdem bei Netzausfall über eine bestimmte Zeit ein Weiterfördern ermöglichten, doch waren sie bei den erforderlichen hohen Stromstärken sehr teuer und hatten außerdem den Nachteil, daß sie nur in Verbindung mit einem Gleichstrom liefernden Kraftwerk oder mit Hilfe aufweniger Sonderschaltungen betrieben werden konnten: Deshalb verschwand die Pufferbatterie mit der Zeit ebenso wie die zur Umgehung des Ilgner-Patents entwickelten Sonderschaltungen.

Schon kurz nach ihrer Einführung erlebte die elektrische Gleichstrommaschine trotz der starken Konkurrenz der schon seit Jahrzehnten bekannten und bewährten Dampfmaschine und trotz des höheren Anschaffungspreises eine stürmische Aufwärtsentwicklung wegen ihrer für den Förderbetrieb besonders vorteilhaften Betriebseigenschaften. Die in der besseren Steuerfähigkeit begründete größere Betriebssicherheit der Gleichstrom-Fördermaschine wurde schon sehr bald dadurch anerkannt, daß mit ihr Seilfahrtgeschwindigkeiten bis zu 20 m/sec zugelassen wurden, während die Dampffördermaschine zunächst noch auf 6 m/sec beschränkt blieb.

Fast gleichzeitig mit den ersten großen Gleichstrom-Fördermaschinen wurde in Deutschland auch die erste große *Drehstrom-Fördermaschine* betrieben. Der direkt mit der Treibscheibe gekuppelte, als Schleifringläufer ausgeführte Asynchron-Motor war ausgelegt für ein Nutzgewicht von 2,2 t, eine Teufe von 700 m und eine Fördergeschwindigkeit von 16 m/sec bei Güterförderung und von 5 m/sec bei der Seilfahrt; die Speisefrequenz betrug 25 Hz. Die Fördergeschwindigkeit wurde über den Flüssigkeitsanlasser gesteuert. Die Maschine kam jedoch nach wenigen Jahren wegen einiger Eigenschaften des Asynchron-Motors, die ihn für den Hauptschachtförderbetrieb zur damaligen Zeit als ungeeignet erscheinen ließen, wieder außer Betrieb. Zu diesen Eigenschaften gehört, daß bei ihm wie bei der Dampfmaschine die Fördergeschwindigkeit von der Last abhängig ist. Da somit die Steuerhebelauslage nicht eindeutig mit einer ganz bestimmten Geschwindigkeit verknüpft war, ließ sich auch die Überwachung der Steuerung durch einen einfachen Fahrtenregler nicht verwirklichen. Außerdem war das Anlassen und Steuern sowohl mit starken Belastungsstößen auf das speisende Netz als auch mit hohen Energieverlusten verbunden. Daher blieben Drehstrommaschinen auf deutschen Bergwerken zunächst selten, bis durch moderne Steuer- und Regeleinrichtungen die Voraussetzungen für ihre neuerliche Verwendung als betriebssichere Hauptschachtmaschine geschaffen worden waren.

Zu den wesentlichen Vorteilen der elektrischen Fördermaschine gehörte das geringere Gewicht und die drehende Arbeitsweise der Antriebsmaschine. Diese beiden Eigenschaften ermöglichten bei *Treibscheiben-Maschinen* die Aufstellung *auf Fördertürmen,* also unmittelbar über dem Schacht, wozu das bisherige Fördergerüst in einen Förderturm umgestaltet wurde: Das bisher notwendige Maschinenhaus wurde dadurch überflüssig. Diese Anordnung der Fördermaschine verminderte die Biegebeanspruchung des Förderseils, weitere Hauptvorteile der Turmaufstellung liegen im geringeren Platzbedarf und in der Möglichkeit, bei Umstellung auf eine tiefere Sohle mit dem alten Fördergerüst so lange weiterfördern zu können, bis die Neuanlage betriebsbereit ist. Dies ist wichtig, da der Übergang zu größeren Teufen meist mit dem Wunsch verbunden ist, gleichzeitig auch das Nutzgewicht zu erhöhen, was im allgemeinen eine neue Fördermaschine sowie eine wesentliche Verstärkung des Fördergerüstes erfordert. In diesen Fällen kann der Turm über dem fördernden Gerüst aufgebaut und die neue Fördermaschine eingebaut werden, ohne daß der laufende Förderbetrieb gestört wird. Danach kann innerhalb kurzer Zeit umgestellt werden. Im Jahre 1907 wurde in Deutschland die erste Turmfördermaschine mit elektrischem Antrieb auf dem Klenzeschacht der bayerischen Grube Hausham in Betrieb genommen. Dieses technische Denkmal ist verloren, doch kann der im Jahre 1910 erbaute *Förderturm der* niedersächsischen *Kaligrube „Glückauf"* in Sarstedt ein derartiges Beispiel noch heute zeigen. Hinzu kommt, daß dieser Förderturm sich noch

T 9

heute im Zustand der Erbauungszeit zeigt und auch noch die originale Fördermaschine bewahrt hat.[12]

Es würde zu weit führen, noch die weiteren Fortschritte im Bau von Fördermaschinen hier aufzeigen zu wollen. Doch ist deutlich geworden, daß sich die technische Entwicklung im Bau von Fördermaschinen noch heute anhand der erhaltenen Beispiele nachvollziehen und aufzeigen läßt: Fördermaschinen wie die kleine *Balancierdampfmaschine der Zeche Trappe,* die schweren, massigen *Zwillings-Tandem-Maschinen im Wasserwerk Styrum,* die dort noch stehen, oder die ältesten erhaltenen *Gleichstrom-Fördermaschinen* der Welt auf *der Dortmunder Zeche Zollern 2/4* sind Beispiele dafür. Technische Denkmäler sind immer zuerst Spiegelbilder der jeweiligen technischen Entwicklung und des jeweiligen Standes der Technik; sie geben immer zuerst deutliche Auskunft und Hinweise über ihre Funktionen. Insofern sind sie vergleichbar mit den Kunstdenkmälern, die zuerst Hinweise über den Künstler und seine Auffassung vom Wesen der „Kunst", dann aber Aufschluß über seine stilistische Stellung innerhalb des jeweiligen Kunstschaffens geben. Dasselbe Verhältnis trifft auch im Hinblick auf die „Technik" für die technischen Denkmäler zu.

b) Technische Denkmäler als Informationsträger politischer, wirtschaftlich-ökonomischer Verhältnisse und Gesamtzusammenhänge

Produktionsanlagen aller Art und Qualität sind unmittelbar und untrennbar mit wirtschaftlichen Faktoren verbunden und von diesen abhängig; dieses Phänomen ist für alle Zeitläufe gültig. Deshalb können die in den Produktionsanlagen stehenden technischen Anlagen bzw. sie selbst wichtige Hinweise und Rückschlüsse auf gesamtökonomische Gegebenheiten innerhalb der politischen Situation geben. Diese Aussa-

---

[12] Vgl. Rainer Slotta, Technische Denkmäler in der Bundesrepublik Deutschland III: Kali- und Steinsalzindustrie, Bochum 1980 (= Veröffentlichungen aus dem Deutschen Bergbau-Museum Nr. 18), S. 560 ff.

gemöglichkeit technischer Denkmäler soll anhand dreier Beispiele aufgezeigt werden: Einmal anhand der *römischen Kalkbrennerei von
Iversheim,* die für den römischen Wirtschaftsraum des Köln-Eifeler
Gebietes von großer Wichtigkeit war, zum anderen durch die *Denkmäler des Ölbergbaus im niedersächsischen Wietze, Oelheim und Hänigsen,* und schließlich durch das Beispiel der *Grube Dr. Geier bei
Waldalgesheim,* als man im Rahmen der Autarkiebestrebungen und der
Kriegswirtschaft des Deutschen Reiches mitten im Ersten Weltkrieg
eine neue Erzgrube in großzügiger Weise errichtete.

T 10a   Im Erfttal bei *Iversheim* am Westrande der Eifel stieß man im Jahre
1838 bei Straßenarbeiten auf Ofenreste und deutete sie zunächst als
„Ziegelöfen"; nachdem Walter Sölter in den Jahren 1966–1968 systematische Untersuchungen durchführen konnte, stellten sich diese Öfen als
technikgeschichtlich ungemein wichtige und interessante Dokumente
einer *römischen Kalkbrennerei* heraus. Die durch die Grabungen des
Rheinischen Landesmuseums Bonn freigelegten Befunde wurden
konserviert, größtenteils durch einen Schutzbau gesichert und der
Öffentlichkeit zugänglich gemacht: Die Kalkbrennerei von Iversheim
ist zweifelsohne ein in der Bundesrepublik einzigartiges wirtschafts-
und technikgeschichtliches Zeugnis und technisches Denkmal der
Frühgeschichte.

Unterhalb der antiken Dolomitsteinbrüche lagen sechs Öfen der
Kalkbrennerei (calcaria) innerhalb einer etwa 30 m breiten und 6 m tiefen, wohl ehemals offenen Werkhalle, deren Fundamente wenig sorgfältig aus Kalksteinen und Mörtel zusammengefügt worden waren. Auf
diesen Fundamenten hatte man – ähnlich den heutigen Ziegeleien – ein
Ständergerüst aufgeführt, das wohl ein Pultdach getragen haben wird.
Eine Zungenmauer unterteilte die Werkhalle in zwei Bereiche; Stütz-
und Strebemauern waren auf der südlichen Hangseite aufgeführt
worden.

In dieser Werkhalle fanden sich insgesamt sechs Kalköfen, die aus
Grauwacken, Ton, Dachziegeln in Zweitverwendung und aus Sand-
steinbrocken gemauert worden waren. Birnenförmig im Grundriß, besaßen sie bei einer Länge von 3 m noch eine Tiefe von 4 m. Die Ofenbrust war zum Tal hin gerichtet und mit der Werkhallenmauer verbun-

den. In halber Höhe teilte ein Absatz bzw. eine umlaufende Bank die
Öfen in eine obere, größere Kalk- und in eine untere, kleinere Feuerkammer. Die Beschickung, Belüftung und Befeuerung der Öfen erfolgte durch die Ofenbrustöffnungen, von denen steile Rutschen auf die
gemuldeten Ofensohlen herabführten. Vor jeder Ofenbrust befand sich
eine kleine, wohl auch mit einem Pultdach gedeckte Kammer; ihre
Mauern fingen zugleich einen Teil der Schubkraft des Ofens ab.
   Der Produktionsvorgang verlief derartig, daß der im Steinbruch
oberhalb der Kalkbrennerei gebrochene Dolomit in der Art eines Ge-
wölbes über einem hölzernen Leergerüst aufgeschüttet wurde. Darüber
schichtete man zerkleinertes Brenngut sowie Kalkklein und -mehl auf.
Anschließend entfachte man in der Feuerkammer den Brand, wozu man
in der Regel Weiden- und Pappelholz verwendete. Eine derartige Ofen-
füllung ließ sich in sechs bis sieben Tagen bewältigen. Nach der Beendigung des Brandes schloß man den Ofen an der Gicht und an der Brust
ab, um den Kalk noch in sich „schmoren" zu lassen. Innerhalb von zwei
bis drei Tagen konnte der Ofen dann entleert und für den neuen Brand
vorbereitet werden. Insgesamt konnten so monatlich etwa 200 t Baukalk hergestellt werden, wobei der Dolomit etwa die Hälfte seines Ge-
wichtes verlor und in leichten Stückkalk verwandelt wurde. Daß man
den römischen Brennvorgang so gut hat rekonstruieren können, lag in
der Tatsache begründet, daß in einem Brennofen noch eine originale
Füllung geborgen werden konnte.
   An die Brennanlage schloß sich ein Arbeits- und Wohnlager an, das
bislang aber nicht vollständig ausgegraben werden konnte. Backofen,
Herdstelle und Nischen für die Beleuchtung durch Öllämpchen konnten nachgewiesen werden. Sorgfältiger ausgestattete Räume, z. T. sogar
mit ornamentaler Bemalung, und eine Nische für eine Statue bzw. einen
Altar waren ebenfalls vorhanden. Daß die Kalkbrennerei nicht einpha-
sig war, d. h. nur über kürzere Zeit in Benutzung stand, geht daraus
hervor, daß Weihealtäre in die Brennöfen eingebaut gewesen waren.
   Aus den Keramikfunden wurde ersichtlich, daß der Platz der Brennerei bereits im 1. Jh. n. Chr. belegt gewesen war; bauliche Überreste ließen sich nur in ganz geringen Spuren nachweisen. Aus der zweiten Be-
bauungs- und Nutzungsperiode stammen das der Werkhalle angebaute
Arbeits- und Wohnlager sowie eine Batterie von vier Öfen, die von den
Öfen der letzten Betriebszeit überbaut worden sind. Nach den Inschrif-

ten auf den gefundenen, in den Öfen eingebauten Weihealtären ist diese zweite Periode von 225 – 260/270 n. Chr. anzusetzen; die Zerstörung der Anlage dürfte während eines Frankeneinfalls in den 70er Jahren des 3. Jh. n. Chr. erfolgt sein. Zum Wiederaufbau an derselben Stelle gehören dann die Werkhalle und die jüngeren Öfen, deren Zahl zunächst nur vier betrug. Doch erweiterte man die Brennkapazität durch den Anbau von zwei Öfen, von denen einer aber bereits während der Betriebszeit einstürzte, da er zu nahe an den nächsten Ofen herangesetzt worden war. Das Ende dieser dritten Betriebszeit wird um 300 n. Chr. angenommen; ein unplanmäßiges Ende der Kalkproduktion ist anzunehmen, denn sonst hätte man den einen Ofen sicherlich noch von seiner Charge befreit.

Der Standort für die Iversheimer Kalkbrennerei war ohne Zweifel gut gewählt worden. Brennmaterial in Form von Holz war in der Eifel in ausreichenden Mengen vorhanden, Dolomit konnte oberhalb der Brennerei gebrochen werden. Der Flußlauf der Erft war während der römischen Kaiserzeit bestimmt schiffbar, so daß die Kalkprodukte relativ bequem ins Rheintal zu den Lagern der Legionen transportiert werden konnten.

Bemerkenswert ist, daß die in den Öfen der Iversheimer Kalkbrennerei und in unmittelbarer Umgebung gefundenen Weihealtäre und Inschriften wichtige Aufschlüsse über die Bedienungsmannschaften zulassen.[13] Die Inschriften stammen ohne Ausnahme von Militärs und

---

[13] Zur Iversheimer Kalkbrennerei allgemein vgl. Walter Sölter, Iversheim – Die römische Kalkbrennerei, in: Führer zu vor- und frühgeschichtlichen Denkmälern Nr. 26: Nordöstliches Eifelvorland II, Mainz 1974, S. 169ff. – Ders., Römische Kalbrenner im Rheinland. Kunst und Altertum am Rhein (= Führer d. Rhein. Landesmuseums in Bonn 31), Düsseldorf 1970. – Hier: P. Noelke, Baukalk für eine ganze Provinz, in: Kölner Römer-Illustrierte 2, 1975, S. 136/137. – H. G. Horn, Weihestein des Kalkbrennermeisters T. Aurelius Exoratus für Minerva, in: ebd., S. 139. – Einer der aussagekräftigsten Weihesteine ist der des Kalkbrennermeisters T. Aurelius Exoratus, der in Zweitverwendung als Treppenstufe gedient hat, so daß sein Schriftfeld leider nur unvollkommen lesbar ist. Auf dem schlichten Weihestein mit dem profilierten Sockel und dem Giebel-, Polstervoluten- und Opferschalenaufsatz steht in Majuskeln: „MINERVAE SACRVM T(itus) AVRELIVS EXORATVS M(iles) L(egionis) XXX V(lpiae) V(ictricis) MAGIST(er) CALC(ariorum) [. . . . .] XXI [V(otum) S(olvit)]

nennen Kalkbrenner (calcarii), Brennmeister (magister calcariarum), Bauführer (architectus) und erwähnen einmal den Bau eines Brennofens (furnus). Es kann kein Zweifel sein, daß die Fabriken dem Militär unterstanden und von Soldaten betrieben wurden, zwei Anlagen von der Bonner legio I Minervia, die dritte, ausgegrabene durch die 30. Legion von Vetera (Xanten). Überraschenderweise wurde hier jedoch auch die Weihung eines Unteroffiziers der legio III Cyrenaica gefunden, einer Truppe also, die seit dem 2. Jh. in der Provinz Arabia stationiert war. Eine Abteilung (vexillatio) dieser Legion wird also, wohl z. Z. der ersten Frankeneinfälle 260/270 n. Chr., zum Grenzschutz nach Niedergermanien abkommandiert worden sein.

Die verschiedenen Einheiten des niedergermanischen Heeres entsandten Arbeitskommandos wohl von etwa 60 Mann in ihre Betriebe nach Iversheim, wo sie unter dem Befehl eines Offiziers (praefectus) und eines Unteroffiziers (optio, signifer u. a.) die anfallenden Aufgaben übernahmen. Der gewonnene Brandkalk sollte sicher zunächst den Bedarf der jeweiligen Truppe decken, d. h. für Baumaßnahmen an ihren Befestigungs- wie Versorgungseinrichtungen dienen. Darüber hinaus werden die Militärbetriebe auch zivile Bauvorhaben, besonders des Kaisers bzw. Statthalters, beliefert haben. So ergab eine Analyse von Mörtelproben aus der Colonia Ulpia Traiana (Xanten, Kr. Wesel) die Herkunft aus dem Iversheimer Vorkommen.[14] Man wird deshalb der Iversheimer Kalkbrennerei überregionale wirtschaftliche Bedeutung

L(ibens) M(erito)" (= Der Minverva geweiht. Titus Aurelius Exoratus, Soldat der XXX. Legion [mit dem Beinamen] Ulpia victrix [und] Kalkbrennermeister … [hat diesen Stein geweiht]. Er löste sein Gelübde gerne und nach Gebühr ein).

Dieser Kalkbrennermeister Titus Aurelius Exoratus stammte seinem Namen nach aus Niedergermanien; als „magister calcariorum" trug er die Verantwortung für den technischen Ablauf des Brennvorgangs. Daß er einen Altar der Minerva, also der Beschützerin des Handwerks allgemein, stiftete, verwundert nicht, denn Unfälle geschahen in Iversheim öfter, da auf einer anderen Inschrift ein Arzt eine Weihung vorgenommen hat (vgl. Horn [1975], S. 139). So ist es also möglich, daß die Denkmäler Auskünfte über das Schicksal einzelner geben können: In diesem Falle bei einer industriearchäologischen Untersuchung eines aus der Frühgeschichte stammenden technischen Denkmals.

[14] Vgl. Noelke (1975), S. 137.

zumessen dürfen: Sie ist ein in wirtschaftlich wie politischer Hinsicht aussagekräftiges technisches Denkmal aus römischer Zeit.

*

T 10b   Jedermann spricht heute von Energie, Erdöl und anderen Kraftstoffen; die Versorgung der Industrienationen mit Energie und vor allem mit Erdöl aus den Ländern des Nahen Ostens und Amerikas ist ein unendlicher Gesprächs- und Diskussionsstoff. Doch kaum jemand erwähnt dabei, daß auch die Bundesrepublik Deutschland über eigene Erdöllagerstätten verfügt, aus denen sie heute etwa 2–3% des Eigenbedarfes decken kann. Die *Erschließung der norddeutschen Erdöllagerstätten* des Gebietes um Celle, in dem der "oil-rush" mit fieberhaftem Eifer einsetzte, ist ein geradezu spannendes Kapitel deutscher Wirtschaftsgeschichte und mit den drei Namen von *Wietze, Oelheim* und *Hänigsen* verbunden, kleinen Ortschaften im Heidegebiet, von denen man kaum etwas wußte, bis Georg Hunäus in ersten Ölbohrungen den ersehnten Rohstoff fand.

Dabei war das Vorhandensein des schwarzen, klebrigen und schmierigen Öls durchaus bekannt. Es trat bisweilen in Kuhlen an die Erdoberfläche und bildete kleine Lachen und Pfützen, sog. „Fettlöcher", aus denen die Heidebewohner den „Wietzer Teer" oder das „Satanspech" schöpften, um es als Wagenschmiere, Wundmittel, Imprägnierstoff für Holz, Fässer, Taue und Schiffe oder auch als Wegbefestigung zu benutzen. Im Hänigser Bereich z. B. wußte man von 30–40 Teerquellen, in denen alle 14 Tage der angesammelte Teer mit einer flachen Schaufel abgenommen wurde: Der Vogt von Meinersen forderte um 1575 seinen Anteil an Wagenschmiere von den Teerkuhlenbesitzern. Im 18. und 19. Jh. wird berichtet, daß man die Teerquellen mit einer Holzverschalung in der Art von Brunnen gefaßt hatte, in denen Teer zusammen mit Wasser an die Oberfläche trat: Der Ertrag lag monatlich zwischen 2 und 24 Pfund je Quelle. Ehe der Teer als Schmiere verkauft wurde, reinigte man ihn vom anhaftenden Sand, indem man ihn durch ein Strohsieb über ein mit Wasser gefülltes Gefäß laufen ließ. Obwohl die Schmiere bei den Heidebauern gefragt war, mochte man die sog. Teerkerls nicht so recht: Sprüche wie: „Ik mag kei'n Teerkerl lien (= leiden), de 'n smärigen Teerpott hat", oder „Ik will kei'n Teerkerl friien (= freien), ik will ein'n ut 'r (= aus der) Stadt" sollen von den

Mädchen der Gegend geprägt worden sein; geheiratet haben sie die Teerkerls trotzdem.

Schon bevor Edwin Drake, den die Anwohner der Bohrstätten aus Ehrfurcht vor seinen Absichten, „irgend etwas aus der Erde zu holen, ohne in die Erde hineinzusteigen" und aus Furcht vor seinem schwierigen Charakter nur den „Oberst" Drake nannten, im Jahre 1859 in den USA am Oil Creek die ersten unterirdischen Petroleumlager angebohrt hatte, versuchte man auch in Deutschland, das kostbare Mineralöl zu finden: 1833 hatte man bei einer Erdölbohrung bei Hänigsen z. B. den Salzstock entdeckt. Man entsann sich dann aber immer häufiger der Ölvorkommen im Heidegebiet und begann mit den ersten Aufschlußtätigkeiten im Jahre 1858.

Unter der Leitung von Dr. Georg Hunäus (1802–1882), einem Markscheider (= Geodäten, Vermesser) des Königlich Hann. Oberberg- und Forstamtes zu Clausthal und Lehrer der Mathematik und praktischer Geometrie, wurde eine Bohrung in einer der vielen Teerkuhlen „an der Drift" im Wietzer Gebiet angesetzt. Hunäus hatte aufgrund seiner geologischen Kenntnisse und seiner Tätigkeit am Oberbergamt in Clausthal die Möglichkeit des Auffindens von Erdöl und dessen Bedeutung erkannt. Nach seinem Studium in Göttingen ging er als Oberlehrer nach Celle und widmete sich dort ganz dem Problemkreis der Tiefbohrung: Das Fehlen von geeigneten Stahl-Werkstoffen mit den heute möglichen Härtegraden brachte Hunäus dann allerdings um den Erfolg, als erster Wietzer Öl gefördert zu haben: Seine unter Bohrmeister und Salineninspektor Hahse mit genieteten Blechrohren niedergebrachte Bohrung stieß in einer Teufe von 35,6 m auf einen Findling und konnte nicht fortgesetzt werden. Man hatte zwar keine eruptiv sprudelnde Ölquelle gefunden, aber immerhin Erdöl führende Sande angetroffen und damit den Beweis für das Vorhandensein einer Erdöllagerstätte erbracht.

Hunäus wandte sich jetzt von Wietze nach Hänigsen und wurde in den Jahren 1860 und 1862 auch dort fündig; doch war die Förderung von jährlich 540 Eimern (etwa 20 Zentnern) durchaus unbefriedigend. Anschließend bohrte er nördlich von Peine bei Oelheim und Berkhöpen und erbrachte auch dort den Nachweis von Erdöllagerstätten: Hunäus hatte an all jenen Orten gebohrt, die später einmal für die deutsche Volkswirtschaft von großer Bedeutung werden sollten.

Bis in die späten 70er Jahre des 19. Jh. kam es in *Wietze* kaum zu einer regulären Erdölförderung. 1878 ging Leo Balthasar Leberecht Strippelmann im Auftrage der Revaler Bank nach Wietze und führte dort Bohrversuche durch. 1880 interessierten sich auch vorübergehend kanadische, holländische, amerikanische und englische Firmen für das Wietzer Erdöl: Der Kanadier William H. McGarvey (1843–1914) versuchte mit Hilfe eines kanadischen Bohrverfahrens nach Öl zu bohren, mußte aber nach ergebnislosen Versuchen aufgeben. Im Jahre 1880 wurde dann aber eine amerikanische Bohrgesellschaft in einer Teufe von 100 m fündig: Nach einer „Rekordförderung" von 250 t/Jahr sprach man schon von einem regelrechten Öl-Boom. Die euphorischen Zukunftsprognosen erwiesen sich indessen wieder als trügerisch, denn die Ausbeute entsprach schließlich trotz des Einbaus einer Pumpe nicht den Erwartungen, so daß die Mehrzahl der Interessenten Wietze wieder verließ.

Als im Jahre 1881 im *Ölfeld Eddesse-Oelheim* eine Bohrung in 69 m Teufe eruptiv fündig wurde, war die Begeisterung riesig groß: Man sprach von einer Tagesanfangsförderung von 1500 Zentnern und verglich das Gebiet zwischen Braunschweig, Celle und Hannover schon mit den amerikanischen Ölfeldern von Pennsylvanien. Spekulation machte sich breit, doch entsprachen auch in diesem Erdölfeld die tatsächlichen Gegebenheiten bei weitem nicht den Erwartungen. Die Erdölproduktion im Oelheimer Feld fiel von 5990 t im Jahre 1882 auf 1361 t im Jahre 1893.

Welche „Blüten" das Ölfieber im Oelheimer Gebiet getrieben hat, belegt die sog. „Oelheimpolka, ein musikalisches Ölgemälde für das Pianoforte" von J. Beck, die damals in den Vergnügungslokalen im Hannoverschen und Peiner Gebiet zu hören war. Sie gibt einen Eindruck von dem Höhenrausch und der Stimmung wieder, die damals herrschte:

> „Oelheim, Oelheim, endlich wird es licht,
> armdick, armdick schon der Sprudel bricht.
> Pennsylvanien ist blamiert,
> Peine wird jetzt anlackiert.
> Oelheim, Oelheim von Petroleum
> wurden, wurden alle Menschen dumm.
>
> Aktien, Aktien drei Millionen schon,
> schreien, schreien Abrahamsohn und Cohn.

> Keiner geht an der Bank vorbei,
> der nicht denkt an Bohrloch „Drei",
> Oelheim, Oelheim von Petroleum
> wurden, wurden alle Menschen dumm."

Im Erdölfeld *Wietze* wurde 1882 die Berliner Handelsgesellschaft als erste deutsche Gesellschaft fündig. 1885 bohrte der Bergwerksdirektor Louis Pook aus Hannover mit seinem Bohrmeister Hacke, der bereits in Oelheim Erfahrungen gesammelt hatte. Sie erbohrten südlich von Wietze eine eruptiv aufsprudelnde Erdölquelle; dieses Ereignis zog wieder Bohrgesellschaften nach Wietze und einen verstärkten Bohrbetrieb nach sich: Bis zum Jahre 1890 wurden insgesamt 28 Bohrungen mit einer Jahresförderung von rd. 833 t Schweröl niedergebracht. Die Firma Pook besaß allein vier maschinelle Bohranlagen und beschäftigte etwa 70 Mann. Man bohrte „kanadisch", d. h. stoßend mit hölzernem Gestänge und mit einer Freifallvorrichtung, aber noch ohne Bohrlochspülung. In der Regel besaßen die Bohrungen lediglich eine Teufe von etwa 100 m.

Der sich gut entwickelnde Pooksche Betrieb wurde im Jahre 1895 an die holländische Gesellschaft „Maatschappij tot Exploitatie von Oliebronnen" in Hannover veräußert. Zusammen mit den Hannoversch-Westfälischen Erdölwerken betrieb man eine Bohrtätigkeit südlich des Wietze-Baches, ab 1899 schloß man auch das Gebiet nördlich des Flußlaufes auf. Die Firma Kayser (die spätere Celle-Wietze AG) mit dem Bohrmeister Hasenbein erzielte dort am 11. Juli 1899 in einer Teufe von 140 m einen eruptiven Ölfund und erreichte bisweilen eine Förderung von 100 Faß pro Tag. Im Jahre 1900 wurde dann von der Maatschappij in ihrer Bohrung 97 in 292 m Teufe auch das erste Leichtöl in Wietze erschlossen: Damit begann der große Öl-Boom in Wietze, die Förderung von 2500 t im Jahre 1899 steig auf 27000 t im Jahre 1900 an, so daß in den 42 Jahren der Aufschlußbohrungen in Wietze mindestens 43000 t Öl gewonnen worden waren.

Für das stille Heidedorf bedeuteten diese Ölfunde eine nahezu vollständige Umstrukturierung zu einer Industriestätte, ein Wandel, der noch durch die Anlage eines Kalisalzbergwerkes („Steinförde") vervollständigt wurde. Ein regelrechter Wald von Bohr- und Fördertürmen prägte die Landschaft und veränderte sie vollkommen; Umweltschäden durch ausfließendes Öl und Bitumen waren überall sichtbar. Der im

Jahre 1903 fertiggestellte Bahnbau Celle–Schwarmstedt verbesserte
dann endlich die Transportbedingungen. Unübersichtlich und auf die
Dauer auch unwirtschaftlich war aber der Bohrbetrieb der zahlreichen
in- und ausländischen Bohrgesellschaften auf z. T. hoffnungslos kleinen Parzellen. Naturgemäß hatten es die Heidebauern verstanden, ihren Grund und Boden so teuer wie möglich zu verpachten, und im Jahre
1905 waren bereits 35 Gesellschaften dabei, sich gegenseitig in starker
Konkurrenz das Öl abzubohren. Der Direktor der Internationalen
Bohrgesellschaft in Erkelenz und weltweit anerkannte Bohrspezialist
Anton Raky setzte in diesem Chaos erste Maßstäbe, als er vorschlug, die
vielen kleinen Unternehmen zu wenigen, starken Gesellschaften zu
konsolidieren. Dieser Vorschlag kam aus der Kenntnis heraus, daß ein
rationeller Ölbetrieb nur dann möglich war, wenn größere und zu-
sammenhängende Flächen für eine vernünftige Planung zur Verfügung
stehen.

Diese Konsolidierungsphase war im wesentlichen 1910 beendet, als
die Deutsche Mineralöl-Industrie AG (DMI) Besitzerin einer Gerecht-
same von rd. 10 000 Morgen geworden war. 700 Arbeiter arbeiteten auf
21 Bohranlagen, man förderte in jenem Jahr die Rekordmenge von
110 000 t. In unternehmenspolitischer Hinsicht war das Jahr 1910 auch
insofern bedeutsam, als die Celle-Wietze AG und die Vereinigten
Norddeutschen Mineralölwerke in die DMI eingegliedert wurden, so
daß rd. 80 % der Wietzer Förderung auf dieses Unternehmen entfielen.
1911 übernahm die Deutsche Tiefbohr AG die DMI und wandelte sich
zur Deutschen Erdöl AG (DEA) um, die damit zur größten Erdölge-
sellschaft im Wietzer Feldbereich geworden war. In technischer Hinsicht verwendete man zunächst nur Dampfmaschinen, die aufgrund der
einfachen Handhabung bevorzugt wurden. Seit 1904 nutzte man dann
auch Drehstrommotoren zum Antrieb. Die Bohrungen selbst brachte
man mit umlaufender Spülung nieder, die zunächst aus Wasser, im Verlauf des Bohrvorganges aus einer tonigen Anreicherung bestand.

Aufgrund der verschärften Kraftstofflage im Ersten Weltkrieg und
aufgrund der Tatsache, daß eine Steigerung der Erdölförderung mit damaligen Bohrmethoden nicht mehr zu erzielen war, entschloß sich die
DEA, im Wietzer Ölgebiet mit bergmännischen Methoden das Erdöl
abzubauen. Man hatte den Gedanken, daß durch eine Vergrößerung der
Lagerstättenoberfläche das Öl eine bessere Möglichkeit hat auszulau-

fen, im elsässischen *Pechelbonn* 1916 erstmals in die Tat umgesetzt und gute Resultate erzielt. 1918 brachte man den ersten Schacht des Ölbergwerks Wietze nieder und erzielte schon 1920 eine Produktion von 295 t. Man unterschied bei der Förderung sowohl die Sickerölgewinnung sowie den von 1925 bis 1954 betriebenen Ölsandabbau und dessen Aufbereitung über Tage. 1954 wurden zusätzlich erfolgreich Sekundärbehandlungen durch Lufteinpressungen, Aufheizen und Fluten eingeführt. Im Stadium der Betriebseinstellung besaßen die beiden Schächte eine Teufe von 300 m, die Hauptfördersohle lag in 246 m Teufe. Von den Schächten aus hatte man insgesamt rund 86 km begehbare Strecken aufgefahren, die oftmals nur einen Querschnitt von 1 m² hatten bzw. gerade befahrbar (= begehbar) waren. In diesen Strecken sammelte sich das Erdöl, in z. T. knietiefen Öllachen arbeiteten die Bergleute, um die Saugpumpen an die Sammelgruben zu transportieren, damit die Ölmengen abgepumpt werden konnten. Die Strecken waren nach der Art von Tannenbaumzweigen immer mit einer geringen Neigung angelegt gewesen, um ein natürliches Abfließen des Erdöls zu ermöglichen.

Um möglichst große Erdölmengen aus den Ölsanden zu gewinnen, wurde die Lagerstätte später regelrecht aufgeheizt. Man leitete Dampf in das Gebirge, so daß sich das Erdöl erwärmte, leichtflüssiger wurde und besser abfloß. Das in den Dränagegräben abfließende „Sickeröl" wurde abgepumpt und an Ort und Stelle zu Petroleum, Dieselkraftstoff, Schmierölen und Bitumen weiterverarbeitet. Daneben gewann man noch sog. Waschöl in einer Menge von rund 150 l/m³: Der ölhaltige Sand wurde dazu über Tage in drei riesigen Kesseln regelrecht gekocht, bis er bis zu 0,5 % vom Öl gereinigt war: Auf diese Weise erreichte man immerhin eine Produktion von annähernd 2500 t Öl pro Monat, was einer 40 %igen Auswertung des anfallenden Sickeröls und einer 90 %igen des Wasch- oder Kochöls entsprach. Da die Bohrungen im Wietzer Gebiet höchstens 13 % des vorhandenen Erdöls emporfördern konnten, war der Vorteil dieses bergmännischen Gewinnungsverfahrens erheblich. Dennoch kann man sich kaum die Schwierigkeiten der Bergleute vorstellen, die in Hitze und Gestank, voller Öl und Feuchte haben arbeiten müssen. In der Blütezeit des Ölschachtes haben etwa 200 Bergleute Arbeit gefunden; 1963/64 wurde der Betrieb eingestellt. Heute kündet von diesem Bergbaubetrieb neben den Backsteinbauten der Verwaltung und verschiedenen Baracken, die z. T. auch als Unter-

künfte gedient hatten, vor allem die hohe Sandhalde, die inzwischen zu
einem Aussichtspunkt umgewandelt worden ist. Straßennamen wie
Raffineriestraße und Knappenweg erinnern noch an die bergbauliche
Vergangenheit; auf dem Gelände des ehem. Ölschachts selbst ist der
Bohrbetrieb der Texaco untergebracht. Die Bedeutung des Wietzer
Ölfeldes selbst ist heute kaum noch nachvollziehbar; erst anhand der
Exponate im Erdöl-Museum wird ersichtlich und deutlich, um welch
geschichtsträchtige, technik-historisch und wirtschaftlich bedeutsame
Stelle es sich bei diesem heute so geruhsamen Fleckchen im Heidegebiet
von Celle gehandelt hat, wo ein Traum von einem deutschen Pennsylvanien geträumt worden war, von dem auch wir heute bedauern, daß er
nicht in Erfüllung gegangen ist. Insgesamt 2021 Bohrungen sind in den
Jahren bis 1963 im Wietzer Gebiet niedergebracht worden; der billige
Bezug arabischen Öls bedeutete dann 1963 die Einstellung des Ölbergbaus und der Erdölförderung im Ölfeld Wietze. Die Gesamtförderung
belief sich auf fast 2,7 Millionen t Erdöl. 1971 waren die Wiederherstel-
lungs- und Verfüllarbeiten im Feld Wietze abgeschlossen, ohne daß
man indessen alle Spuren hätte beseitigen können.

In den beiden anderen Ölfeldern von *Eddesse-Oelheim* und *Hänigsen-Nienhagen* verlief die Entwicklung durchaus vergleichbar. Im Oelheimer Feld wurden die Vereinigten Deutschen Petroleum-Werke 1910
von der DEA übernommen, da keine neuen Aufschlüsse mehr getätigt
werden konnten. 1929 erbohrte Anton Raky eine eruptive Quelle, worauf sich die Preussag 1930 stark im Ölfeld engagierte und auch heute
noch Öl fördert: Bis 1970 hat man aus dem alten Fördergebiet über
0,8 Millionen t Öl gewonnen. 1968 hat die Preussag eine neue Teil-
scholle erbohrt, aus der im ersten Jahr über 26 000 t emporgepumpt und
gewonnen werden konnten.

Im *Hänigser Gebiet* engagierte sich die Gewerkschaft Elwerath seit
1920 verstärkt; ebenso gelangen der DEA erfolgreiche Bohrungen. Mit
der Zeit wanderte das Ölfeld und die Bohrtätigkeit immer mehr von
Hänigsen weg nach Nienhagen. Ende der 20er Jahre lagen über 80 % der
damals stetig steigenden Nienhagener Erdölförderung in Händen der
Gewerkschaft Elwerath; zur Auf- und Weiterverarbeitung errichtete
man eine Raffinerie in Misburg bei Hannover, an der die Preussag zur
Hälfte beteiligt war. Neben den schon erwähnten Unternehmen wurden um 1930 auch die Wintershall AG und die Itag in Nienhagen tätig;

vor allem der Wintershall gelang es, die Förderung enorm von 2749 t im Jahre 1931 auf 84 670 t im Jahre 1935 zu steigern, womit etwa ein Drittel der Nienhagener Förderung bei der Wintershall AG lag.

Seit 1921 war das *Nienhagener Erdölfeld* der stärkste Erdöllieferant Norddeutschlands und übertraf die Wietzer Förderung; 1938 wurde die Rekordförderung von 358 190 t Erdöl erreicht. Seither sank die Förderziffer; immerhin steht auch heute noch das Ölfeld von Hänigsen-Nienhagen mit an der Spitze der westdeutschen Erdölproduktion, wenngleich es auch von den Ölfeldern Georgsdorf und Hankensbüttel übertroffen wird. Seit 1942 fördert man auch Öl aus dem Emsland. Insgesamt sind im norddeutschen Raum bisher weit über 100 Millionen t Erdöl gehoben worden.[15]

Im Wietzer Gebiet wird heute kein Erdöl mehr gefördert; lediglich die Baulichkeiten des Ölbergwerks werden von einem großen Erdölunternehmen noch als Depot genutzt. An dieses wichtige Kapitel deutscher Wirtschaftsgeschichte erinnert aber noch das *Erdölmuseum,* das T 10b einen Teil des historischen Ölfeldes mit den Bohrtürmen, Pumpen- und Gewinnungsanlagen erhalten hat. Die dort aufgestellten technischen Denkmäler können dem Besucher noch recht eindringlich die damals herrschenden Verhältnisse der Ölförderung und -gewinnung vor Augen führen, wenngleich der begleitende Lärm verklungen und der durch die Förderung entstandene ökologische Schaden inzwischen längst beseitigt worden ist: Doch findet man auch Stellen in der Umgebung von Wietze, an denen das aus den Bohrlöchern ausgeflossene Bitumen zentimeterstark den Sandboden bedeckt: Lediglich widerstandsfähige Birken fristen dort ihre Existenz.

„Wer mit der Bahn oder im Auto von Bingerbrück aus dem Hunsrück T 11– entgegenfährt und nach den Ausläufern des Höhenzuges von der 13 Elisenhöhe . . ., des Auge wird gefesselt durch die schlanke ragende

---

[15] Vgl. Dietrich Hoffmann, Die Erdölgewinnung in Norddeutschland. Von den Anfängen vor über 400 Jahren bis heute, Hamburg 1970. – Bilder aus Oelheim. Hrsg. v. d. Preussag Aktiengesellschaft Hannover, 1974. – Rainer Slotta, Der Traum vom deutschen Pennsylvanien. Die Ölfelder von Wietze, Oelheim und Hänigsen bei Celle, in: Journal für Geschichte 2, 1980, Heft 3, S. 32–35.

Gestalt eines Turmes, der von Weitem einem Riesen-Denkmal ähnlich sieht, und wird beim Näherkommen überrascht sein, die wundervolle Anlage dieses, die ganze Landschaft beherrschenden Turmes mit den umfangreichen umliegenden Bauwerken als eine reine Industrie-Anlage zu erkennen." Mit diesen kurzen Worten beginnt eine 1921 erschienene Festschrift, welche die besondere architektonische und technisch herausragende Gestaltung der ehemaligen *Mangan- und Dolomitgrube Dr. Geier* ausführlich beschreibt. Dieses Bergwerk ist aus industriearchäologischer Sicht eines der herausragenden technischen Denkmäler des Erzbergbaus, so daß es sich lohnt, sich näher mit ihm zu beschäftigen. Doch soll hier nicht so sehr die besondere architektonische Ausgestaltung der Tagesanlagen betont werden, sondern vielmehr der wirtschaftliche und gesamt-ökonomische Aspekt, der diese Anlage mitten im Ersten Weltkrieg hat entstehen lassen: Die wichtigen Manganerze der Waldalgesheimer Lagerstätte und die Qualität dieser Erze als Stahlveredeler führten zum vollständigen Neubau der traditionsreichen Erzgrube und zu einer vollständigen Neukonzeption des Betriebes.

Die älteste Kunde über die Manganerze dieser Gegend stammt aus der Chronik des bei Stromberg gelegenen Ortes Seibersbach, in der es heißt, daß sich im Jahre 1628 zwei Junker von Dörrebach beim Erzbischof von Mainz über Hüttenleute aus der benachbarten Stromberger Neuhütte beklagt hätten, daß diese zusammen mit spanischen und französischen Soldaten bei der Suche nach Erzen am Füllenbacher Hof Holz- und Flurschäden angerichtet hätten. In unmittelbarer Nachbarschaft dieses Hofes lag später die jahrelang betriebene *Manganerzgrube Concordia*, ein Tagebaubetrieb, in dem zeitweilig 90 Mann angelegt gewesen waren. Dieser im Jahre 1800 von den Gebrüdern Wandesleben aufgenommene Tagebau besaß eine Aufbereitung mit Waschtrommeln und Setzmaschinen, die mit Wasserkraft auf der Stromberger Neuhütte betrieben wurde. Der stückige Erzanteil der Förderung ging als Braunstein in die Glashütten bei Saarbrücken, an die Hüttenwerke im niederrheinisch-westfälischen Industriebezirk und in die Kunstbleichereien Frankreichs, Belgiens und Englands. Die sog. Schlicherze verblieben auf der Stromberger Neuhütte. Einem Förderregister der Gebrüder Wandesleben ist zu entnehmen, daß im Jahre 1840 35 t Manganerze aus der Grube Concordia gewonnen werden konnten.

Die bergbehördliche Konzession dieser Grube wurde im Jahre 1832 an die Gebrüder Sahler, die damals Besitzer der Stromberger Neuhütte waren, zuerteilt. Am 8. Oktober 1839 verlieh die gleiche Behörde den Gebrüdern aufgrund von Manganerzfunden bei Bingerbrück die Konzession „*Elisenhöhe*", die ihren Namen nach einer örtlichen Flurbezeichnung erhielt; die Größe dieser Konzession betrug zunächst nur 2 415 800 m², doch wurde sie nach dem Tod des Gewerken Jakob Sahler auf Antrag seiner Witwe durch Ministerialerlaß vom 12. Dezember 1851 auf 3 467 800 m² erweitert. Durch die Heirat einer Tochter Sahlers mit dem Arzt Dr. Friedrich Wandesleben aus Stromberg kamen dann die Konzessionen Concordia und Elisenhöhe am 26. Juli 1867 in den Wandeslebenschen Besitz.

Die erste wirklich planmäßige bergmännische Gewinnung der Bingerbrücker Erze wurde 1845 aufgenommen. Die Fördermenge war indessen nur gering, da man nur oberflächennah abbaute, weil lediglich das einen geringen Teil der Lagermasse bildende Stückerz abgesetzt werden konnte: Es wurde an die chemische Industrie zur Herstellung von Chlor und Sauerstoff sowie zur Entfärbung von Glas verkauft. Die geringe Nachfrage nach Manganerzen brachte diesen ersten Abbau auf der Elisenhöhe bei Bingerbrück bereits 1847 wieder zum Erliegen. Im gleichen Jahr aber ließ sich der Saarbrücker Fabrikant Reppert die Konzession „*Waldalgesheim*" verleihen, die westlich an das Grubenfeld Elisenhöhe angrenzte und eine Größe von 1 815 740 m² besaß. Diese Konzession wurde 1891 an die Gewerkschaft Waldalgesheim mit ihrem Repräsentanten, Kommerzienrat Karl Spaeter aus Koblenz, veräußert, ohne daß es bis zu jenem Zeitpunkt zu einem regulären Bergbaubetrieb gekommen wäre.

Die Erzförderung in dem Bergbaubetrieb Concordia nahm in den 80er Jahren des 19. Jh. einen recht bedeutsamen Aufschwung, als Manganerze als Zuschlagstoffe bei der Verhüttung von Minetteerzen an der Saar und in Lothringen eingesetzt wurden. Angeregt durch die Nachfrage auf dem Manganerzmarkt begann 1882 der Architekt Dr. Heinrich Claudius Geier aus Mainz mit Schürfversuchen bei den Ortschaften Seibersbach, Weiler und Waldalgesheim. Seine erfolgreichen Untersuchungsarbeiten führten in den Jahren 1882 und 1883 zu zwölf getrennten Verleihungen von Bergwerkseigentum auf Eisen und Mangan, wodurch die rechtliche Grundlage für den daraufhin einsetzenden großzügigen Manganerzabbau geschaffen worden war.

Im Jahre 1885 begann Dr. Geier in dem ihm verliehenen *Grubenfeld „Amalienshöhe"* Bohrungen niederzubringen und Untersuchungsschächte abzuteufen: Hierbei stieß er 18 m unterhalb der Erdoberfläche auf das Manganerzlager, worauf ein erster, 32 m tiefer Schacht abgeteuft wurde. 1887 wurde dort der Abbau im Pfeilerbau von unten nach oben unter Einbringen von Versatz eingeleitet. Erst 1892 wurde diese Abbaumethode auf den dann üblichen Pfeilerbruchbau von oben nach unten umgestellt. Gleichzeitig führten die Gebrüder Wandesleben am Bingerbrücker Dolomitsteinbruch ausführliche Untersuchungen des Erzvorkommens mit Hilfe von drei Stollen durch, nachdem sie zuvor zweimal in den Jahren 1847 und 1884 Prospektionsarbeiten in diesem Feldesteil eingestellt hatten. Auch die Gewerkschaft Waldalgesheim des Kommerzienrates Spaeter versuchte jetzt in ihrem Grubenfeld die Förderung aufzunehmen: Man brachte Untersuchungsschächte nieder, die aber nur geringwertige Erzvorkommen aufschlossen, weshalb die Gewerkschaft die Arbeiten bald wieder einstellte. Auf der Grube Concordia stieg indessen die Jahresförderung im Zeitraum 1893 und 1894 auf über 7000 t an.

Im *Grubenfeld Elisenhöhe* wurde 1894 an der Rheinuferstraße unterhalb Bingerbrücks der 775 m lange *Bingerloch-Stollen* aufgefahren: Dadurch wurde die Erzförderung unmittelbar zum Güterbahnhof Bingerbrück ermöglicht. 1898 setzten dann die Abteufarbeiten am *Hermann-Schacht* westlich der Ortschaft Weiler ein: Starke Wasserzuflüsse verzögerten aber die Teufarbeiten. Am 22. Januar 1898 starb Dr. Geier; da seine Gattin, Philippine Anna Jacobine geb. Mayer, Mitbesitzerin der Grube war, wurde das Unternehmen in „Dr. Heinrich Claudius Geier Wwe., Waldalgesheim bei Bingerbrück am Rhein" umbenannt. Die Betriebsführung lag in Händen des Sohnes Ernst Geier.

Bis zur Jahrhundertwende entwickelten sich die den Gebrüdern Wandesleben gehörenden Anlagen *Concordia* (Tagebau) und *Elisenhöhe* (vornehmlich Stollenbetrieb) völlig getrennt neben der *Grube Amalienshöhe* (Tiefbau) der Firma Dr. Geier. Erste Bemühungen für die Durchführung gemeinsamer Pläne kamen im Jahre 1899 auf: Es wurde über eine gemeinsame Wasserlösung der Gruben durch einen tiefen Stollen zum Rhein verhandelt, da in allen Abbaubetrieben Schwierigkeiten mit der Wasserhaltung und mit Schwimmsanden bestanden. Bei der zunehmenden Nachfrage nach Manganerzen waren beide Un-

ternehmen darüber hinaus um eine Vergrößerung ihrer Erzbasis bemüht, weshalb sich das Interesse der Verwaltungen zunehmend auf das
zwischen den in Abbau stehenden Gruben liegende Feld Waldalgesheim
der Koblenzer Gewerkschaft richtete. Von den Markscheiden
(= Feldesgrenzen) aus versuchte man, die Erzablagerungen dieses Feldes zu erkunden; deshalb teufte die Firma Dr. Geier im Jahre 1903 an
der östlichen Markscheide ihres Feldes Amalienshöhe einen 80 m tiefen
Schürfschacht ab, der das Erzlager mit einer Mächtigkeit von lediglich
120 cm anfuhr. Im Gegenzug trieb die Firma Wandesleben vom Hermann-Schacht bei Weiler (die spätere Schachtanlage Weiler-West) eine
Richtstrecke nach Westen vor, die reiche Erze in guter Beschaffenheit
mit Mächtigkeiten von 3 m, 6 m und stellenweise sogar 12 m aufschloß.
Daraufhin kauften die Gebrüder Wandesleben am 2. März 1904 das
Grubenfeld Waldalgesheim.

Die Finanzlage der Firma Dr. Geier Wwe. scheint in jener Zeit recht
angespannt gewesen zu sein, denn am 25. November 1904 wurde der
Familienbesitz von den Erben Philippine Geiers, die am 6. November
1902 verstorben war, in eine tausendteilige „Gewerkschaft Braunsteinbergwerke Doktor Geier" eingebracht. Als Hauptgewerken traten jetzt
erstmalig die Metallgesellschaft und Metallurgische Gesellschaft sowie
die Deutsche Effekten- und Wechselbank in Frankfurt am Main auf.
Auf der ersten Gewerkenversammlung am 25. März 1905 in Koblenz
beschlossen die Kuxeninhaber die Zusammenlegung ihrer sechs Waldalgesheimer Grubenfelder „Amalienshöhe", „Philippine", „Clemens",
„Hasenkopf", „Büdesheimer Wald" und „Münster" unter der Bezeichnung *„Consolidierte Braunsteinbergwerke Doktor Geier":* Diese Kon-
solidation wurde vom Oberbergamt Bonn unter dem 29. Juli 1905 be-
stätigt. Die Verwaltung der Grube blieb zunächst in den Händen von
Ernst Geier, der jedoch nur noch bis zum Jahre 1913 in den Betrieben
blieb, dann eine Dachschiefergrube erwarb und im Ersten Weltkrieg
den Tod fand.

Trotz einer zunehmenden Verschlechterung der allgemeinen Wirt-
schaftslage wurden die Gruben weiter ausgebaut. Anhaltende Absatz-
schwierigkeiten machten aber schließlich Produktionskürzungen bei
gleichzeitiger Entlassung von Arbeitern erforderlich. 1904 war auf der
Grube Amalienshöhe zum erstenmal der bis dahin noch nicht auf-
geschlossene Dolomit angefahren worden. Infolge starker Wasser-

zuflüsse, die den Grubenbetrieb außerordentlich störten, mußten die weiteren Untersuchungen im Dolomit sogar stellenweise unterbrochen werden. Mit der Übernahme der Grubenleitung durch den Geologen Dr. Ernst Esch am 1. Januar 1909 begann dann aber der Aufschwung der Gruben: Das reiche sog. „Glockenwiesen-Lager" vor der Ortschaft Waldalgesheim wurde entdeckt und von 1910 an in Abbau genommen. Im Verlauf wiederholter Verhandlungen, die sich zunächst auf die gemeinsame Auffahrung des Rheinstollens sowie auf die Errichtung einer Seilbahn zum Rhein bezogen, kam es schließlich am 9. März 1911 zum Ankauf des gesamten Grubenbesitzes der Firma Gebrüder Wandesleben GmbH, Stromberg, durch die Gewerkschaft Braunsteinbergwerke Doktor Geier, Waldalgesheim. Damit befand sich der Felderbesitz der gesamten erzführenden Zone in einer Hand, doch wurden die Anlagen Amalienshöhe und Elisenhöhe zunächst noch in getrennten Betrieben weitergeführt.

Weil ein Eisenbahnanschluß nicht vorhanden war, mußte das Erz damals über schlechte Straßen mit Pferdefuhrwerken zum Bahnhof Bingerbrück oder zum Hafen Bingen transportiert werden. Um diesen betriebswirtschaftlichen Mangel zu beheben und einen kostensparenden Anschluß an die frachtgünstige Wasserstraße des Rheins zu erhalten, wurde Mitte des Jahres 1911 mit dem Bau einer großen Seilbahn von den Gruben Elisenhöhe und Amalienshöhe nach Trechtingshausen begonnen: Diese 7600 m lange Drahtseilbahn konnte am 8. August 1912 in Betrieb genommen werden. Die zugehörige Schiffsverladestation wurde am Rhein unterhalb der Burg Sooneck bei Trechtingshausen errichtet: Damit war einer der wichtigsten Schritte zur Entwicklung der Gruben getätigt worden. Gleichzeitig mit dem Bau der Seilbahn wurde eine neue Kraftzentrale zwischen den beiden Gruben errichtet und ein Stromanschluß zu der Rhein-Nahe-Kraftversorgungs AG in Bad Kreuznach hergestellt. Am 1. Juli 1914 wurde 1200 m nordwestlich von Bingerbrück an der Einmündung des Kreuzbaches in den Rhein der bereits lange Zeit vorher geplante Rheinstollen zur gemeinsamen Wasserlösung für die beiden Gruben und zur Erschließung der Erzlager in größeren Teufen angesetzt. In diesen Jahren konnte die Jahresförderung der beiden Gruben auf über 100 000 t gesteigert werden: Der Verkauf von Manganschlämmen als Farberze für die keramische Industrie wurde aufgenommen.

Bei Ausbruch des Ersten Weltkrieges mußten zunächst alle Gruben stillgelegt werden, doch konnten die Anlagen Amalienshöhe im Oktober 1914 und die Anlage Elisenhöhe im Laufe des Jahres 1915 ihren Betrieb wiederaufnehmen. Durch die Kriegsereignisse von der Einfuhr ausländischer Manganerze abgeschnitten, entstand in der deutschen Industrie und Wirtschaft bald ein zunehmender Bedarf an Manganerzen, wodurch die Lagerstätte im Soonwald eine kriegswichtige Bedeutung erhielt. Die Förderung wurde auf die größtmögliche Kapazität erweitert und erreichte im Jahre 1917 die absolute Spitze von 280853 t. Diese nie wieder erzielte Förderhöhe konnte indessen nur ermöglicht werden, weil auf Verlangen der Kriegsrohstoffversorgungsämter die Bergbehörde die Sicherheitspfeiler nach der Ortschaft Waldalgesheim nach Süden verlegte und dadurch zusätzliche Feldesteile für den Abbau frei wurden: Damals wurde ein Großteil des Dorfes Waldalgesheim geräumt und an neuer Stelle wiederaufgebaut. Von 467 Mann bei Kriegsausbruch stieg die Belegschaftszahl im Jahre 1917 auf 1018 Mann!

Die angespannte Rohstoffversorgung veranlaßte 1916 die Heeresleitung, auch den *Bingerlochstollen* bei Bingerbrück nochmals eröffnen zu lassen. Im Schwarzkalkbruch Bingerbrück wurden der *untere* und der *obere Geygerstollen* zusätzlich in die Lagerstätte vorangetrieben: Sie wurden nach dem damaligen Eigentümer des Dolomitbruchs, Oberfinanzrat a. D. Geyger, benannt. Mit ihnen konnten zusätzlich beträchtliche Teile des dort anstehenden Erzlagers gewonnen werden. Ebenso wurde 1916 die Grube Concordia nochmals eröffnet, weil die dort im Liegenden des Manganerzvorkommens auftretenden Phosphorite kriegswichtige Bedeutung besaßen. Für diese wurde 1917 sogar ein besonderer Anschluß an die Bahnstrecke Simmern–Langenlonsheim geschaffen.

Durch den verstärkten Abbau rückte der Bergbau 1916 in die Nähe der Schachtanlage Amalienshöhe. Um den für diese Anlage gebundenen Sicherheitspfeiler freizubekommen, entschloß sich die Grubenleitung im Oktober 1916, nördlich der Erzvorkommen auf der sog. „Stökkert-Höhe" eine moderne *Hauptschachtanlage* zu errichten. Mit den Arbeiten begann man im Frühjahr 1917, doch war die Stöckert-Anlage im Juni 1918 schon im Rohbau fertiggestellt: Es ist jene Anlage, die uns heute so bezaubert und die in rasender Geschwindigkeit aufgebaut worden ist.

Auch nach dem Ende des Ersten Weltkrieges hielt die Erznachfrage an; die Gruben kamen schnell wieder in Betrieb und förderten jährlich wieder über 100 000 t Manganerze. 1917 waren Ankäufe von Kuxen der Gewerkschaft an der Börse zu beobachten gewesen, ohne daß der Erwerber zunächst feststellbar war, da Umschreibungen im Gewerkenbuch nicht erfolgt waren. Die Eigentümer der Gewerkschaft befürchteten eine Überfremdung und verkauften daraufhin Anfang des Jahres 1918 ihre noch vorhandenen 673 Kuxen an die Mannesmann-Röhrenwerke AG in Düsseldorf. Erst bei der Gewerkenversammlung im Juni 1918 stellte sich dann heraus, daß sich 287 Kuxen in Händen der Friedrich Krupp AG und 40 Stück im Besitz des Barons de Curel/Paris befanden. Ausreichende Rückstellungen erlaubten es der Gewerkschaft Dr. Geier, in den Jahren 1926 und 1927 die Anteile zurückzukaufen, so daß von nun an die Mannesmann-Röhrenwerke AG Alleinbesitzer der Gewerkschaft Dr. Geier war.

1922 und 1923 trat erstmalig seit Kriegsende als Folge des passiven Widerstandes ein Rückgang in der Erzabnahme ein. Die Arbeiten im Bingerlochstollen sowie in den beiden Geygerstollen, die beträchtliche Erzmengen aufgeschlossen hatten, mußten aufgegeben werden. Der Tod von Dr. Esch im März 1922 machte einen Wechsel in der Grubenleitung notwendig: Max Blau wurde von der Konzernleitung mit der Führung des Bergwerks beauftragt.

Durch die Kriegs- und Nachkriegsverhältnisse waren die Arbeiten im Rheinstollen stark in Verzug geraten und mußten sogar mehrfach unterbrochen werden. Erst ab 1924 konnten die Vortriebsarbeiten zum Abschluß geführt werden. Gleichzeitig wurde der *Straubenschacht* auf der Stöckert-Anlage im Jahre 1925 bis zur Grünsohle (211 m Teufe) und 1929 bis zur Rheinsohle (265 m Teufe) niedergebracht: Hier erfolgte am 27. Juli 1929 der Durchschlag mit dem *Rheinstollen,* der für die Zukunft der Betriebe von ausschlaggebender Bedeutung war.

Durch russische Manganerze setzte im Jahre 1926 eine sehr starke Konkurrenz ein und bereitete ernsthafte Schwierigkeiten beim Verkauf der eigenen Roherze. Zur Verbesserung der zum Verkauf angebotenen Manganerze wurde eine eigene Sinteranlage errichtet: Dabei handelte es sich um eine Versuchsanlage mit Sinterpfannen, die von der Lurgi-Gesellschaft in Frankfurt am Main geliefert wurde. Infolge des allgemeinen Geschäftsrückgangs in der Eisenindustrie nahm der Erzabruf im Jahre

1928 bis auf 78 000 t ab. Unter dem Einfluß des Streiks der schwedischen Bergleute hatten die Ruhrhütten sich auf die Verhüttung von französischen Normandie-Erzen umgestellt, die einen wesentlich höheren Mangangehalt aufwiesen: Dieser Umstand traf den Absatz der Waldalgesheimer Erze empfindlich, so daß die Förderung weiter gedrosselt wurde: Bald lagen 30 000 t Erze auf Halde, so daß nach mehreren Feierschichten im September 1929 der gesamte Grubenbetrieb stillgelegt werden mußte.

Im Juli 1933 konnte der Förderbetrieb im Rahmen der *Autarkiebestrebungen der Rohstoffwirtschaft des Deutschen Reiches* wiederaufgenommen werden. Endgültig überwunden waren die Schwierigkeiten aber erst im Jahre 1934, als sich die Maßnahmen des Vierjahresplanes auszuwirken begannen. Die Förderung stieg wieder an und erreichte 1936 ein Quantum von 100 000 t. Mit Wirkung vom 1. Januar 1939 unterstand der Grubenbetrieb der Bergbauabteilung Gießen der Mannesmann-Röhrenwerke AG.

Nach dem Ausbruch des Zweiten Weltkrieges wurde der Grubenbetrieb auf Anordnung des Amtes für deutsche Roh- und Werkstoffe stark forciert. Die Förderung erreichte jedoch nicht die Höhe des Jahres 1917, da nach der Besetzung der Ukraine auch dort Manganerze zur Verfügung standen und die Betriebe in den letzten Kriegsjahren ständig Luftangriffen ausgesetzt gewesen waren, ohne daß aber Anlagen zerstört worden sind. Die höchste Manganerzförderung während des Zweiten Weltkrieges wurde im Jahre 1944 mit 159 514 t erzielt.

Die Sicherheitspfeiler vor der Ortschaft Waldalgesheim wurden wie bereits im Ersten Weltkrieg auf Anordnung der Regierung weiter nach Süden verlegt. Für die zu erwartenden Bergschäden an den Gebäuden der Ortschaft Waldalgesheim wurden Beihilfen des Staates bis in einer Höhe von 50 % zugesichert: Diese Zusagen wurden nach der Kapitulation sofort zurückgezogen, eine Maßnahme, die jahrelange Prozesse mit sich brachte. Am 15. März 1945 besetzten alliierte Truppen die Grube und legten alle Betriebe still.

Im Dezember 1945 konnte mit Zustimmung der französischen Besatzungsbehörde die Förderung der Grube Amalienshöhe in geringem Umfang wiederaufgenommen werden. Ähnlich wie nach dem Ende des Ersten Weltkrieges schien die Absatzlage für Manganerze zunächst günstig, doch zeigte sich bald, daß die Ruhrhütten nur einen geringen

Teil ihrer früheren Erzmengen abnahmen. Mit dem allmählich steigenden Bedarf der Saarhütten und der Konzernhütte in Huckingen konnte die Jahresförderung jedoch bis zum Jahre 1949 wieder auf 70 000 t gesteigert werden. Die Grube Elisenhöhe konnte erst im Herbst 1948 wiedereröffnet werden: Erst jetzt wurden beide Gruben zu einer Fördereinheit zusammengefaßt.

Die französische Militärregierung ordnete nach dem Kriegsende für die Gewerkschaft Braunsteinbergwerke Dr. Geier eine Zwangsverwaltung an: Als Treuhänder wurde der Generaldirektor Max Pingon aus Paris benannt. Bei der Auflösung der «Section des Mines» des französischen Hohen Kommissariats in Baden-Baden wurden ab dem 1. Juli 1949 zwangsweise die bisherigen Hilfsarbeiter dieser Behörde Dr. Jacob Reichert als neuer Treuhänder und Bergingenieur Adolf Schiffner als Direktor bestimmt. Während der Zeit des „Interregnums" war die Gewerkschaft verwaltungsmäßig gänzlich von den Mannesmann-Verwaltungen in Gießen bzw. Düsseldorf getrennt. Die Zwangsverwaltung endete am 1. November 1950; im Zuge der Neuordnung der deutschen Montanindustrie wurde die Gewerkschaft am 31. Dezember 1952 als selbständige Gesellschaft aufgelöst und aufgrund des Gesetzes Nr. 27 der Alliierten Hohen Kommission in die für alle Mannesmann-Gruben neu gebildete „Gewerkschaft Mannesmann" mit dem Sitz in Düsseldorf eingegliedert.

In den Jahren 1950 und 1951 ist das Manganerz der Grube auf der niederrheinischen Hütte Stürzelberg im Lohnverfahren gesintert und an französische Hütten verkauft worden. Der Absatz war gut, so daß die Förderung von April 1952 an auf monatlich 8000 t gesteigert werden konnte. In den Folgejahren wurden die Manganerzgruben des Konzerns ausgebaut und modernisiert: Jetzt wurde auch die Violett- (= Rhein-)Sohle als tiefste Sohle mit 267 m Teufe vorgerichtet und in Abbau genommen, nachdem im Jahre 1954 der Straubenschacht mit der Hauptförderung und 1958 der Schacht Weiler-West bis zur Rheinsohle niedergebracht und vertieft worden waren. Für den unmittelbar vor der Ortschaft Waldalgeshcim gelegenen Feldesteil, der zur Verminderung der drohenden Bergschadensgefahr mit Versatz abgebaut werden mußte, wurde 1950 als Abbauverfahren der Blockbau mit Rahmenzimmerung neu eingeführt.

Im Rahmen eines umfangreichen Bohrprogramms zur eingehenden

Untersuchung der Lagerstättenverhältnisse wurde in den Jahren 1952–1958 festgestellt, daß in den Grubenfeldern des Waldalgesheimer Bezirks auch unterhalb der tiefsten Sohle keine nennenswerten Erzvorräte mehr zu erwarten waren. Mit einer baldigen Erschöpfung der Erzvorräte mußte somit gerechnet werden. Deshalb wurden seit 1954 Überlegungen angestellt, ob sich eine Umstellung von der Manganerzförderung auf Dolomitgewinnung durchführen lassen würde, da innerhalb der aufgeschlossenen Feldesteile umfangreiche Dolomitablagerungen von guter Qualität anstanden. Auf ein Lieferangebot von Rohdolomit reagierte im November 1954 die Krupp-Hütte in Rheinhausen positiv. Bis 1958 wurde der laufende Anfall der Dolomitberge aus den Ausrichtungsarbeiten an die Ruhrhütten abgegeben. Aufgrund der zunehmenden Nachfrage auch der chemischen Industrie entschloß man sich 1959 zur Aufnahme einer gesonderten Dolomitgewinnung im Kammerbau mit Magazinierung des Haufwerks.

1958 änderte sich für die Mannesmann-Grube nochmals die Gesellschaftsform: Die Gewerkschaft Mannesmann wurde aufgelöst und die Grube Dr. Geier am 15. Juli 1958 mit den anderen Erzgruben der neu gegründeten Abteilung Erzbergbau und Rohstoffbetriebe der Muttergesellschaft Mannesmann AG in Düsseldorf unmittelbar zugeordnet. Um zu klären, ob sich auf der Grube der anstehende Dolomit auch für eine Weiterverarbeitung zu feuerfestem Material verwenden ließe, wurden seit 1959 in den Laboratorien des Hüttenwerkes Huckingen und im Max-Planck-Institut in Düsseldorf Versuche durchgeführt, die später durch Brennversuche in einem Schachtofen des Dolomitwerkes «Usines à dolomite et à chaux» in Wasserbillig (Luxemburg) und in einem Drehrohrofen des Zementwerkes der Krupp-Hütte in Rheinhausen ergänzt worden sind. Die hierbei erzeugten Sinterdolomite konnten nach den erforderlichen Qualitätsprüfungen mit gutem Erfolg in den Stahlkonvertern der Hüttenwerke Huckingen und Rheinhausen eingesetzt werden. Aufgrund dieser günstigen Ergebnisse beschloß die Mannesmann AG im Jahre 1961 den Bau einer ölbeheizten Drehrohrofenanlage zur Herstellung von Dolomitsinter auf der Schachtanlage Amalienshöhe. Die Bauarbeiten unter und über Tage wurden 1961–1964 beschleunigt durchgeführt, so daß am 6. März 1964 die neue Drehrohrofenanlage dem Betrieb übergeben werden konnte. Seitdem förderte die Grube monatlich etwa 4500 t Manganerz und 25 000–30 000 t Rohdolomit, wobei der Anteil der Erzförderung an der Gesamtförderung immer mehr abnahm.

Mit der Stahlkrise, der abnehmenden Konjunktur im Ruhrbergbau und den billigen Rohstofflieferungen aus dem fernen Asien kam dann doch noch das Ende für die Dolomitgrube Dr. Geier: Sie wurde am 31. Dezember 1971 stillgelegt. Seit der Aufnahme der Förderung im Jahre 1918 wurden auf der Anlage Amalienshöhe etwa 7 Mio. t Manganerze abgebaut. Die Grube war einer der wichtigsten Wirtschaftsfaktoren im Binger Land gewesen und zählte mit ihren 172 Mann Belegschaft im Jahre 1971 zu den größten Bergbaubetrieben des südwestdeutschen Raumes. In der Folgezeit wurden die erst in den 60er Jahren aufgebauten Dolomitaufbereitungsanlagen wieder abgebrochen, während die aus der Gründungszeit stammenden Betriebsgebäude erhalten blieben. An ihnen tobte sich die Zerstörungswut Einzelner aus, so daß sich die Anlage bei der Übernahme des Werksbereichs durch die Firma Kurt Lipps in einem desolaten Zustand befand. Der Unternehmer, der zunächst die Absicht hatte, die Anlagen für einen Kraftfahrzeugbetrieb umzubauen und herzurichten, „verliebte" sich dann aber derart in die bestechend schönen Tagesanlagen, daß er zur Erhaltung der gesamten Anlage schritt und sich gegen verschiedene Institutionen durchsetzte. Heute sind die weitaus meisten Teile der Anlage restauriert und einem Bergbaumuseum inkorporiert worden. Sogar ein Anschauungsbergwerk ist eingerichtet worden, so daß eine vollkommene Dokumentation des ehemaligen Bergbaus und eine umfassende Information des Besuchers möglich ist. Daß ein einzelner Unternehmer sich zum Aufbau eines derart großen und komplexen Bereichs entschlossen und auch erfolgreich durchgeführt hat, ist in der bundesdeutschen Denkmalpflege wohl bislang einmalig.[16]

---

[16] Zur Grube Dr. Geier vgl. Georg Markwort/Eugen Seibert, Dokumente neudeutscher Baukunst, Darmstadt 1921. – Udo Liessem, Zur Bau- und Kunstgeschichte der ehemaligen Manganerzgrube Dr. Geier in Waldalgesheim, in: Rheinische Heimatpflege 15, 1978, Heft 2, S. 103–111. – Unsere Manganerz- und Dolomitgrube am romantischen Mittelrhein. Das Bergwerk auf der Amalienshöhe (hrsg. v. d. Kurt Lipps GmbH), o. O. (Waldalgesheim), o. J. (1978). – Wilhelm Regling, Der Abbau von Manganerzen im Soonwald, in: Der Anschnitt 18, 1966, Heft 3, S. 11–16.

Ohne näher auf die künstlerische Ausstattung und Gestaltung der T 11–
Tagesanlagen einzugehen, mag als eines der wichtigen Elemente inner- 13
halb der Aussagemöglichkeiten des technischen Denkmals „Grube
Dr. Geier" anerkannt werden, daß gesamtwirtschaftliche Erwägungen
im Ersten Weltkrieg dazu geführt haben, daß diese Grube vollständig
neu konzipiert und aufgebaut worden ist. Innerhalb der Kriegswirtschaft – zunächst des Ersten, dann des Zweiten Weltkrieges – und innerhalb der Autarkiebestrebungen des Deutschen Reiches hat die
Grube Dr. Geier eine bedeutsame Rolle in der Versorgung der deutschen Hütten mit Manganerzen eingenommen: Von dieser Bedeutung
vermögen die erhaltenen Tagesanlagen noch heute Aussagen zu machen, nicht nur durch die technischen Einrichtungen, sondern auch
durch die besondere architektonische Gestaltung.

Daß Produktionsanlagen gesamtwirtschaftliche Verhältnisse wider-
zuspiegeln vermögen, ist einsichtig und braucht nicht näher betont zu
werden. Gerade in unserer jüngeren Vergangenheit können technische
Denkmäler dieses Phänomen oft erläutern; die Rohstoffbetriebe des
Salzgittergebietes sind hierfür ebenso gute Beispiele wie die Hammer-
werke der frühen Neuzeit, als absolutistische Herrscher waffenprodu-
zierende Werke in großer Zahl errichten ließen, um ihrer Herrschaft
Dauer und Bestand zu sichern.

c) Technische Denkmäler als Informationsträger für soziale Verhältnisse sowie von Arbeitswelt und -bedingungen

Industrien werden von Menschen entworfen, geplant, aufgebaut und
bedient; Menschen arbeiten in den Werksanlagen, verdienen ihren Un-
terhalt, verbringen dort einen Großteil ihres Lebens und finden dort
auch bisweilen den Tod. Die technischen Denkmäler als Zeugnisse und
Quellen derartiger Industrieentwicklungen können in vielfältiger Form
Auskünfte über die Arbeitsverhältnisse in und an ihnen geben.

Bereits aus dem Altertum ist überliefert, daß Sklaven und Kriegsge-
fangene in den Bergwerken und Steinbrüchen der antiken Weltreiche
eingesetzt wurden; der Fund einer eisernen Fessel aus dem attischen
Laurion (heute im Stadt- und Bergbaumuseum von Freiberg/Sachsen)
belegt, daß die bedauernswerten Menschen damals zumindest zeitweilig

angekettet gewesen waren. Liest man das römische Berggesetz, das in *Vipasca/Aljustrel* (Portugal) auf zwei Bronzetafeln des 1. Jh. n. Chr. in den Jahren 1876 und 1906 gefunden worden ist, gewinnt man den Eindruck, daß die Arbeitsbedingungen in jener Zeit noch erträglich gewesen waren, wiewohl man nicht verkennen darf, daß alle Arbeiten von Menschen ausgeführt wurden: Heere von Sklaven – Polybios spricht von 40 000 Bergarbeitern allein in Spanien! – teuften die Schächte, trieben die Strecken voran, bauten mit Schlägel und Eisen die Erze ab, schleppten es in Trögen auf der Schulter zum Schacht, zogen es mit Häspeln nach über Zage, mahlten und wuschen es aus, transportierten es zu Schmelzanlagen und verhütteten es. Die erhaltenen Bergbaue mit den darin befindlichen Arbeitsspuren lassen diese Arbeitsvorgänge in aller Deutlichkeit erkennen. In der Spätzeit des Römischen Reiches verschlechterten sich die Arbeitsverhältnisse dann aber derart, daß die sog. „*damnatio ad metalla*" fast oder beinahe immer einem Todesurteil gleichzusetzen war. Anhand der aus dem Mittelalter und aus der Neuzeit überkommenen technischen Anlagen lassen sich die Sozialverhältnisse nahezu lückenlos und ausführlich erkennen.

Die Bergleute stellten aufgrund ihrer besonderen Fachkenntnisse einen besonderen Stand dar, der zahlreiche Privilegien genoß: Als die Bauern noch hörig und z. T. noch leibeigen waren, konnte sich der Bergmann als freier Mann fühlen. Er besaß das Recht der Freizügigkeit, durfte Waffen tragen, war aber dennoch vom Kriegsdienst befreit. Das Vorrecht des Fischfangs, das etwa den Bergleuten im Tiroler Schwaz gegenüber anderen Personen eingeräumt worden war, wird im *Schwazer Bergbuch* ausdrücklich und bildlich dargestellt.[17]

Derartige Vorrechte können jedoch nicht darüber hinwegtäuschen, daß die Bergleute in jener Zeit schon lange nicht mehr selbständige Unternehmer, sondern nur mehr fachlich spezialisierte Arbeitskräfte in einem Lohnverhältnis bei den Gewerken bzw. Gewerkschaften beschäftigt waren, die sich als spezielle Unternehmensform des kapitalintensiven Bergbaus in der frühen Neuzeit herausgebildet hatten. Die Miteigentümer eines Bergwerks (die „*Gewerken*") besaßen die sog. Kuxe als Anteilsscheine und arbeiteten auf gemeinschaftliche Rech-

---

[17] Vgl. Gerd Weisgerber, Römischer Bergbau, in: museum. Deutsches Bergbau-Museum Bochum, Braunschweig 1978, S. 34 f.

nung. Die Kuxe – eine im Bergbau entwickelte Vorform der modernen Aktie – bedeuteten in der Praxis, daß entweder Gewinn *(„Ausbeute")* aus dem Bergwerksbetrieb gezogen werden konnte, andererseits aber die *„Zubuße"* bei einem betriebswirtschaftlich negativen Ergebnis gemeinschaftlich getragen werden mußte. Um den Bergbau anzukurbeln, beteiligten sich die Landesherren seit dem Ende des 16. Jh. unmittelbar an der Finanzierung der Betriebe, als die verfallenen Rohstoffpreise und zugleich höhere technische Anforderungen erhebliche finanzielle Investitionen erforderten.

Als Beispiel dafür kann der im ausgehenden Mittelalter entwickelte Göpel angesehen werden, der bis ins 18. Jh. hinein – neben der ersten Anwendung des Schwarzpulvers bei der Sprengarbeit – gänzlich neue Maßstäbe setzte: Er ersetzte die menschliche Arbeitskraft bei der Schachtförderung und wurde erst später von der Dampfmaschine abgelöst. Die klassische *Gewinnungsarbeit* der Eisen- und Metallerze *mit* T 1 b *Schlägel und Eisen,* die zum Symbol des Bergbaus im weltweiten Maßstab schlechthin geworden ist und die sich in alten Bauen noch antreffen läßt, wurde seit der zweiten Hälfte des 19. Jh. durch die Bohr- und Sprengarbeit abgelöst. Im Bereich des Steinkohlenbergbaus erfolgte der Abbau während des gesamten 19. Jh. durch Handarbeit mit der Keilhaue und durch Schießarbeit. Die Verdrängung der reinen Handarbeit gelang nach dem Ersten Weltkrieg endgültig dem preßluftgetriebenen Abbauhammer.

Daß sich mit der Revolutionierung in den Gewinnungsverfahren eine Reihe damit zusammenhängender Techniken und schwerwiegende Veränderungen für die Arbeitsbedingungen des Einzelnen weiterentwickelten, liegt auf der Hand: Hier ist an erster Stelle auf die Methoden der Sicherung der Grubenbaue zu verweisen. Im 19. Jh. herrschte fast ausschließlich der Holzausbau vor, um die Jahrhundertwende kam verstärkt der stählerne Ausbau vor, lange Zeit waren Ausbaukombinationen von Holzstempeln und stählernen Kappen üblich. Nach dem Ersten Weltkrieg setzten sich auch Beton- und Stahlbetonausbau durch. Bei der Streckenförderung hatte bis in das 20. Jh. hinein fast ausschließlich der Förderwagen Bestand, der allmählich durch neue Fördermittel ersetzt wurde. Die technische Entwicklung bis 1945 war durch den Übergang vom Örter- zum Strebbau, durch Fortschritte in der Mechanisierung der Gewinnung und des untertägigen Transports der Kohle, der Kohleverarbeitung und der Kohlechemie bestimmt. Energische Anstrengungen um Technisierung und Vollmechanisierung der Arbeit wurden vorgenommen, heute sind fast alle bergmännischen Arbeitsvorgänge mechanisiert, so daß man 1976 den neuen Ausbildungsberuf des „Bergmechanikers" einführen mußte.

Neben den maschinellen Einrichtungen, die den täglichen Arbeitsablauf des Bergmanns entscheidend bestimmen, prägt die Wohnungs- und Siedlungssituation das Leben der im Bergbau beschäftigten Menschen. Deshalb sollen hier einige Aspekte aus dem staatlich betriebenen Bergbau an der Saar angeführt werden.

T 14–   Die Errichtung der „*Schlafhäuser*" in der Nähe der Gruben zählt mit
17   Sicherheit zu den bemerkenswertesten und typischen Phänomenen des saarländischen Bergbaus des 19. und frühen 20. Jh. Die Errichtung derartiger Schlafhäuser war notwendig geworden, weil die ständige Erweiterung des Bergbaus, der 1850 noch nicht die Grenzen der alten Kreise Saarbrücken, Ottweiler und Saarlouis überschritten hatte, die Anwerbung neuer Arbeitskräfte zur Folge hatte. Um das Jahr 1870 kamen bereits Bergleute aus dem pfälzisch-oldenburgischen Raum Birkenfeld, dem Regierungsbezirk Trier und aus der Pfalz. Durch diese Entwicklung bedingt, sah sich der preußische Staat gezwungen, eine Siedlungs- und Wohnungspolitik zu führen, um ausreichenden Wohnraum für die Belegschaften zu stellen. Besonders die Arbeiter aus den weiter entfernten Gegenden – etwa aus dem Hunsrück – mußten Unterkunft und Verpflegung nach der Schicht bekommen, da der tägliche Weg nach Hause unmöglich war. Diese Bergleute blieben während der gesamten Woche in der Nähe der Gruben und kehrten erst am Wochenende zur Familie zurück: Dies waren die sog. Saargänger. 1875 gehörte nicht weniger als ein Drittel (!) der Belegschaft zu diesen Saargängern, doch verringerte sich die Zahl mit dem Ausbau des Eisenbahn- und Straßennetzes immer mehr.

T 14   Die Saargänger wurden im wesentlichen in sog. *Schlafhäusern* untergebracht; 1902 bestanden 29 derartige Einrichtungen mit 4755 Einliegern! Die Lebensumstände in den Schlafhäusern lassen sich heute noch erahnen und anhand einer zeitgenössischen Schilderung des Jahres 1904 zurückgewinnen: Jeder Schlafhausbewohner erhielt gegen eine Miete von 2 Mark ein Bett und Bettwäsche sowie einen verschließbaren

Schrank zugewiesen. In den einzelnen Zimmern standen meistens T 15 a
7–12 Betten, manchmal jedoch auch erheblich mehr. Die Betten bestanden aus eisernen Gestellen, einem Strohsack, Bettlaken, Kissen und
einer wollenen Decke in einem Bettbezug. Die Wäsche wurde monatlich einmal, in einigen Schlafhäusern auch zweimal gewechselt. Außerdem erhielt jeder Schlafhausbewohner wöchentlich zwei frische Hand-
tücher. Das weitere Mobiliar bestand aus einem Holztisch und mehreren Schemeln. Ein vom Bergamt eingesetzter Hausmeister war für die
Ordnung verantwortlich, der die Stubenältesten ernannte. Ausspeien,
Pfeifenausklopfen usw. war verboten; die Einlieger mußten außer der
Arbeitskleidung im Besitz eines ordentlichen Anzuges sein, und die
Kleidung war unmittelbar vor und nach der Schicht zu wechseln: Eine
halbe Stunde nach der Schicht mußte jeder gewaschen sein! Das Glücks-
spiel war im Hause strengstens verboten, und Frauen durften das
Schlafhaus nur betreten, um ihren Angehörigen Lebensmittel und Klei-
dung zu bringen, mußten danach aber sofort wieder das Haus verlassen.
Die Haustüren wurden um 21.30 Uhr geschlossen, und um 22.00 Uhr
löschte man das Licht.

Die Wascheinrichtungen befanden sich in der Regel in besonderen
Räumlichkeiten, deren Böden mit Steinfliesen ausgelegt waren. Die
Waschmöglichkeiten waren aus Holz oder aus emailliertem Eisenblech
und standen in einer langen Reihe nebeneinander an der Wand. Nach
dem Waschen kippten die Bergleute das Waschwasser in eine im Boden
verlaufende Abflußrinne aus.

Den Schlafhausbenutzern standen unentgeltlich Gemeinschaftskü- T 15 b,
chen zur Verfügung, in denen ununterbrochen unter Feuer gehaltene 16 a
Kochherde (sog. *Bromse, Brumse* oder *Brumms*) standen und auf denen
sie ihre Mahlzeiten bereiten konnten. Meistens brachten sich die Bergleute nach den Wochenenden von daheim Lebensmittel, hauptsächlich
Kartoffeln, mit. Gelegenheit zur Versorgung boten auch die vom
Bergfiskus eingerichteten Konsumläden, deren Verkaufsstellen oft
unmittelbar neben den Schlafhäusern lagen.

Auf manchen Gruben wie auf der Grube Von der Heydt bei Saarbrücken bestand darüber hinaus noch eine *Speisegenossenschaft* der T 16 b
Schlafhausbewohner unter eigener Verwaltung, doch hatte diese nur bis
zum Bergarbeiterstreik des Jahres 1889 Bestand.

Bemerkenswert war die Ausstattung der Schlafhäuser, was den Bilderschmuck anbetraf. Die Wände des Speiseraumes des Schlafhauses IV der Grube Heinitz waren mit den Bildern des Kaisers sowie verschiedener Bergbeamter, Prinzen, Generäle und Politiker (darunter Bismarck) sowie mit zwei Schilden (!), auf denen bergmännisches Gezähe abgebildet war, geschmückt. Auf den Wänden fanden sich folgende Sprüche: „Deutschland, Deutschland über Alles, über Alles in der Welt, wenn es stets zu Schutz und Trutz brüderlich zusammenhält"; dann: „Willst Du borgen, komme morgen!", „Nur fein mäßig wackere Knaben, die das Leder hinten haben!" und „Ein guter Trank aus Gerst und Hopfen, das sind die besten Wundertropfen!". Diese Wandsprüche zeigen in aller Deutlichkeit, daß der Bergfiskus eine paramilitärische Kasernierung und Disziplinierung der Bergleute betrieb.

T 14   Das *Schlafhaus,* das noch am besten die Lebensverhältnisse und -bedingungen aus dem ersten Jahrzehnt dieses Jahrhunderts zeigen kann, steht auf *der stillgelegten Schachtanlage Von der Heydt:* Es ist ein einmaliges Denkmal aus dem Sozialbereich des Bergbaus. Es dokumentiert darüber hinaus noch den bemerkenswerten Versuch der Bergverwaltung, die einliegenden Bergleute zur Bildung von sog. *Speisegenossenschaften* zu bewegen, ein Versuch, der bis auf die Grube Von der Heydt überall fehlgeschlagen ist. Im Schlafhaus dieser Grube gehörten alle Bergleute und die jugendlichen Werksarbeiter zur Speisegenossenschaft. Dort nahmen die Bergleute ihre Mahlzeiten ein, die mittags bei einem Kostensatz von 30 Pfg für die älteren und 20 Pfg für die Jungarbeiter (bei einem Tagesverdienst von 2 Mark) der Regel nach aus Suppe, Fleisch und Gemüse bestanden, in einem besonderen großen Eßsaal ein. Die Gerichte wurden von einer Köchin hergerichtet; den Kaffee erhielten die Bergleute morgens und nachmittags. „Auf Wunsch wurde auch aus den vorhandenen Resten vom Mittagessen zu mäßigem Preise warmes Abendessen verabfolgt. Im Jahre 1902/03 wurden daselbst 49394 Mittagessen und 1225 Abendessen, d. i. auf den Arbeitstag bezogen 165 Mittag- und 4 Abendessen verabfolgt. Der Verbrauch an Fleisch und Wurstwaren stellte sich auf 5831 kg, an Kartoffeln auf 40150 kg, an Hülsenfrüchten und Gemüsen auf 9853 kg und an Brot auf 7013 Stück". Die zeitweilig erwirtschafteten Überschüsse der Speisegenossenschaft wurden dazu benutzt, die Mitglieder kostenlos zu beköstigen.

Die Bergwerksverwaltung und allen voran der damalige *Oberberghauptmann Heinrich von Dechen* erkannte jedoch schon bald, daß man

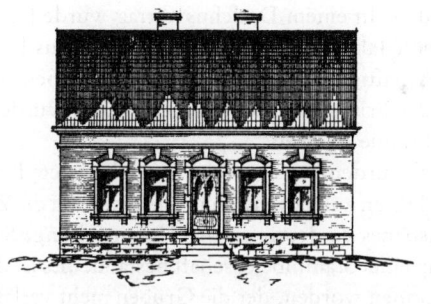

Erdgeschoß.

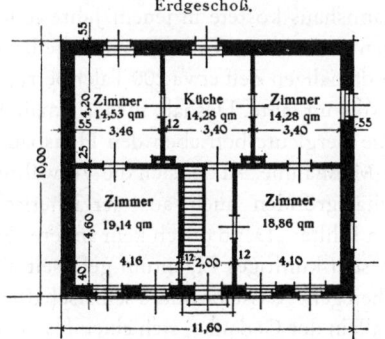

Z 11   Entwurf eines Prämienhauses der Saarbrücker Bergwerksdirektion.

mit und in den Schlafhäusern allein „keine neuen Bergmannsfamilien begründen" und „keinen ordentlichen Arbeiterstand vermehren" konnte und daß das Mittel der Schlafhäuser nur als Notbehelf zu erachten war. Da man keinen gesteigerten Wert auf die Errichtung von Kolonien wie etwa im Ruhrgebiet legte, entwickelte die Verwaltung der Saargruben ab 1841 unter der Führung des *Bergrates Leopold Sello* das Projekt des staatlich geförderten *Prämienhauses,* jenes Wohnhauses, das noch heute als Zeugnis und Denkmal jener Epoche des Bergbaus die saarländischen Ortschaften bestimmt: Noch im Jahre 1910 verfügte die Bergwerksverwaltung lediglich über 998 eigene Wohnungen. Sellos Plan sah eine Förderung des Eigenheimbaues vor; das Verfahren bestand darin, daß jedem Bergmann ein Baudarlehen und eine Bauprämie

Z 11,
12
T 18 b

gewährt wurden. In einem Darlehnsvertrag wurde festgelegt, daß der Bauwillige zehn Jahre lang das zu erbauende Haus bewohnen mußte und seine Beschäftigung im Bergbau nicht aufgeben durfte. Hatte er nach Ablauf der Frist alle seine Auflagen erfüllt, wurde ihm die Rückzahlung der Prämie erlassen.

In der Regel wurden vor allem aktive, verheiratete Bergleute über 25 und unter 40 Jahren zur Bewerbung zugelassen, da die Zielsetzung dieses Eigenhausbaues eindeutig in der Heranziehung, Seßhaftmachung und Erhaltung einer Stammbelegschaft bestand. „Es ist dabei ein Arbeiterstand gewonnen worden, der die Gruben nicht verläßt, und der immer neue Arbeiter für dieselben erwachsen läßt", urteilte von Dechen 1855. Ein Bergmannshaus kostete in jenem Jahre je nach Größe und Anbauten zwischen 420 und 640 Talern, so daß die Bauprämie und das Darlehen, das zur damaligen Zeit etwa 200 Taler betrug, nur etwa 30 % der Gesamtbaukosten umfaßte. Deshalb förderte man den Hausbau im Selbstbau, d. h. die Bergleute betrieben den Hausbau allein oder mit Verwandten, eine Maßnahme, zu der sich die Verwaltung neben handfesten Produktivitätsgründen auch aus „erzieherischen" Gründen verpflichtet zu sein fühlte: „Denn durch kein anderes Mittel werde der Arbeiter mehr an sein künftiges Eigentum gefesselt als dadurch, daß man ihm Gelegenheit gebe, dasselbe durch selbstschaffende Tätigkeit zu erwerben. Schon allein der Gedanke, sich einen festen Wohnsitz gründen zu können, bessere ihn moralisch und rege ihn zur Sparsamkeit, Ordnung und erneuertem Fleiße an, so daß hierdurch schon im voraus das Ziel angebahnt werde, welches Hauptzwecke der Ansiedlung sei".

Der Entwurf von „Musterhäusern" in Backstein lag in Händen der Saargruben. 1913 gab es im Bereich der Saarbrücker Bergwerksdirektion 7708 solcher Prämienhäuser, d. h. etwa 36,8 % der Belegschaftsangehörigen besaßen ein eigenes Haus. Zieht man von diesen Zahlen die Unverheirateten ab, da sie ja nur in Ausnahmefällen wie Erbschaft usw. Hausbesitzer sein konnten, so entfielen auf den verheirateten Teil der Belegschaften sogar 63 %, davon besaßen wiederum 94 % Feld, Acker oder Wiese.

Steigende Grundstückspreise ließen seit 1854 vereinzelt doch die ungeliebten Kolonien entstehen. Die Verwaltung mußte staatliche Forstparzellen aufkaufen, um überhaupt Grund und Boden für die Prämienhäuser zu besitzen. Diese Siedlungspolitik des Bergfiskus unterstützte

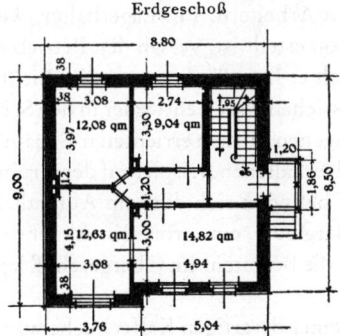

Z 12   Entwurf eines Prämienhauses der Saarbrücker Bergwerksdirektion.

in wirkungsvoller Weise das Entstehen eines spezifisch *„saarländischen Bergmannsbauerntums"*, dessen Sozialgefüge bis weit in unser Jahrhundert hinein erhalten geblieben ist und in seinen Hausbauten noch heute nachwirkt.[18]

[18] Vgl. E. Müller, Die Entwicklung der Arbeiterverhältnisse auf den staatlichen Steinkohlenbergwerken vom Jahre 1816 bis zum Jahre 1903 (= Der Steinkohlenbergbau des Preußischen Staates in der Umgebung von Saarbrücken, Bd. VI), Berlin 1904, S. 77–81 und 138. – Kurt Hoppstädter, Eine halbe Stunde nach der Schicht mußte jeder gewaschen sein. Die alten Schlafhäuser und die Ranzenmänner, in: Saarbrücker Bergmannskalender 1963, S. 77–79.

T 17 a   Am Beispiel der *Maybacher Kaffeeküche* vor dem Tor der gleichnamigen Grube läßt sich ein weiteres Kapitel staatlicher Sozialpolitik aufzeigen. „Um den Bergleuten Gelegenheit zu geben, ein billiges Frühstück in guter Beschaffenheit sich zu verschaffen und dieses in einem behaglichen, im Winter gewärmten Raume einzunehmen, sind seit dem Jahre 1886 auf verschiedenen Gruben in der Nähe der Schächte Kaffeeküchen eingerichtet, die im Anschluß an die Konsumvereine oder durch eine besondere Betriebsverwaltung unter Verantwortlichkeit des Werksdirektors und unter Mitwirkung eines Kaffeeküchenausschusses geleitet wurden. Der letztere bestand gewöhnlich aus einem Berginspektor, einem oberen Werksbeamten und drei von dem Arbeiterausschuß gewählten Arbeitern. Ein Lagerhalter, welchem auch die Wirtschaftskonzession erteilt ist, versah den Betrieb gegen eine Vergütung. Außerdem erhielt er freie Wohnung, freies Licht und freie Feuerung."

Diese Kaffeeküchen waren entweder in den Schlafhäusern oder in besonderen, aus eigenen Mitteln errichteten Gebäuden untergebracht, wie dies in dem noch erhaltenen Beispiel auf der Grube Maybach der Fall ist. Im Erdgeschoß befinden sich dort ein Aufenthaltsraum von 123,5 m² Größe für die Bergleute, eine große Kochküche mit Anrichteraum und zwei Räume für die Beamten. Im Obergeschoß lag die Wohnung für den Lagerhalter.

Der Umsatz einer derartigen Kaffeeküche war „erheblich". Im Jahre 1903 sollen in der Kaffeeküche der Grube Maybach täglich verzehrt worden sein: Brot und Wurst im Gegenwert von 16 bzw. 40 Mark, 50 l Kaffee, 50 Flaschen Selterswasser, 110 Flaschen Limonade und 320 l Bier. Bemerkenswert, daß in der Kaffeeküche offenbar am wenigsten Kaffee verbraucht worden ist.[19]

T 18 a   Den Problemkreis des Verhältnisses von Unternehmertum zur gewerkschaftlichen Bewegung der Arbeitnehmer erhellen manchmal ebenfalls technische Denkmäler: Der sog. *Rechtsschutzsaal* in Friedrichsthal-Bildstock ist auch heute noch das wohl einprägsamste Zeugnis der ersten gewerkschaftlichen Tätigkeit der Saarbergleute und vor allem mit dem Namen *Nikolaus Warken gen. Eckstein* verbunden. Er zeugt von dem ersten Versuch der Bergleute, soziale Verbesserungen von der

---

[19] Vgl. E. Müller (1904), S. 137 f.

kgl. Bergverwaltung zu ertrotzen. Außer der Forderung nach einer auf sozialer Basis beruhenden Lohnpolitik und der mit vielen Übelständen belasteten Gedingefestsetzung war die Grundforderung die Verkürzung der Schichtzeit unter Tage, die in das Ermessen der einzelnen Berginspektionen gestellt war und manchmal bis 12 Stunden dauern konnte. In den Schachtbetrieben an der Saar stellte man in der Regel den Bergleuten erst nach Beendigung von 10 Stunden die Seilfahrt zur Verfügung; die Ausgangsstollen waren für diese Zeit gesperrt.

Die Bergverwaltung unterstützte zwar die bergmännischen Vereine, gründete bergmännische Musikkapellen, richtete Haushaltsschulen ein, zahlte Prämien für den Eigenheimbau, ging aber letztlich am Hauptanliegen der Bergleute vorbei. Die *Gedinge-*(= Lohn- und Tarif-)*festsetzung* erfolgte einseitig ohne Einhaltung einer unteren Grenze. Die Hauptgedinge mußten „ersteigert" werden und wurden oft mit bestimmter Absicht heruntergedrückt. Der Durchschnitt pro Schicht betrug 2,30 Mark, und es gab viele Bergleute, die bei den genannten Verhältnissen trotz allen Fleißes nie einen ausreichenden Lohn verdienen konnten. Oft bot das damalige System noch Gelegenheit, die Bergleute mit Geldbußen zu belegen oder für Tage und Wochen abzulegen. Eine Beschwerde konnte dem Beschwerdeführer in vielerlei Hinsicht gefährlich sein.

Gegen diese und andere Mißstände bildete sich innerhalb der Bergmannschaft eine Bewegung, die unter der Leitung des *Bergmanns Nikolaus Warken* aus Hasborn, wohnhaft in Bildstock, am 15. Mai 1889 in Bildstock eine Versammlung abhielt, die rd. 3000 Bergleute der Saargruben besuchten. In dieser Versammlung stellte Warken, der von seinen Kameraden aufgrund seiner Leidenschaft, Karten zu spielen („Eckstein ist Trumpf!"), „Eckstein" genannt wurde, eine Reihe von Forderungen auf, die in der Form eines Protokolls am 17. Mai 1889 der Bergverwaltung zugestellt wurde. Darin forderte man die 8-Stunden-Schicht einschließlich Ein- und Ausfahrt, sofortige Beseitigung der Einsperrtüren an den Stollenmündern, eine menschenwürdige Behandlung, Abschaffung des Kaufgedinges und Festsetzung eines Gedinges, wonach der Bergmann 4 Mark verdienen konnte.

Die Bergverwaltung machte Zugeständnisse, ließ aber die Hauptforderung der Bergleute unbeachtet. Der Bergmannsstand des ganzen Saarreviers war nun binnen einiger Wochen in Bewegung geraten, Bildstock und seine Versammlung waren in aller Munde, die heimische Presse und die des Reichsgebietes beschäftigte sich mit den Vorfällen. Am 22. Mai 1889 fand auf der Wiese Kron in Bildstock eine weitere Versammlung statt, die von 15 000 Bergleuten besucht war. Diese Versammlung beschloß bis zur Erfüllung der Forderungen auf den östlichen Gruben des Saarlandes den Streik, der bis zum 2. Juni 1889 dauerte. In Bildstock wurden die Polizei verstärkt, Militär herangezogen, eine Anzahl führender Persönlichkeiten verhaftet und viele Bergleute, die sich wegen des Ausstandes besonders hervorgetan hatten, entlassen: Kaiser und Reichstag wurden mit der Angelegenheit beschäftigt.

Der erste Streik der Saarbergleute war trotz aller Widerstände nicht erfolglos. Die Schichtzeit wurde einheitlich auf höchstens 10 Stunden einschließlich der Seilfahrt festgesetzt. Die Gedingeregelung wurde verbessert, das Strafwesen gelockert und die Löhne erhöht. Nikolaus Warken und seinen Bergleuten war es aber auch klar, daß eine feste Organisation erforderlich war, wenn das durch den Streik Erreichte gesichert bleiben und die zurückgestellten Forderungen doch noch durchgesetzt werden sollten. So kam es in der Versammlung vom 28. Juli 1889 in Bildstock zur Gründung eines *„Bergmännischen Vereins für Schutz und Recht“* des Oberbergamtsbezirks Bonn mit dem Sitz in Bildstock. Der Verein begann seine Tätigkeit am 4. August 1889, womit die erste gewerkschaftliche Tätigkeit der Saarbergleute in Bildstock ihren Anfang nahm. Vereinslokal war das Gasthaus Kron (heute Gasthaus Risch in der Neunkircher Straße). Innerhalb kurzer Zeit waren dem Verein 27 000 Bergleute beigetreten, und Bildstock war zu einer Zentrale gewerkschaftlicher Tätigkeit an der Saar geworden: Massenkundgebungen, Petitionen an die Oberste Bergbehörde und an den Kaiser wurden abgehalten und versandt. Die Bergverwaltung reagierte auf den „Aufruhr“ in der Weise, daß sie die Gastwirte unter Druck setzte und ihnen nahelegte, die Versammlungsräume nicht für derartige Zusammenkünfte zur Verfügung zu stellen. Warken appellierte daraufhin an den Opferwillen der Saarbergleute, ein eigenes Versammlungslokal zu erbauen. Außer den finanziellen Beiträgen brachten die Bergleute aus allen Revieren und Inspektionen als symbolischen Akt je zwei Klinkersteine nach Bildstock, so daß im Jahre 1891 der Rechtsschutzsaal in der Hofstraße begonnen und noch im gleichen Jahr vollendet werden konnte, in dessen unteren Räumen auch die Druckerei der *Bergmannszeitung* „*Schlägel und Eisen*" eingerichtet wurde.

Danach begann die Tragik in der Weiterentwicklung der Rechtsschutzbewegung, die ihre Ursachen in einer Vielzahl von Gründen hatte. Wichtigster Grund war indessen, daß es der Bergverwaltung gelungen war, bei den kaisertreuen Bergleuten den Eindruck hervorzurufen, als ginge es der Führung der Rechtsschutzbewegung darum, sozialisierende Maßnahmen und Gedanken durchzusetzen. Hinzu kamen das Fehlen der inhaftierten Führerpersönlichkeiten, die zu monatelangen Haftstrafen verurteilt waren, die von der Regierung unerwünschte Beteiligung von Vertrauensmännern der Rechtsschutzbewegung an internationalen Kongressen, das Zulassen politischer Redner im Rechtsschutzsaalgebäude, mangelnde gewerkschaftliche Schulung der Funktionäre, Gegensätzlichkeiten innerhalb der Führungsspitze, hervorgerufen durch den zweiten großen Streik, der für die Bergleute verlorenging und die Vereinsleitung einem doppelt schweren Druck seitens der Bergverwaltung aussetzte. So brach die Rechtsschutzbewegung im Sommer 1893 zusammen, eine Reorganisation war erfolglos, so daß der Verein unter dem anhaltenden Druck der Bergverwaltung am 27. August 1896 endgültig aufgelöst wurde. Das Gebäude des Rechtsschutzsaales aber, über dessen Portal die Losung „Einer für Alle – Alle für Einen" prangte, blieb bestehen, ging aber schließlich in das Eigentum der Bergwerksdirektion über.[20]

Dieses etwas ausführlicher beschriebene Beispiel zeigt, daß technische Denkmäler auch durchaus geeignet sind, soziale Problem- und Fragestellungen beantworten zu können. Es ist natürlich klar, daß die technischen Anlagen allein diese Antworten nicht geben können: Archivmaterial muß hinzukommen. Nimmt man diese als Erläuterungen hinzu, lassen sich bisweilen sogar Aufschlüsse über persönliche Schicksale gewinnen wie über jenen Nikolaus Warken, gen. Eckstein.

Persönliche Erfahrungen lassen sich auch aus den Archivbeständen T 19a herausziehen, die zu dem 1977 abgebrochenen *Schachtgebäude der*

---

[20] Vgl. Bernhard Besch, Festschrift zum 50. Todesjahr von Nikolaus Warken gen. Eckstein, St. Wendel 1970. – Nikolaus Warken – der erste Gewerkschafter an der Saar, in: Saarberg 1979, Heft 3, S. 36.

T 19 a *Siegerländer Grube „Apfelbaumer Zug"* Erläuterungen geben. Dieses Schachtgebäude war zweifelsohne eines der letzten „großen" technischen Denkmäler des Siegerländer Erzbergbaus gewesen, der durch Jahrhunderte hindurch betrieben worden war. Aus den Akten lassen sich die Belegschaftsstärken der Jahre 1897–1924, in denen die Grube vorwiegend betrieben wurde, herausziehen: Sie schwankten zwischen 270 und 387. 1916 war nur eine einzige Person beschäftigt, und 1924 – kurz vor der endgültigen Stillegung – waren es 45. In diesen stark, teilweise extrem wechselnden Zahlen spiegelt sich ganz offensichtlich die allgemeine und wirtschaftliche Situation des Unternehmens wider. Aufschlußreich ist, daß die Betriebspläne und -berichte in der Zeit der fast höchsten Beschäftigungsziffern über die Zusammensetzung der über Tage eingesetzten Belegschaft informieren, so daß man auch über die

Jahr	Belegschaft	unter Tage	über Tage
1897	270	170	100
1898	313	195	118
1899	305	199	106
1900	327	205	122
1901	333	220	113
1902	279	181	98
1903	321	205	116
1904			
1905	387		
1906	370		
1907	356		
1908	290		
1909	5		
1916	1		
1917	4		
1918	2		
1919	22		
1920	20		
1923	80		
1924	45		

Tab. 5: Angaben zur Belegschaft der Grube Apfelbaumer Zug

	1901	1902	1903
jugendlich männlich	22	13	15
16–21 Jahre männlich	15		
über 21 Jahre männlich	35		
jugendlich weiblich	21	13	15
16–21 Jahre weiblich	17	17	19
über 21 Jahre weiblich	3		

Tab. 6: Alter der Belegschaft über Tage in den Jahren 1901–1903

Beschäftigung von Jugendlichen und jungen Mitarbeitern beiden Geschlechts unterrichtet wird (Tab. 5 und 6).

Was das Verhältnis der Bergleute und der Aufbereiter über Tage zu ihren Vorgesetzten anbetrifft, so schildern drei bemerkenswerte, in den Akten und der Verbandspresse der Bergarbeiter überlieferte Vorfälle die Arbeitsbedingungen auf der immer unter angespannten finanziellen Verhältnissen arbeitenden Grube. Mit Schreiben vom 25. Januar 1902 bat August Jäger als Bevollmächtigter der Gewerkschaft das Oberbergamt in Bonn um eine Verkürzung der bisherigen Mittagspause von einer auf eine halbe Stunde: „Durchschnittlich sind hier 43 jugendliche Arbeiter beschäftigt. Die Arbeitszeit beginnt vom 1. November bis 1. April morgens um $1/28$ Uhr und endet nachmittags $1/25$–5 Uhr. Bei einer stündigen Pause würden die sich im Betrieb befindlichen Lesetische teilweise nicht bedient werden können und wäre deshalb die Verminderung der Pause sehr erwünscht." Dem Antrag der Gewerkschaft wurde stattgegeben.

Ein treffendes Bild von den Zuständen auf der Grube erhält man zweitens durch einen Artikel im „Bergknappen", dem Organ des Gewerkvereins Christlicher Bergarbeiter, vom 7. März 1903, in welchem berichtet wird: „Schon einmal ist an dieser Stelle auf die nicht gerade lobenswerten Zustände auf der Grube Apfelbaumer Zug hingewiesen worden. Heute müssen wir wieder auf ein großes Übel hinweisen. Auf genannter Grube müssen an Lohntagen die Arbeiter oft eine ganze Stunde lang mit von Grubenwasser durchnäßten Kleidern im Schnee und Regen obdachlos stehen und des kargen Lohnes warten. Zitternd vor Frost und Kälte stehen die Bergleute so auf dem Zechenplatze, während drinnen im behaglich erwärmten Zimmer die Herren sich wohl fühlen. Hat man denn gar kein Mitgefühl für die Arbeiter? Während es so im Winter geht, wissen die Herren im Sommer die Kühle der Laube zu schätzen und zahlen dann da aus. Man weiß es für sich selbst also immer behaglich zu machen, nur für die Arbeiter scheint man nichts tun zu brauchen. Den dem Gewerkverein noch fernstehenden Kameraden kann nur dringend angeraten werden, sich demselben recht bald anzuschließen, damit wir gegebenenfalls mal ein anderes Wort reden können."

Vom Oberbergamt in Bonn aufgefordert, meldete der zuständige Revierbeamte, Bergrat Staehler, am 16. März 1903 nach Bonn, daß der in der Gewerkschaftszeitung erwähnte Vorfall tatsächlich so geschehen sei. Es habe aber auch an den Bergleuten selbst gelegen, denn die Lohnliste sei seit langer Zeit unverändert, so daß sie hätten wissen müssen, an welcher Stelle man sie aufrufen würde. Die Bergleute hätten ja solange in den warmen Räumen des Maschinengebäudes warten können. Man müsse diesen Zeitungsausschnitt vielmehr als Angriff gegen den Obersteiger und Betriebsführer Klein ansehen: „Und doch hat dieser für die Grube sehr segensreich gewirkt, ja es ist wohl anzunehmen, daß Letztere, die schon viele Jahre mit Zubuße gearbeitet hat, schon zur Einstellung gekommen wäre, wenn Klein nicht mit anerkennenswerter Umsicht und Tatkraft Ordnung geschaffen hätte. Der frühere Betriebsleiter stand mit den Bergleuten viel zu sehr auf gleichem Fuß, um mit Nachdruck vorgehen zu können . . . Klein ist schon aus konfessionellen Gründen dort nicht beliebt."

Das Oberbergamt nahm zu diesem Vorfall in der Weise Stellung, daß es Staehler aufforderte, er solle dafür sorgen, daß die Gewerkschaft ein Zechenhaus baue, da der Aufenthalt von Bergleuten im Maschinenhaus nicht zulässig sei; eine Wiederholung derartiger Vorfälle sei unbedingt zu vermeiden. Staehler gab die Anweisung an die Gewerkschaft weiter und konnte am 9. Oktober 1903 nach Bonn melden, daß das Zechenhaus fast vollendet sei.

Im November 1903 ereignete sich auf der Grube ein weiterer Zwischenfall, in den wieder der Betriebsführer Klein verwickelt war. Er hatte drei Schlepper aufgefordert, täglich ein bis drei Stunden länger zu arbeiten; als Lohn sollten sie 35 Pfg. pro Stunde erhalten. Dies erschien den Bergleuten zu gering, da sie gezwungen gewesen wären, mit der

Bahn nach Hause zu fahren: Der Fahrpreis hätte für sie 30 Pfg. betragen. Ein Fußmarsch nach Niederfischbach würde aber fast zwei Stunden dauern. Als die drei Schlepper die Schichten nicht verfahren wollten, entließ Klein die drei Bergleute, die daraufhin nach Betzdorf zu Bergrat Staehler gingen und sich beschwerten. Dieser verlangte von Klein eine Rechtfertigung, die auch eintraf: Zunächst erklärte Klein, daß man aufgrund des Einsatzes von einer Benzinlokomotive in der Grube gezwungen sei, Rationalisierungen durchzuführen und daß daher Schlepper nur noch bedingt verwendungsfähig wären. Dann ging er näher auf die Verkehrsverhältnisse im Brachbacher Revier ein: „Es sei hier erwähnt, daß die Leute von Niederfischbach, deren zur Zeit 30 hier beschäftigt sind, morgens mit dem 6 Uhr-Zug in Brachbach ankommen. Nachmittags ist die Fahrgelegenheit nicht günstig, gehen dann zu Fuß. Auf der Vormittagsschicht ist es noch schlechter, dann können sie gar nicht fahren. Aus dem Grund habe ich die Schlepper aus Fischbach stets morgens, und die hiesigen nachmittags anfahren lassen, was letzteren stets unangenehm war". Anschließend verteidigte sich Klein noch: „Ich habe den beiden nur gut gewollt. Eine wöchentliche Arbeiterkarte kostet zwischen Brachbach und Niederfischbach Mark 1,60 : 12 = 13,33 Pfg. pro Fahrt und nicht 30 Pfg. Um die Sache beizulegen, habe ich Otterbach und Müller sagen lassen, sie möchten wieder anfahren." In der Angelegenheit des dritten Schleppers drängte Bergrat Staehler zu einer Wiedereinstellung; dies fiel Klein sehr schwer, da Joseph Böhmer ihn durch die Tatsache, daß er anstelle der Schicht im Gasthaus von Brachbach Karten gespielt und „blaugemacht hat", offenbar persönlich beleidigt hatte. Schließlich wurde die Angelegenheit dadurch beendet, daß Böhmer seine Entlassung wünschte.[21]

[21] Vgl. Rainer Slotta, Das Schachtgebäude Apfelbaumer Zug in Brachbach – Ein verlorenes Technisches Denkmal des Siegerländer Eisenerzbergbaus, in: Der Anschnitt 32, 1980, Heft 2–3, S. 117–146. – *Einführende Literatur:* Jürgen Kuczynski, Die Geschichte der Lage der Arbeiter unter dem Kapitalismus, Bde. 1–38, Berlin (Ost) 1961–1972. – Arbeiter im Industrialisierungsprozeß. Herkunft, Lage und Verhalten (hrsg. v. Werner Conze/Ulrich Engelhardt), Stuttgart 1979 (= Industrielle Welt 28). – Forschungen zur Lage der Arbeiter im Industrialisierungsprozeß (hrsg. v. Hans Pohl), Stuttgart 1978 (= Industrielle Welt 26). – Friedrich-Wilhelm Henning, Humanisierung und Technisierung der Arbeitswelt. Über den Einfluß der Industrialisierung auf die Arbeitsbedingungen

Für die industriearchäologische Forschung sind die wenigen hier gemachten Bemerkungen zu einem beim ersten Betrachten wenig bedeutsamen Bauwerk oder einer Maschine von großer Wichtigkeit, zeigen sie
doch, welche Aussagekraft in einem technischen Denkmal stecken
T 19a kann, daß sich hinter den nackten Mauern menschliche Aktivitäten und
Leiden verbergen, die man bisweilen in Einzelfällen, wenn auch nur
teilweise, wiedererwecken und darlegen kann. Damit kommt man dem
Ziel, eine lebendige, vom Menschen geprägte und gestaltete Geschichte
in ihrer gesamten Komplexität zu erfassen, ein kleines Stückchen näher.
Zugleich manifestiert sich hinter dem Schachtgebäude, dem Schlafhaus
oder hinter der Maschine eine Vielzahl persönlicher Schicksale, sei es
das des ungenannten Bergmanns, sei es das des jungen Mädchens in der
Aufbereitung oder seien es diejenigen des Schleppers Peter Otterbach,
des Betriebsführers Klein, des Bergrates Staehler oder der anonymen
Bergwerksdirektion. Geschichte ist eine Folge von Zusammenhängen,
welche vom Menschen und vor allem von Einzelpersonen provoziert
wird: Deshalb ist es nur legitim, auch Einzelschicksale hinter technischen Denkmälern darzulegen und aufzuzeigen.

im 19. Jahrhundert, in: Archiv und Wirtschaft 1976, Heft 2/3, S. 29–59. – Fa-
brik, Familie, Feierabend. Beiträge zur Sozialgeschichte des Alltags (hrsg. v.
Jürgen Reulecke/Wolfhard Weber), Wuppertal 1978. – Liebetraut Rothert,
Umwelt und Arbeitsverhältnisse von Ruhrbergleuten in der 2. Hälfte des 19.
Jahrhunderts, Münster 1976. – Klaus Tenfelde, Sozialgeschichte der Bergarbei-
terschaft an der Ruhr im 19. Jahrhundert, Bonn-Bad Godesberg 1977. – Ders.,
Der bergmännische Arbeitsplatz während der Hochindustrialisierung
(1890–1914), in: Arbeiter im Industrialisierungsprozeß (1979), S. 283–335. –
Gabriele Unverferth/Evelyn Kroker, Der Arbeitsplatz des Bergmanns in historischen Bildern und Dokumenten, Bochum 1981. – Eberhard Wächtler, Bergarbeiter zur Kaiserzeit. Die Geschichte der Lage der Bergarbeiter im sächsischen
Steinkohlenrevier Lugau-Oelsnitz 1889–1914, Berlin (Ost) 1962. – Industriekultur in Nürnberg (hrsg. v. H. Glaser/W. Ruppert/N. Neudecker), München
1980. – Siegfried Quandt, Kinderarbeit und Kinderschutz in Deutschland
1783–1976. Quellen und Anmerkungen, Paderborn 1978. – Wolfgang Köll-
mann, Die „Industrielle Revolution". Quellen zur Sozialgeschichte Großbritanniens und Deutschlands im 19. Jahrhundert, Stuttgart 1970.

d) Technische Denkmäler als Informationsträger für geologische und lagerstättenbedingte Verhältnisse

Industrieanlagen, die Rohstoffe gewinnen und Lagerstätten abbauen, sind an die Qualität dieser Lagerstätte gebunden: Diese Binsenweisheit ist nicht nur für die regionale Verbreitung der entstandenen technischen Denkmäler von Bedeutung, sondern auch für die Wahl der zu verwendenden Maschinen und Architekturen. Es liegt auf der Hand, daß z. B. im Steinkohlenbergbau andere Maschinen und Gezähe (= Werkzeuge) eingesetzt werden müssen als z. B. im Salz- oder Erzbergbau oder gar bei der Gewinnung von Braunkohle oder Torf. Der Einsatz von gleislos fahrenden Großmaschinen ist aufgrund der besonderen Beschaffenheit der *Lagerstätten* in diesen Bergwerken nicht möglich, während er im Salz oder im Erz aufgrund der weitgehenden Standfestigkeit des Gebirges möglich ist. Dementsprechend wird nur im Steinkohlenbergbau Schildausbau in Gewinnungsbetrieben eingesetzt, eine *Ausbaumethode*, die im Erz- oder Salzbergbau nicht anzutreffen ist. Dies bedeutet: Trifft man historische Maschinen oder Architekturen an, die in irgendeiner Weise einmal zur Gewinnung von Rohstoffen gedient haben, wird man bereits beim ersten Eindruck aussagen können, welches Mineral ursprünglich mit dem technischen Denkmal ursächlich verbunden gewesen war.

Gleiches gilt für die *Aufbereitungsanlagen,* die spezifisch auf das T 19 b anfallende Mineral ausgerichtet worden sind und werden müssen: Rohsteinkohle wird auf eine andere Art verarbeitet als Fördererz oder Fördersalz. Entsprechend unterschiedlich sind die eingesetzten Maschinen und Architekturen, so daß sich auch bei diesem Architekturtypus bereits anhand des äußeren Erscheinungsbildes wesentliche Qualitätsmerkmale und Informationen über das verarbeitete und aufbereitete Mineral ablesen lassen; andererseits läßt das vorhandene technische Denkmal auch Rückschlüsse über die technische Inneneinrichtung zu, wobei allerdings zugestanden werden muß, daß man bei der genauen Beschreibung der einzelnen Aufbereitungsvorgänge meist auf zusätzliche Informationen angewiesen ist. Doch bleibt davon unbenommen, daß Aufbereitungsanlagen eines Erzbergwerkes sich von solchen aus dem Steinkohlen- und Salzbereich grundsätzlich unterscheiden. Besonders eindrucksvolle Aufbereitungsanlagen aus dem deutschen Erzberg-

bau, die in charakteristischer Weise am Hang angelegt wurden, um innerhalb des Aufbereitungsprozesses die Schwerkraft auszunutzen,
T 19b findet man z. B. am *Lüderich* bei Bensberg, in *Friedrichssegen* bei Lahnstein, am *Rammelsberg* bei Goslar oder auf der Grube *Gute Hoffnung* bei Werlau südlich von Koblenz.[22]

Die Beschreibung einer derartigen Aufbereitungsanlage soll dies verdeutlichen, wobei aus dem Bereich der Quecksilbergewinnung die noch erhaltenen *Aufbereitungsanlagen* im spanischen Almaden von besonderer Aussagekraft sind.[23]

T 20   *Almaden*[24] liegt in der südlichen Iberischen Meseta zwischen der me-
Z 13   tallreichen Sierra Morena im Süden und den Montes de Toledo im Norden. Das Gebiet gehört zur Iberischen Scholle, die ein Teil des großen Variskischen Faltengebirges ist und aus präkambrischen metamorphen Gesteinen, paläozoischen Sedimenten und Vulkaniten sowie aus Intrusivgesteinen des Karbon besteht. Die Quecksilberlagerstätte Almaden sowie die Gruben von Almadenejos sitzen alle auf dem sog. Criadero-Quarzit des unteren Silur, der den alleinigen Träger abbauwürdiger Vererzungen bildet, die stets schichtengebunden sind. Im Almaden und ebenso in Almadenejos liegt die Vererzung in Form mehrerer stratigraphisch übereinandergelagerter Linsen vor, die nach Heiligen benannt wurden. Hangendes und Liegendes bilden schwärzliche Tonschiefer, teilweise Quarzite und vulkanische Einlagerungen, die dem Vulkanismus des Untersilur zuzuordnen sind. An mehreren Stellen werden die Erzkörper von basischen Gängen und Lamprophyren durchzogen. Im Hangenden der erzführenden Quarzitpartien finden sich stets pyroklastische Ablagerungen.

[22] Generelle Angaben zu den Aufbereitungsprozessen am einfachsten zu erhalten in: Das Bergbau-Handbuch (hrsg. v. d. Wirtschaftsvereinigung Bergbau e. V., Bonn), Essen 1976. – Für die Aufbereitungsanlagen des Erzbergbaus vgl. W. Gründer, Erzaufbereitungsanlagen in Westdeutschland, Berlin-Göttingen-Heidelberg 1955. – Zur Aufbereitung der Kali- und Steinsalze vgl. Die Kaliindustrie in der Bundesrepublik Deutschland (hrsg. v. Kaliverein e. V.), Essen [1]1962, S. 14 ff., [2]1967, S. 14 ff. und [3]1974, S. 20 ff.

[23] Vgl. Andreas Hauptmann/Rainer Slotta, Zu den Denkmälern des Quecksilberbergbaus von Almaden, in: Der Anschnitt 31, 1979, Heft 2–3, S. 81–100.

[24] Der Name „Almaden" ist arabischen Ursprungs und bedeutet „Bergwerk".

Hauptmineral der Lagerstätte ist Zinnober, das als Imprägnationen zwischen den Zwickeln der Quarzkörner oder in verheilten Rissen auftritt. Stellenweise tritt auch gediegenes Quecksilber auf, das in Form zahlloser winziger Kügelchen auf dem Gestein sitzt und sich in Rinnen und Vertiefungen auf der Sohle sammelt. Der mittlere Quecksilbergehalt des Haufwerks beträgt etwa 6–7 %, liegt also im Vergleich zu anderen Quecksilberlagerstätten der Welt außerordentlich hoch.

In dem noch heute betriebenen Bergwerk von *Almaden* (San Teo- T 20a doro) liegen die alten Aufbereitungsanlagen etwa 200 m westlich der modernen, deren metallenes Rohrgewirr in starkem Gegensatz zu den backsteinernen Anlagen steht. Der *„Cerco de buitrones"* (bzw. „Cerco de fundacion") genannte Platz umfaßt die Öfen mit den Destillationsanlagen sowie den Vorratshäusern für das in den Öfen produzierte Quecksilber. Die zwei noch vorhandenen Öfen gehören einem Typus an (sog. *Bustamante-Öfen*, benannt nach Juan Alonso Bustamante, der diese Ofenform 1646 von Huancavelica in Peru übernommen hat). Diese Öfen wurden später mehrfach von Diego Larrañaga umgebaut und verbessert. In Almaden waren um die Mitte des 19. Jh. insgesamt acht derartige Bustamante-Öfen und zwei Larrañaga-Öfen in Betrieb.

Die Destillationsanlage in Almaden wurde in Ziegeln errichtet; die einzige Ornamentik besteht aus eingesetzten flachen Ziegelplatten über verschiedenen Rundbögen und aus einem Gesims, das über den Schüröffnungen um den Ofenkomplex herumläuft. Das Innere der Öfen weist die Form von etwa 2 m im Durchmesser weiten und 8 m hohen Zylindern auf, die oben durch Kuppelgewölbe geschlossen sind, in denen zwei 0,5 m große und runde Eintragsöffnungen ausgespart wurden, die mit eisernen Deckeln verschlossen sind. Nach außen hin hat man die Kuppelgewölbe der Öfen überbaut, so daß sie nur noch als leichte Erhebungen auf dem flach abfallenden Dach zu erkennen sind.

Etwa in der Mitte eines jeden Ofens befindet sich ein aus Ziegeln gemauerter Rost, der ihn in zwei Teile teilt, in den Feuerungsraum unten und den Erzraum oben. Der Rost besteht aus jeweils acht parallelen Ziegelbögen, die sich rechtwinklig kreuzen und miteinander ein rostartiges Gewölbe bilden. In Höhe des Rostes sind auf jeder Seite nochmals zwei Eintragsöffnungen in Form halber Rundbögen in den Ofen eingelassen. Sie wurden während der Feuerung mit einer Ziegelmauer verschlossen. Die Schüröffnungen in Höhe der Ofensohle befinden sich

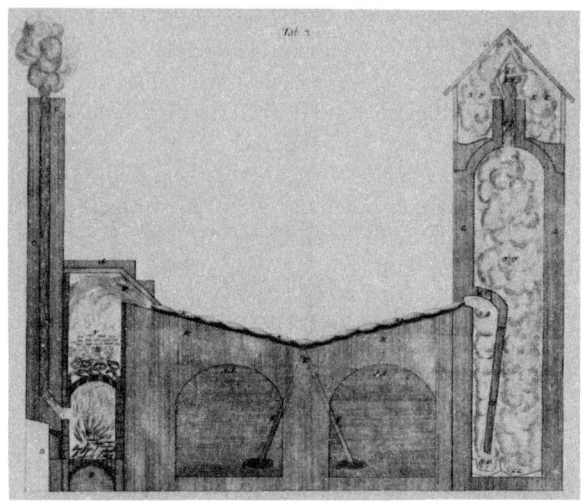

Z 13   Röst- und Destillationsanlage: idealisierter Plan nach J. J. Färber (1774).

ebenfalls an der Seitenwandung und sind etwa 80 cm breit, 1,5 m hoch und von einem Rundbogen überdeckt, der sich nach außen hin zu einem kegelförmigen Ziegelgewölbe erweitert, das an der äußeren Vermauerung in einem etwa 2 m hohen Bogen endet.

Auf der flachen Überdachung der beiden Öfen steht in der Mitte zwischen zwei Schornsteinen, die bis in den Feuerungsraum des Ofens hineinreichen, ein halboffenes Gebäude, in das wohl das Erz vor dem Einbringen in den Ofen gelagert wurde. Unter der Überdachung befinden sich zwischen der Ofenkuppel und der äußeren Vermauerung an jedem Ofen zwei kleine Kammern, die mit jeweils acht kleinen Fuchsöffnungen den Anschluß zu den sog. *Aludeln* herstellen: Nach einem arabischen Wort benannt, sind diese aus Ton angefertigt, besitzen birnen- oder kürbisförmige Gestalt und an jedem Ende eine Öffnung. Sie wurden ineinandergesteckt, die Fugen verschmiert und bildeten somit geschlossene Kanäle, die von den Öfen zu den gegenüberliegenden Kondensationskammern liefen. Die Aludelreihen lagen auf einem 20 × 15 m großen Planum, das in seiner Längsrichtung von beiden Seiten zur Mitte hin eine Neigung von 10° besaß. Auf diese Weise bildete sich in der Mitte eine Rinne, die wiederum ein Gefälle zu einem aus Granit gefertigten und überdachten Reservoir aufwies, das sich am Rande des Planums befand.

Jeder Ofen war mit 2 × 8 Aludelreihen verbunden, insgesamt liefen 32 Reihen mit 1408 Aludeln über das Planum. Da beim Röst- und Destilliervorgang des öfteren die Aludeln zerplatzten und sofort wieder repariert werden mußten, wurden jeweils auf halber Höhe des Planums zwischen den vier Aludelgruppen Pfeilerstümpfe eingesetzt. Diese verband man mit einem Brettersteg, wodurch stets das Planum begehbar war. Gegenüber vom Ofen am unteren Ende des Planums befand sich ein schmuckloses, einfaches Gebäude mit rechteckigem Grundriß – innen unterteilt in vier gleich große quadratische Kammern –, an deren Böden sich jeweils wieder acht Fuchsöffnungen befanden, die den Anschluß zu den Aludeln herstellten. Nach dem Planum war das Gebäude durch vier an der Außenwand aufgesetzte Rundbögen unterteilt. Das Dach war flach und ebenso wie die Öfen mit Ziegelplatten vermauert. Auf ihm waren über jeder Kammer vier kurze Schornsteine angebracht. Die einzelnen Kammern sind voneinander getrennt und besitzen jeweils eine schmale, mannshohe Tür auf der Rückseite.

Wie wurden nun diese Öfen betrieben? Das Prinzip der Quecksilbergewinnung durch die Destillation beruht von jeher auf der Zersetzung des Zinnobers beim Erhitzen unter Sauerstoffzufluß, wobei aus dem Quecksilbersulfid Quecksilber und Schwefeldioxid nach der chemischen Gleichung entsteht: $HgS + O_2 \rightarrow Hg + SO_2$. Bildet sich beim Erhitzen das Oxid HgO, so zerfällt es aufgrund des edlen Charakters des Quecksilbers oberhalb von 500° C in die Elemente. Beim Abkühlen der Dämpfe schlägt sich das gediegene Quecksilber nieder, und das Schwefeldioxid entweicht. Der Sublimationspunkt des Quecksilbers liegt dabei bei etwa 200° C.

Jetzt wird anhand der erhaltenen technischen Denkmäler der Aufbereitungsöfen der vorgenommene Prozeß verständlich. Zunächst mußten die angelieferten Zinnobererze nach einer groben Zerkleinerung mit dem Fäustel auf dem Hüttenplatz sortiert werden; anschließend gelangten sie ohne weitere Aufbereitung in den Ofen. Die Beschickung der Öfen umfaßte eine Charge von 980 Arrobas mit je 25 Pfund, insgesamt rd. 245 Zentner. Mit etwa 80 Arrobas tauben Gesteins bedeckte man die Zwischenräume des Rostes, wobei nur grobe Brocken aufgelegt wur-

den, so daß sie zwar Feuer und Luft hindurchließen, andererseits aber
verhinderten, daß Erz in den Feuerungsraum hindurchfiel. Darauf
häufte man 90 Arrobas der „solera" genannten Erzart, die wenig Zinnober enthielt, darüber wiederum 225 Arrobas der sog. „china", was
insgesamt 7875 Pfund Zinnobererzen entsprach.

Darüber wurde eine Schicht von 160 Arrobas mit dem „metal" genannten sehr reichhaltigen Erz gehäuft, dann 225 Arrobas „china", zu-
letzt schließlich noch einmal 200 Arrobas Grubenklein oder „vacisco".
Hinzu kam ferner mit Ruß und Staub vermengtes Quecksilber, das als
Rückstand aus vorhergehenden Destillationsprozessen aufgefangen
worden war. Dieses wurde etwas mit Wasser angemischt und zu großen, „bolas" genannten Ziegeln geformt, die spiralförmig nebeneinander gestellt wurden und ihn bis oben hin füllten.

Danach erfolgte das Rösten. Nachdem die Öfen sehr sorgfältig verschlossen worden waren, legte man Feuer unter den Rosten an. Die
Feuerung leitete das Rösten und den Destillationsvorgang ein, im weiteren Verlauf hielt der im Zinnober enthaltene Schwefel die Beschik-
kungsmasse glühend. Als Feuerungsmaterial dienten Bündel von Rei-
sigholz oder Ginster, da stärkeres Brennholz zu selten war und außerdem zum Ausbau der Gruben sehr viel notwendiger gebraucht wurde.
Dieses Brennholz wurde „monte abajo" (das vom Berg herunterge-
nommene) genannt.

Das vom Rösten entstehende Dampf- und Gasgemisch (Quecksil-
berdampf und Schwefeldioxid) wurde nun vom Ofen durch die Fuchsöffnungen in die Aludeln geleitet. Durch deren birnenförmige Gestalt,
d. h. aufgrund eines sich abwechselnd verengenden und erweiternden
Querschnitts dieser Kondensationsröhren, wurde ein zu schnelles
Durchströmen der Gase und Dämpfe verhindert und der Kondensa-
tionsprozeß überhaupt erst ermöglicht, ein Vorgang, der noch durch
das Ansteigen der Aludeln in der zweiten Hälfte des Planums unterstützt wurde. Das Quecksilber begann sich also in den Aludeln nieder-
zuschlagen und floß durch ein Loch in der bauchigen Wandung aus.
Entsprechend der Neigung der Ebene des Planums sammelte sich das
flüssige Metall in der Mittelrinne und wurde von dort aus in den Vor-
ratsbehälter, der sich am Rande des Planums befand, geleitet. Das restli-
che Quecksilber wurde, vermischt mit Ruß- und Staubpartikeln, in den
großen Kondensationskammern am anderen Ende des Aludelplanums

aufgefangen. Hier konnte schließlich das inzwischen weitgehend abge-
kühlte Schwefeldioxid durch die Schornsteine entweichen.

Das beim Destillationsvorgang übriggebliebene, mit Ruß und Staub
vermischte Quecksilber wurde entweder mit neuen Zinnobererzen
wieder in den Ofen gegeben oder aber einer trockenen Wäsche unterzo-
gen. Dazu brachte man es auf eine schiefe Ebene, wobei der Großteil des
Quecksilbers von selbst herunterfloß. Aus dem zurückbleibenden Ge-
menge wurde der letzte Rest des Quecksilbers unter Zusatz von heißer
Asche mit durchlöcherten Kratzen herausgearbeitet.

Bei den vergleichbaren Öfen von Huancavelica in Peru dauerte das
Feuern 8–10 Stunden; am folgenden Tage hielt man den Ofen noch geschlossen, da der Zinnober von selbst brannte. Am nächsten Tag wurde
der Ofen geöffnet, um ihn abkühlen zu lassen. Am vierten Tag wurde er
entladen und neu beschickt. Der erste Tag hieß „dia de cochura" (Tag
des Brennens), der zweite „dia de brasa" (Tag des Glühens) und der
dritte „dia de enfrio" (Tag der Erkaltung). Die Schmelzkampagne dauerte jedes Jahr etwa 6 Monate und war meist am 1. Mai beendet, weil im
Sommer die Tagestemperaturen zu hoch waren, um das Quecksilber
effektiv kondensieren zu lassen.

Neben den beiden Öfen innerhalb des Grubenbezirkes von San Teo- T 20 b
doro in Almaden haben sich im benachbarten *Almadenejos* noch mehrere erhalten, die im wesentlichen nach demselben Schema gearbeitet
haben. Der französische Bergingenieur Frédéric Le Play berichtete im
Jahre 1834, daß in den Aufbereitungsanlagen von Almaden seit 1827
mehr als 1000 t Quecksilber produziert worden seien. Er sah auch die
schweren gesundheitlichen Schädigungen, welche die Arbeiter an den
Öfen erlitten.[25]

[25] Der in den Jahren 1782–1791 in Almaden tätige Bergdirektor Johann Martin
Hoppensack hatte die teilweise todbringenden Arbeitsverhältnisse herunterzu-
spielen versucht und berichtet, daß die Erkrankungen der Bergleute und Aufbereiter durch Trinken von frischer Milch und Einatmen von frischer Luft im
Sommer hätten bekämpft werden können. Le Play berichtete demgegenüber:
„Die Freude, welche der Bergmann bei seiner Arbeit hat, ist leider nicht unge-
trübt: Das Quecksilber besitzt auf die Gesundheit der Arbeiter den verderblich-
sten Einfluß. Man kann sich des schrecklichen Gefühls und des ehrlichen Bedau-
erns nicht erwehren, wenn man den Eifer sieht, mit dem diese jungen, kraftstrot-
zenden und gesunden Menschen sich grausame Krankheiten und oft auch einen

Aus dieser Beschreibung wird deutlich, daß sehr wohl technische Denkmäler Rückschlüsse über die angewandten Aufbereitungsprozesse zulassen. Bemerkenswert dabei erscheint, daß diese Aufbereitungsvorgänge in jeder Anlage je nach der anzutreffenden Qualität des Minerals unterschiedlich gestaltet werden mußten, da kein Erz, kein Rohstoff in seiner Zusammensetzung dem anderen gleich ist. Theoretisch lassen sich dadurch sogar Hinweise auf die Lagerstätte gewinnen.

Aber auch bei den eigentlichen Bergbauarchitekturen stehen Baulichkeiten und Lagerstätte in einem bestimmten Verhältnis zueinander, das in ganz entscheidendem Ausmaß durch die Tiefe der Lagerstätte gekennzeichnet ist. Entsprechend der erreichten Teufe der Schächte steigt die Höhe der *Fördergerüste* bzw. der -türme, eine Proportion, die aufgrund der ingenieursmäßig und verfahrenstechnisch bekannten Entwicklung zu einer historischen Klassifizierung z. B. der Fördergerüste und -türme geführt hat. Beim Fortschreiten des *Bergbaus im Ruhrgebiet* von Süden nach Norden mußten immer größere Teufen erreicht werden: Konnte man im Wittener Raum noch um das Jahr 1800 auf den oberflächennahen Flözen bauen, ohne Schächte abteufen zu müssen, so war man um die erste Hälfte des 19. Jh. im Bochumer und Essener Raum nördlich der Ruhr bereits gezwungen, Tiefbauanlagen anzulegen.[26] Heute bewegt sich der Bergbau immer stärker nach Norden auf die Münsterländer Bucht zu: Teufen von 1200 m sind bald keine Seltenheit mehr. Entsprechend hat sich die architektonische Gestalt der Schachtanlagen verändert: Zunächst beherrschten die niedrigen Schachtgebäude das Bild der Tagesanlagen, dann kamen jene machtvol-

T 11a,
62

frühzeitigen Tod einhandeln" (vgl. Johann Martin Hoppensack, Bericht über die Königl. Spanischen Silber-Bergwerke zu Cazilla und Guadalcanal in der Provinz Estramadura und Plan zur Errichtung einer Königl. Spanischen Bergwercks-Compagnie, o. O., 1796. – Ferner: Frédéric Le Play, Itinéraire d'un voyage en Espagne, précédé d'un aperçu sur l'état actuel et sur l'avenir de l'industrie minérale dans ce pays, in: Annales des mines, 3. Serie, Bd. V, 1834, S. 196–200).

[26] Zum Bergbau im Wittener Gebiet vgl. Gustav Adolf Wüstenfeld, Frühe Stätten des Ruhrbergbaus, Witten 1975. – Bruno Sobotka, Witten – Wiege des Ruhrbergbaus, Witten 1980. – Vgl. auch Kurt Pfläging, Die Wiege des Ruhrkohlenbergbaus, Essen 1978.

len *Malakofftürme* auf, die bisweilen Mauerstärken von 230 cm (!) be-   T 58–
saßen, die ihrerseits dann ab etwa 1870 den stählernen Fördergerüsten   60
wichen, weil die Teufen immer größer und die Lasten immer schwerer
wurden. Daß Malakofftürme fast ausschließlich im Bereich der Stein-
kohlenlagerstätten auftauchen, belegt das enge Verhältnis zwischen
Lagerstätte, Teufe, Architektur und technischem Entwicklungsstand.
Die Lagerstätte hat auch Einfluß auf die eingesetzten technischen
Verfahren innerhalb eines Bergbaus auf ein bestimmtes Mineral: Die
westdeutschen Salzlagerstätten unterscheiden sich im wesentlichen dadurch, daß im hessischen Bereich flachgelagerte, mächtige Flöze, im
norddeutschen, hannoverschen Raum aber stark gefaltete Salzlager auftreten, wobei letztere aber einen gegenüber den hessischen Salzen höheren Kaligehalt aufweisen. Es ist klar, daß man in den flach gelagerten
Flözen einen großzügigeren maschinellen Abbau durchführen kann als
in einem stark verfalteten Lager, in dem man sorgfältig zwischen ab-
bauwürdigen und beibrechenden Mineralien unterscheiden muß. Entsprechend kostenintensiver ist letztgenannter Bergbau, wodurch angedeutet ist, daß auch Beziehungen zwischen der Lagerstätte und wirtschaftlichen Erwägungen bestehen. Dies wird ganz deutlich im Falle des
westdeutschen Erzbergbaus, der nur noch in ganz geringem Umfang
betrieben wird, weil ausländische Erze billiger und auch reichhaltiger
angeliefert werden können. Im Rahmen der Autarkiebestrebungen des
Deutschen Reiches nach 1933 verhielt es sich genau umgekehrt: Damals
prospektierte man fast jede ehemals abgebaute Lagerstätte nochmals
und nahm an vielen Stellen den alten Bergbau wieder auf, um von Rohstofflieferungen des Auslands unabhängig zu sein.
Dies mag das Beispiel des *Eisenerzbergbaus im Salzgittergebiet* verdeutlichen. Nach der Mitte des 19. Jh. entstand dort die Ilseder Hütte
in Peine als Hüttenwerk, das eigene Gruben in Bülten-Adenstedt, Len-
gede-Broistedt und in Dörnten besaß. Nach 1933 entstanden durch
einen politisch-wirtschaftlichen Entschluß der Reichsregierung die
Bergwerksanlagen und das Hüttenwerk der Reichswerke Hermann Göring, womit in einer ehemals armen Region ein ungeheurer Industrie-
aufbau vor sich ging, der eine vollkommene Umgestaltung auch der
sozialen Bedingungen der ansässigen Landbevölkerung mit sich brachte: Neue Arbeiter mußten angeworben werden, Siedlungen wurden er-
stellt, Umsiedlungen und Enteignungen mußten durchgeführt werden,

große, landwirtschaftlich nutzbare Flächen wurden in Erztagebaue umgewandelt usw. Dies zeigt, daß die Ausbeutung von Lagerstätten Einwirkungen bis in den Bereich des Individuums haben kann.[27] Die wenigen im Salzgittergebiet noch erhaltenen technischen Denkmäler aus jener Zeit erinnern an diese Zusammenhänge zwischen Lagerstätte, Unternehmensentwicklung, staatlichem Dirigismus und architektonischer Ausdrucksform.

e) Technische Denkmäler als Informationsträger für rechtliche und juristische Verhältnisse

Die in den Jahren 1964–1966 unter der Leitung von R. Schindler in
T 21, Zusammenarbeit mit dem Deutschen Bergbau-Museum Bochum und
22 a jüngst vom Bergwerk Ensdorf unter der Leitung von Moritz Rauber unternommenen Ausgrabungen und Sicherungsarbeiten im *Wallerfanger Ortsteil St. Barbara* (Saarland) haben wichtige Aufschlüsse über den *römischen Kupferbergbau* ergeben. Seit dem Jahre 1859 war an einer Felswand des Hanges zum sog. Blauloch eine Inschrift bekannt: INCEPTA OFFICINA EMILIANI NONIS MART. Nach Abschluß der Grabungen lag ein 19 m langer Stollen frei, der bei 12 m einen verbrochenen Schacht enthielt; außerdem ein etwa 1,5 m langer Seitenstollen, der hinter dem Schacht auf den Hauptstollen traf. 3,8 m vor dem Mundloch war ein 7,5 m tiefer Schacht abgeteuft, von dessen Sohle aus, etwa der Richtung des oberen Stollens folgend, eine 15 m lange Strecke abging. Vor dem Mundloch erstreckt sich eine große, bislang noch nicht untersuchte Halde.

Z 14   Der Hauptstollen besitzt eine in den Fels gehauene Rinne für die Wasserlösung; diese war mit Platten abgedeckt gewesen. Der Stollen war im Querschnitt trapezförmig aufgefahren worden, die Abmessungen betrugen etwa 110 cm in der Breite und 180 cm in der Höhe. Der

---

[27] Vgl. Carl-Hermann Colshorn, Die Gründung eines Industrieunternehmens in agrarischer Umgebung, in: Der Anschnitt 31, 1979, Heft 5, S. 166–176. – Matthias Riedel, Vorgeschichte, Entstehung und Demontage der Reichswerke im Salzgittergebiet (= Technikgeschichte in Einzeldarstellungen, Nr. 4), Düsseldorf 1967.

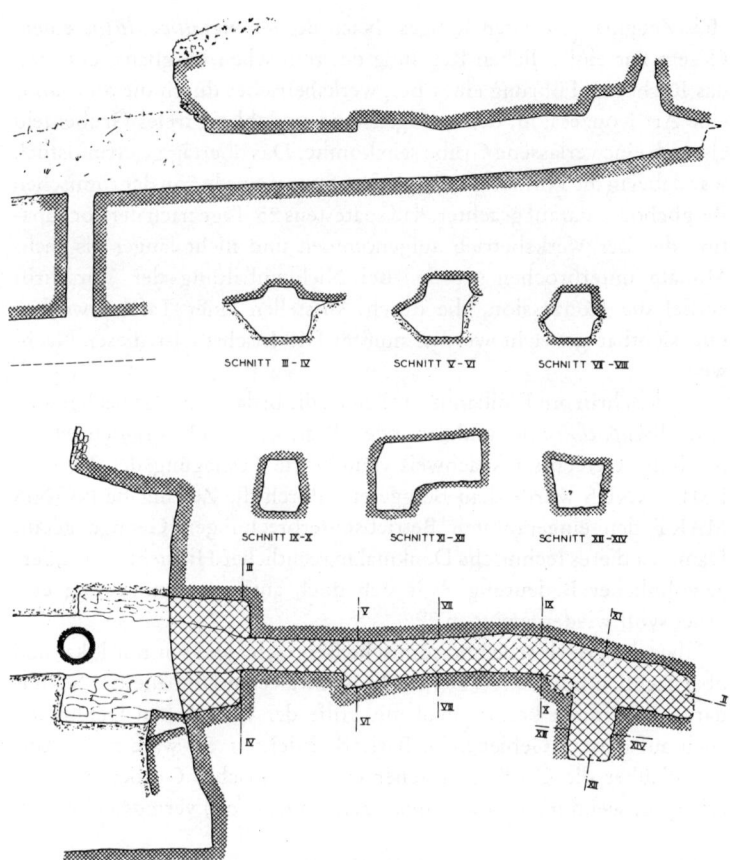

SCHNITT III – IV   SCHNITT V – VI   SCHNITT VII – VIII

SCHNITT IX – X   SCHNITT XI – XII   SCHNITT XIII – XIV

Z 14   Wallerfangen, Ortsteil St. Barbara: Emilianus-Stollen.

Schacht vor dem Stollenmundloch war kreisrund und sehr regelmäßig nachgearbeitet; sein Durchmesser betrug 95 cm. Die zweite Sohle scheint nur ein Suchstollen gewesen zu sein, der aufgegeben wurde, als man nicht fündig wurde. Keramikscherben und einige Gezähereste deuten auf eine Datierung in das 3. Jh. n. Chr.

Hinsichtlich der Inschrift am Mundloch kommt dem Emilianus-Stollen besondere Bedeutung zu: Handelt es sich doch um ein bergrechtliches Zeugnis allerersten Ranges. Nach der *lex metallica dicta,* einem Gesetz zur einheitlichen Regelung des römischen Bergbaus, entstand das Recht zur Führung eines Bergwerksbetriebes durch die *occupatio,* eine Art Konzession, deren Gegenstand sowohl ein freies Grubenfeld als auch eine verlassene Grube sein konnte. Das übertägige Grundstück war dabei in die Nutzung einbegriffen: Streng wurde von der römischen Bergbehörde darauf geachtet, daß spätestens 25 Tage nach der „occupatio" der Bergwerksbetrieb aufgenommen und nicht länger als sechs Monate unterbrochen wurde. Bei Nichteinhaltung der Vorschrift verfiel die Konzession, die durch Aufstellen einer Tafel erworben und sichtbar gemacht werden mußte: Die Inschrift ist dieser Nachweis.

Die Inschrift am Emilianus-Stollen ist die bislang einzige nachgewiesene *Okkupationstafel* und damit der älteste gesetzlich vorgeschriebene römische Gerechtsamsnachweis: Durch die Festlegung des Namens EMILIANUS wurde dem Berggesetz, durch die Zeitangabe NONIS MART den eingeräumten Betriebsunterbrechungen Genüge getan. Damit ist dieses technische Denkmal in rechtlicher Hinsicht von außergewöhnlicher Bedeutung, läßt sich doch antike Gesetzgebung eindrucksvoll wiedergewinnen.[28]

Über das griechische und römische Bergrecht sind wir nur lokal und oberflächlich informiert; Bergrecht ist zwar eine Domäne der Sekundärquellen, doch könnte man mit Hilfe der technischen Denkmäler auch auf diesem Gebiet noch Basisarbeit leisten: So wäre z. B. Aufschluß über die Größe römischer und griechischer Grubenfelder zu erlangen, wenn man diese einmal (z. B. in *Laurion*) vermessen würde.

Aber auch für den mittelalterlichen Bergbau lassen sich Aussagen machen: So war es z. B. möglich, anhand der ausgegrabenen Bergbausiedlung am Altenberg im Siegerland einen sog. Eigenlehenbergbau

[28] Zum Wallerfanger Emilianus-Stollen vgl. Hans Günther Conrad, Der römische bergbauliche Gewinnungsbetrieb, erläutert am Beispiel der Emilianus-Stollenanlage bei Wallerfangen/Saar, in: Erzmetall 21, 1968, S. 132 f. – Ders., Römischer Bergbau. Erläutert am Beispiel des Emilianus-Stollens bei Wallerfangen/Saar, in: 15. Bericht der staatlichen Denkmalpflege im Saarland. Beiträge zur Archäologie und Kunstgeschichte, Saarbrücken 1968, S. 113 ff.

nachzuweisen, der nach bestimmten Normen erfolgt und betrieben
worden ist.

Im Siegerländer Sagengut hat sich die Geschichte einer reichen Berg- T 22 b,
baustadt auf dem sog. Almerich erhalten, einem Ort, der mit dem   23
Altenberg bei Müsen (heute ein Ortsteil von Hilchenbach) identisch ist.
Diese alte Bergstadt soll wegen des Übermutes ihrer Einwohner zugrunde gegangen und zerstört worden sein. Untersuchungen innerhalb
der letzten zehn Jahre ergaben, daß sich in der Sage ein wahrer Kern
verbarg. Diese Forschungen, die mit Ausgrabungen verbunden waren,
wurden von ortsansässigen Heimatfreunden begonnen, vom Landeskonservator Westfalen-Lippe fortgesetzt und – was die bergmännischen
Aufwältigungsarbeiten anbetraf – vom Deutschen Bergbau-Museum
Bochum durchgeführt.

Ausgangspunkt der Untersuchungsarbeiten waren Spuren im Gelände und jene erwähnte sagenhafte Überlieferung; auf dem 490 m hohen Bergsattel zwischen dem Kindelsberg und der Martinshardt im
Süden und dem Ziegenberg im Norden befand sich beiderseits einer
Paßstraße von Hilchenbach-Müsen nach Kreuztal-Littfeld ein *Pingen-
gelände*. Bezeichnenderweise ist es auch heute noch weitgehend baum-
frei und nur von Heidekraut und Heidelbeeren bewachsen. Manche der
Pingen gaben sich durch ihre beträchtliche Tiefe, steile Böschung und
die Ringhalden als verstürzte Schächte zu erkennen, andere als flache
Gruben stammten von in den Boden eingetieften Häusern. Die Unter-
suchungsergebnisse haben für das 13. Jh. insofern eine große Bedeutung, als sie die wenigen aus den gleichzeitigen Bergordnungen bekannten Informationen ergänzen und 300 Jahre vor der ältesten Bergbaulite-
ratur der beginnenden Neuzeit (Georg Agricolas „De re metallica",
1556) in anschaulicher Weise Aufschluß über Organisation und Technik
des damaligen Silberbergbaus geben, der an dieser Stelle noch bis zum
Jahre 1914 umgegangen war und von dem noch – außer dem Gedenk-
stein – die hohen Abraumhalden zeugen.

Markanter Blickpunkt des Geländes sind die wiederaufgemauerten
Reste eines ehedem turmartigen Bauwerkes; massives Steinmauerwerk
umschloß unten einen wahrscheinlich mehrstöckigen Fachwerkwohn-
turm, wovon der rekonstruierte hölzerne Aussichtsturm eine Vorstellung geben soll. Teilweise führte um den Hügel ein Spitzgraben herum.
An dieses Hauptgebäude war im Osten ein unterkellertes Haus ange-

baut worden: Wahrscheinlich saß hier ein aufsichtführender Bergamts-
verweser aus einer ritterlichen Familie. Die anderen zahlreichen Häuser
waren wesentlich einfacher erbaut worden: Es überwogen rechteckige,
einräumige Steinkeller, in die man von außen durch eine Treppe ge-
langte und deren Mauern – manchmal mit einem Kellerloch – einhäuptig
gegen das umgebende Haldenmaterial gesetzt worden waren. Diese
Keller dienten offensichtlich der Erzlagerung, wie Erzhaufen bewiesen.
Daneben wurden auch mehrere Häuser mit Flecht- oder Holzbohlen-
wänden ausgegraben. Als Oberflächenbauten hatten sie meist einen
größeren Flächeninhalt als die eingetieften Kellerbauten; in einem dieser
Häuser wurden Reste eines Kachelofens gefunden, was die Vermutung
bestätigte, daß auf dem Altenberg ganzjährig gesiedelt, gearbeitet und
Bergbau betrieben wurde. Die Bergleute wohnten offenbar mit ihren
Familien dort; Spinnwirtel und zahlreiche Lederreste, Teile von Schu-
hen usw. belegten dies und wiesen darüber hinaus auf das Vorhandensein von Frauen hin. Für den Bergbau waren einige Zulieferbetriebe
notwendig, was aus der Existenz von einem Röstofen für die Erze, einer
Schmiede und einer Schusterwerkstatt hervorgeht.

Im Winkel zweier Erzgänge zwischen Grauwacke und Tonschiefer
ging im 13. Jh. der Bergbau auf stark silberhaltigen Bleiglanz um. Die
Lagerstätte wurde durch Schächte ausgebeutet. Als die Untersuchungsarbeiten im Jahre 1971 begannen, hatte man zur Freilegung eines derartigen Schachtes eine Pinge ausgewählt, die voll Wasser stand und von
der man annehmen konnte, daß seit langem nichts verändert worden
war. Nachdem man das Schachtmundloch in einer Fläche von 2,4 m auf
2,5 m freigelegt hatte, begannen die Freilegungsarbeiten, wobei es sich
zeigte, daß sich die beträchtliche Größe des Schachtquerschnittes immer mehr reduzierte, daß die Schachtwände immer weniger senkrecht
blieben und daß es bald klar wurde, daß man einen gewundenen, mit
nur geringem Aufwand abgeteuften Schurf freigelegt hatte: Der alte
Bergmann hatte sich nicht die Mühe gemacht, harte Felsknauer zu
zerschlagen und herauszufördern, sondern seinen Schacht einfach an
diesen Knauern vorbeigeführt. Der Schacht endete eng und schmal in
16,5 m Tiefe.

An einer anderen Stelle erwiesen sich die Arbeiten indessen als erfolg-
reicher. Die Siedlungsgrabungen hatten in einem Keller neben der
turmartigen Zentralanlage eine Zimmerung aus senkrechten Bohlen und

waagerecht angeordneten Balken freigelegt, die man anfänglich für eine Brunnenauskleidung im Keller eines Hauses halten konnte. Als man die T 23 b ersten Meter dieses „Brunnens" freigelegt hatte, wurde immer deutlicher, daß man einen alten, in seiner Zimmerung vollständig erhaltenen Schacht angetroffen hatte: Die Stelle, an der dieser Schacht niedergebracht worden war, lag zwar im Erzgang, aber das Gestein war sehr mürbe und zu Ton verwittert, so daß die alten Bergleute gezwungen waren, die nachgiebigen Schachtwände mit einer stabilen Zimmerung aus Eichenhölzern abzufangen. 2 m lange Bohlen standen senkrecht und wurden von bahnschwellenstarken Balken nach außen gedrückt. Letztere lagen horizontal und waren an den Enden miteinander verzapft. Die senkrechten Verzughölzer waren nun derart zwischen die Rahmenhölzer gesteckt worden, daß sie mit ihrem oberen Ende jeweils den Rahmen nach außen drückten, während sie mit ihrem Mittelteil den Rahmen darunter nach innen preßten, wo er wiederum vom Kopfende der Verzughölzer nach außen gedrückt wurde. In der gesamten Zimmerung gab es weder hölzerne noch eiserne Nägel: Alles hielt durch Druck, Klemmen und Verzapfen! Nachdem man etwa 15 m dieses Schachtes freigelegt hatte, entdeckte man eine nach Nord-Nordosten abgehende Strecke, die vom Gebirgsdruck trapezförmig zusammengedrückt worden war. Sie war nur etwa 1 m hoch und 50 cm breit gewesen. Gegen das gebräche, faule Gebirge wußten sich die Alten nur den einzigen Rat, schwere, halbrunde Stempel dicht an dicht zu setzen und Firstenkappen und Sohlbretter als Abstandshalter mit den Stempeln zu verzapfen, um ein Zusammengehen der Strecke zu verhindern. Leider konnte man 1975 aufgrund der drohenden Einsturzgefahr die alte Strecke nur knapp einen Meter weit freilegen.

Ende des Jahres 1976 konnte dann in über 18 m Tiefe eine 2. Strecke freigelegt werden: Hier, auf der zweiten Sohle, waren die Bergleute wahrscheinlich fündig geworden, denn beim Abteufen fand sich im festen Anstehenden eine dünne, schnurartige Bleiglanzvererzung in Quarzklüftchen. Darüber hinaus war diese zweite Strecke entlang der Firste noch teilweise frei, so daß man in ein etwa 2 m weites Abbauort rd. 6 m tief hineinschauen konnte. Leider mußten auch hier die Freilegungsarbeiten aufgrund der schwierigen, sicherheitsbedrohenden Gebirgsverhältnisse in einer Tiefe von rd. 21 m aufgegeben werden, ohne daß man das Schachttiefste erreicht hatte. Das Füllmaterial dieses

T 22 b Schachtes 2 war größtenteils steril; die wichtigeren Funde waren wieder Textil- und Lederreste, Fragmente eines Holztroges und vier kleinere Holzkugeln. Diese Kugeln sollten sich noch als wichtige Funde erweisen.

Als sich die Arbeiten an einem 3. Schacht als wenig erfolgreich erwiesen hatten, wurde seit 1974 auch am Schacht 4 gearbeitet. Nachdem
T 23 a man sich durch mehr als 2 m starkes, keramikreiches Haldenmaterial gegraben hatte, konnte 1976 der Schachtquerschnitt genau lokalisiert werden. Von zunächst etwa 2 m auf 1,6 m in unregelmäßig eckigem Format reduzierte sich der Schacht in etwa 4,5 m Tiefe auf fast quadratische 1,2 m. Dieser enge Schachtquerschnitt bleib in zunehmender Teufe nahezu gleich, war jedoch leichten Verwindungen und Abweichungen aus der Senkrechten unterworfen, da die Bergleute Klüfte im Gestein berücksichtigt hatten. Der Schacht stand zunächst in recht festem, gelbem Tonschiefer, so daß die Alten nahezu ohne Holzausbau ausgekommen waren: Lediglich einmal war ein umlaufender Rahmen aus dünnen Brettern eingebracht worden. Bis 1979 wurde dieser Schacht 4 dann noch bis in rd. 20 m Tiefe freigelegt; weitere Holzverzimmerungen wurden beobachtet, der Abgang einer Strecke in östlicher-südöstlicher Strecke erwies, daß die Bergleute tatsächlich bleiglanzhaltiges Gestein abgebaut hatten, und schließlich traf man im Füllmaterial auf größere Fundkonzentrationen als im Schacht 2. Besonders häufig kam Leder zutage, aber auch Textilreste, Knochen und Keramik wurden gefunden. Zwischen den Verzugshölzern und Rahmen der erwähnten Strecken fand sich ein Kuhhorn, das an der Spitze durchbohrt und mit einem geschnitzten Wulst versehen war – vermutlich handelte es sich um ein Berghorn, wie es in größeren Abmessungen z. B. auch aus dem prähistorischen Salzbergbau von Hallstatt bekannt geworden ist.

Die Verhüttung der vor 700 Jahren auf dem Altenberg gewonnenen Erze stellte ein ungelöstes Problem dar, da auf dem Berg selbst zuwenig Schmelzreste gefunden worden waren. Deshalb wurde seit 1976 am Abhang des Altenbergs eine Halde in einem Bachbett durchgraben; im Verlauf der Grabung zeigte sich dann, daß um 1200 n. Chr. dort Buntmetallerze verhüttet worden sein mußten. Offenbar hatte man diesen Platz als Verhüttungsstelle ausgesucht, da man dort über Wasser verfügte. Keramikreste belegten das oben angegebene Datum.

Diese bergbauarchäologischen Untersuchungen haben wichtige, neue Erkenntnisse zur Bergbautechnologie und -organisation des 13. Jh. im Siegerland ergeben. Zunächst war jener Befund wichtig, daß bei einem Haus die Reste eines Schachtes angetroffen wurden: Diese Kombination von Haus und Schacht, die im weiteren Verlauf der Grabung noch mehrfach angetroffen wurde, belegt, daß zu jener Zeit die Bergleute ihre eigenen Gruben betrieben, eine Tatsache, die auch aus dem Bergbaurevier des Harzes bekannt ist: Dort hatte das Montanwesen früh in den Händen privater Kleinunternehmer in Gestalt eines Eigenlehenbergbaus gelegen, welche bei aller Freiheit auch das alleinige unternehmerische Risiko trugen. Der turmähnliche Bau auf dem höchsten Punkt des Bergpasses am Altenberg scheint darauf hinzudeuten, daß der Landesherr hier seinen Vogt sitzen hatte, der für die Abgabeneinziehung zuständig war: Somit lassen sich anhand der technischen Denkmäler des frühen Siegerländer Erzbergbaus bergrechtliche Verhältnisse und Organisationsformen wie Eigenlehenbergbau nachweisen.[29]

---

[29] Vgl. Wilhelm Müller (Bearb.), Ich gab dir mein Eisen wohl tausend Jahr... Beiträge zur Geschichte, speziell zur Wirtschafts- und Kulturgeschichte des Bergbezirks Müsen und des nördlichen Siegerlandes, Siegen 1979, S. 88. – Zu den Ausgrabungen auf dem Altenberg in Müsen vgl. Claus Dahm, Die Bergbausiedlung Altenberg. Entdeckung und Erforschung der mittelalterlichen Wüstung auf dem „Almerich", in: Müller (1979), S. 89–97. – Gerhard Scholl, Zur Geschichte der Wüstungen Altenberg und Heiminghausen, in: Siegerland 42, 1965, S. 58 ff. – Gerd Weisgerber, In Pingen und Schächten des 13. Jahrhunderts. Die Erforschungen des hochmittelalterlichen Bergbaus auf dem Altenberg bei Müsen, in: Müller (1979), S. 98–102. – Ders., Ausgrabungen des Deutschen Bergbau-Museums Bochum auf dem Altenberg 1979, in: Der Anschnitt 32, 1980, S. 224. – Werner Kroker, Bericht über die Grabung auf dem Altenberg, in: Erzmetall 25, 1972, S. 142 f. – C. Dahm, Die mittelalterliche Bergbausiedlung Altenberg. In: Siegerland 1973. – U. Lobbedey, Kurze Berichte über Ausgrabungen, in: Westfalen 50, 1972, S. 11 f. – Altenberg. Geschichte und Archäologie einer mittelalterlichen Bergbausiedlung im Siegerland, hrsg. v. Heimat- und Verkehrsverein Müsen, Müsen 1971. – Die Bergbausiedlung Altenberg, hrsg. v. Verein Altenberg, Müsen 1978.

Neben diesen Gesichtspunkten haben die Ausgrabungen auch einiges zu den Lebensumständen der Bergleute aussagen können. Auf die verschiedenen Werkstätten der Leder- und Textilbranche war schon hingewiesen worden. Die kalte, regnerische Witterung auf diesem hohen Punkte des Siegerlandes machte eine Heizung der Hausbauten nötig; davon legt der gefundene Kachelofen Zeugnis ab. Ein mit Holz ausgekleideter Kasten in einem Hause mag eine Art „Kühlschrank" oder kühle Lebensmittelkammer gewesen sein. Die weitaus umfangreichsten Erkenntnisse aber wurden zur Bergbautechnologie gefunden; Schachtzimmerungen des hohen Mittelalters waren bis zu jener Ausgrabung weitestgehend unbekannt. Die dendrochronologische Untersuchung der einzelnen Rahmenhölzer wird es erlauben, den Fortschritt der Teufarbeiten exakt Rahmen für Rahmen anzugeben. Damit wird man dann genau aussagen können, wie lange die Bergleute des 13. Jh. zum Abteufen ihrer 20 m tiefen Schächte benötigt haben. Außerdem beeindrucken und befremden die geringen Ausmaße der Schächte und Strecken, die kaum an ein effektives Arbeiten denken lassen.

Aber auch in kulturgeschichtlicher Hinsicht haben die Ausgrabungen auf dem Altenberg bemerkenswerte Ergebnisse gebracht, Ergebnisse, die man zunächst bei einer Bergbaugrabung kaum erwarten würde. Schon mit Beginn der Grabung kamen in den Häusern und Kellern häufiger kleine konische Holzstückchen zutage; auch Holzkugeln bzw. Fragmente davon wurden angetroffen. Nachdem man dann noch in dem Schacht 2 eine große, vollständig erhaltene Holzkugel gefunden hatte, wurde es klar, daß man mit diesen Holzgegenständen ein Kegelspiel gefunden hatte – die Altenberger Kegel und Kugeln stellen heute das älteste Beispiel dieses Spieles überhaupt dar.

Daß aber ein Kegelspiel im bergmännischen Zusammenhang erscheint, verwundert zunächst doch sehr. Eine Beschäftigung mit diesem Spiel – unter besonderer Berücksichtigung der bergbaulichen Zusammenhänge – ergibt nach Weisgerber ein erstaunliches und faszinierendes Bild. Es gibt bislang keine älteren Belege für das Spielen mit Kegeln als um 1265 n. Chr. Die ältesten Nachweise stammen aus Deutschland, und es scheint sich um eine volkstümliche Erfindung des hohen Mittelalters zu handeln, obgleich Zielwurfspiele damals auch in anderen Ländern sehr beliebt waren, in England z. B. aber mit Stecken oder Knochen gespielt wurden. Die wohl älteste Erwähnung des Kegelns kommt im 13. Jh. aus Xanten: Dort waren Bürger der Stadt und Kanoniker in einer Kegelgilde zusammengefaßt, die 1265 als „fratres Kegelorum" erstmals genannt wurde. Diese „Kegelgilt" hatte ihre Kegelbahn innerhalb der Domimmunität und spielte hinter dem Ostchor des Xantener Domes, wobei sich die Kanoniker begeistert am Kegelspielen beteiligt haben sollen. Zwar hatten die Kapitelstatuten festgesetzt: „Kein Kapitular soll die Wirtshäuser besuchen, noch Würfel oder Kegel spielen", aber bereits im 15. Jh. hatte jemand an den Rand geschrieben: „Der war nicht klug, der diesen Satz gegen das Kegelspiel in die Statuten hereingebracht hat, denn es ist eine anständige Übung des Körpers, dessen sich heilige und fromme Männer als Erholung bedienen."

Ab dem 14. und 15. Jh. wird dann das Kegelspiel häufiger genannt, wobei Kegeln und Kegler in schlechtem Ruf standen: Kegelverbote tauchen öfter in Polizeiverordnungen auf. Schon 1335 erließ der Rat der Städte Berlin und Cölln eine amtliche Bekanntmachung, daß „niemand höher kegeln oder würfeln dörfe als um 5 Schillinge", und „rovere (Räuber) und keghelere (Kegler)" durften im frühen 14. Jh. in Braunschweig nicht lange verweilen. Auch außerhalb des Deutschen Reiches wurde das Spiel verboten: 1370 untersagte es in Frankreich König Karl V. wegen der unmäßig hohen Wetten. Aber schon 1421 wurden in einem Züricher Ratserlaß überdachte Bahnen in Häusern genannt und das Spiel erlaubt.

Wohl einsehend, daß dieses Volksspiel in den deutschen Territorien langfristig und erfolgversprechend nicht zu verbieten war, erlaubten seit dem 15. Jh. einige Städte das Spiel auf Antrag bei festgesetzten Höchsteinsätzen: Nach Verboten in den Jahren 1443 und 1447 gestattete Frankfurt im Jahre 1468 das Spiel bei Beschränkung des Einsatzes auf einen Heller. Allmählich gewann das Kegelspiel größeres Ansehen und wandelte sich vom Wettspiel um Geldgewinne mehr und mehr zum „Volkssport". Am deutlichsten werden dieser Wandel und der nicht mehr aufzuhaltende Siegeszug bei Johann Fischart deutlich, der im Jahre 1575 Singen, Jauchzen, Kegeln und Tanzen zum Ausdruck großer Freude zählte, oder wenn es zeitgenössisch genüßlich hieß: „Sich an einem Stucke Pöckelfleisch sattessen, eine Kanne Dukstein daraufsetzen und nach der Mahlzeit zur nötigen Leibesbewegung eins kegeln."

Die gefundenen Altenberger Kegel unterscheiden sich nun ganz erheblich von den heute bekannten Formen. Aber bereits der Ausdruck „Kegel" erklärt in seiner ursprünglichen Bedeutung diese Gestalt: Der Altenberger Kegel hat die Form eines geometrischen Kegels mit leicht nach außen gewölbtem Mantel. Diese Form entsprach offensichtlich der allgemeinen Form der frühen Spielkegel. Nur so wird erklärlich, daß diese in spätmittelalterlichen, lateinischen Texten als „pyramida", „pyramen" und das Kegelschieben als „pyraminare" bezeichnet werden.

Die Kugeln und Kegel vom Altenberg stellen – wie erwähnt – das älteste überhaupt in Deutschland gefundene Kegelspiel dar; es scheint kein Zufall zu sein, daß sie in einem bergmännischen Zusammenhang entdeckt wurden.

Bergmännische Kegelspiele kommen im überlieferten Sagengut hauptsächlich in drei Zusammenhängen vor, und zwar als Anzeichen reichen Erzvorkommens, als das sog. Grausige Kegelspiel und schließlich als Ausdruck des Übermuts von Bergleuten. Damit schließt sich zugleich der Kreis zu der anfangs erwähnten Sage vom Altenberg und vom Untergang der Bergbaustadt. Der vielen Sagen gemeinsame Part des Übermutes der Bergleute, ihrer Verschwendungssucht, ihrer Grausamkeit und des plötzlichen, unerwarteten Endes des Bergwerkes wird auf

die völlig andere soziale Stellung der Knappen gegenüber jener der ansässigen
Bauern zurückzuführen sein, die im Tal saßen und arm waren, aber auf die
Knappen auf der Paßhöhe mit Argwohn hinaufsahen. Die Bauern tradierten die
Sagen und gaben ihnen eine Wertung aus ihrer Sicht. Im Gegensatz zu den Bauern waren die Knappen nicht leibeigen: Sie waren freizügig, hatten Freizeit, besaßen mehr Bargeld, durften Waffen tragen, Fische und Vögel fangen, alles
Dinge und Privilegien, die sich in einem andersartigen Lebensgefühl und Lebens-
stil niederschlugen und als „lockerer Lebenswandel" das Verhältnis zu den Bauern belastet haben mußte. Daher könnte das oft schlechte Licht rühren, in dem
die Bergleute in den Sagen erscheinen. Hinzu kommt, daß die Bauern unter der
Bergfreiheit der Knappen zu leiden hatten, wie es sich in einer Sage aus Wilgers-
dorf im Siegerland erhalten hat: Dort wurden die Grubenleute immer reicher und
frevelten immer häufiger, während manche Bauern immer tiefer ins Elend gerie-
ten, weil die Bergleute alles mit „ihrem Wühlen und Fahren" verwüsteten. In der
Sage von den Beuthener Silbergroschen, wo die Roßberger Bauern zwei Geistlichen zu Hilfe kamen, die von den Knappen fast ertränkt wurden, spiegelt sich
dann dieser Antagonismus augenfällig: In dieser Sage ist beachtenswert, daß die
Bauern im Unterschied zu den Bergleuten als die Guten und Braven erscheinen
und dafür belohnt werden. Auch in dieser Dimension zeigt sich das Spannungs-
verhältnis zwischen den überlieferten Ordnungen – hier repräsentiert durch die
kirchentreuen Bauern – und dem Element der Unruhe und der Widersetzlich-
keit, für das die Bergbautreibenden standen, immer standen und auch heute noch
stehen. Freiheit, Freizeit und Geld waren jedenfalls Voraussetzungen, ohne die
ein leidenschaftliches Frönen dem Kegelspiel als Glücks- und Wettspiel kaum
denkbar erscheint, von jedem besaßen die Bergleute mehr als die Bauern – zumindest zeitweilig. So läßt sich durch dieses Kegelspiel doch einiges über die
Lebensverhältnisse in der Bergbausiedlung auf dem Siegerländer Altenberg aussagen. Durch diese Aussagen gewinnt in unserer Vorstellung der Bergbaubetrieb
im 13. Jh. eine veränderte Plastizität: Man kann sich die Knappen vorstellen, die
dort tagsüber in die engen Schächte einfuhren, Erze schürften bzw. unter Tage
abbauten, diese zutage förderten und verschmolzen, immer beobachtet vom
Aufseher des Landesherrn, der die Förderung beobachtete, während die Frauen
dieser Knappen für das leibliche Wohl sorgten und wahrscheinlich auch beim
Klauben und Aussortieren der Erze beschäftigt wurden. Lebensmittel wurden
von den Bauern im Tal angekauft. Nach der Schicht aber muß es auf dem Altenberg zuweilen recht wüst hergegangen sein – anders sind die literarischen Über-
lieferungen und die Befunde in archäologischer Hinsicht nicht zu erklären. Wir
kennen noch alle die Berichte der amerikanischen Goldgräber aus dem Boom des
19. Jh. – wenn auch nicht unmittelbar vergleichbar, so läßt sich doch manche
Parallele erkennen. So kann Industriearchäologie helfen, Auskunft über Lebens-
und Arbeitsbedingungen schriftloser Jahrhunderte zu erlangen; selbst Einzel-

personen und Berufsgruppen sind unter Umständen faßbar, und ihr Handeln kann in Ausschnitten rekonstruiert werden.[29a]

Die Tatsache, daß die staatlichen Organe grundsätzlich Gesetze erlassen, welche die Bedingungen und Verhältnisse des Bergbaus regeln und lenken, belegt, daß man aus jeder Architektur und maschinellen Einrichtung Rückschlüsse auf die jeweils vorhandenen Rechtsgrundlagen ziehen kann. Dies erstreckt sich sowohl auf die Architekturen des Bergbaus wie auch auf die Vorschriften des Technischen Überwachungsvereins (TÜV) und seiner Vorläufer, die wasserwirtschaftlichen Regelungen hinsichtlich der Abwässer und hydrologischen Gegebenheiten beim Bergbau, auf die Erlasse im Umweltschutz, auf die Besitztums- und Eigentumsrechte, auf das Arbeitsrecht der Bergleute bei ihrer Arbeit und auf die Gesundheitsfürsorge: Die Anlage und Ausstattung der jeweiligen Produktionsanlage ist immer gewissen Normen unterworfen gewesen, die sich rückwirkend durchaus erkennen und wiedergewinnen lassen.

Nimmt man z. B. die *Gesamtanlage eines deutschen Steinkohlenbergwerks* und betrachtet dieses Ensemble als technisches Denkmal, so fällt auf, daß die Anlage zumindest immer über zwei Schächte verfügt und auch verfügen muß, da von der Bergbehörde ein zweiter Schacht als Ausgang in Notfällen unbedingt gefordert wird. Ausnahmen wurden nur in ganz bestimmten Fällen gestattet. Für den relativ jungen Kalisalzbergbau setzten die Oberbergämter eine derartige Regelung ebenfalls durch. Da die Kosten für das Abteufen von Schächten aber in der Regel sehr hoch lagen und oft die Mittel der Unternehmen übertrafen, war auch jene Regelung möglich, daß zwei Schachtanlagen mit nur einem Schacht miteinander durchschlägig gemacht wurden: So konnte jedes Bergwerk den Schacht der anderen Grube als zweiten Ausgang in Notfällen benutzen. Dieses Beispiel zeigt, daß man anhand eines technischen Denkmals die sog. *Zweischachtverordnung* wiedererkennen und nachweisen kann.

An der Gesamtanlage und Ensemblewirkung einer Steinkohlenzeche lassen sich aber darüber hinaus noch andere bergrechtliche Verordnun-

---

[29a] Zum gesamten Komplex des Kegelspielens und des bergmännischen Zusammenhangs vgl. die interessante Studie von Gerd Weisgerber, Kegeln, Kugeln, Bergmannssagen, in: Der Anschnitt 31, 1979, S. 194–214.

gen erkennen. Jedem Besucher einer Zeche fällt die gedrängte Kompaktheit der Gesamtanlage auf, daß z. B. die Nebenproduktenanlagen und die Kokerei auf engstem Raum innerhalb des Zechengeländes errichtet stehen. Dies hat seinen Grund darin, daß die Bergwerksunternehmen bemüht sind, diese Anlagen innerhalb des Zechengeländes zu haben, um sie der Aufsicht der Bergbehörde und nicht des Gewerbeamtes zu unterstellen. Bei der Wahl des Standortes für derartige Anlagen spielt also jener rechtliche Sachverhalt eine entscheidende Rolle, daß man nur eine Behörde als Entscheidungsinstanz auf dem Zechengelände haben will.

Und auch im Bau gewisser Einzelanlagen hat die Bergbehörde Verordnungen erlassen, die sich im äußeren Erscheinungsbild widerspiegeln. Die Höhe des Fördergerüstes richtet sich neben den Erfordernissen der Hängebank nach der Höhe der Förderkörbe und -gefäße sowie nach den bergbehördlichen Bestimmungen, die bei größeren Hauptseilfahrtsanlagen eine freie Höhe (d. i. die Entfernung zwischen dem Korb bei der höchsten betriebsmäßig vorkommenden Stellung und dem Prellträger) von wenigstens zehn Metern verlangen.

Auch können bisweilen *bildliche Darstellungen* Hinweise auf juristische Verhältnisse geben: Ein Blatt des sog. *Hausbuch-Meisters*,[30] das um das Jahr 1480 entstanden ist, zeigt eine Bergbaulandschaft mit verschiedenen Mundlöchern und unterschiedlichen Aktivitäten, die von der Aufbereitung der Erze bis zu Raufereien und Streitigkeiten um den aus dem Bergbau gewonnenen Erlös reichen. Aus den dargestellten Szenen ist klar ersichtlich, daß der sog. Hausbuchmeister in enger Berührung mit dem Bergbau gestanden haben muß, anders ist die exakte, detaillierte Kenntnis von Einzelvorgängen nicht zu erklären. Allein schon die Anordnung der einzelnen Mundlöcher im abgebildeten Bergmassiv belegt seine Kenntnisse über den Gangbergbau und die bergrechtlichen Verhältnisse, wobei im Eigenlehenbergbau von den Inhabern der Lehen eine Vielzahl von Stollen bzw. Schächten innerhalb der kleinen Grubenfelder angesetzt bzw. abgeteuft werden durften. Die

---

[30] Zum Hausbuchmeister vgl. A. Stange, Der Hausbuchmeister. Gesamtdarstellung und Katalog seiner Gemälde, Kupferstiche und Zeichnungen, Baden-Baden 1958.

Bezugnahme auf juristische Normen in den Bergordnungen, um Streitigkeiten beim Auffinden der Erzlager zu unterbinden bzw. zu regeln, zeigt am auffälligsten die Kampfszene des Vordergrundes. Auch im sog. *Kuttenberger Kanzionale*[31] befindet sich eine berg- T 24 rechtlich interessante und aussagekräftige Darstellung, bei der der Feudalherr als höchste Instanz den Verkauf der geförderten und aufbereiteten Erze überwacht, da die Gewinnung von Erzen ein Regalrecht war. In einer anderen Szene dieses um das Jahr 1480 entstandenen Titelblattes einer geistlichen Liedersammlung ist dargestellt, wie die Bergknappen beim Ausfahren aus dem Schacht abgetastet werden, ob sie nicht wertvolle Erzstufen in ihrer Kleidung versteckt haben. Und aus den Bergbüchern (z. B. denen um die Mitte des 16. Jh. entstandenen aus Schwaz) wissen wir, daß die Feudalherren den Bergleuten gewisse Privilegien eingeräumt hatten: So durften sie z. B. jagen, fischen oder Waffen tragen.[32]

f) Technische Denkmäler als Informationsträger für ökologische und klimatische Verhältnisse und Entwicklungen

In der jüngsten Vergangenheit ist die Bevölkerung immer wieder auf z. T. verheerende Umweltschäden aufmerksam gemacht worden, die von den unterschiedlichsten Industrien hervorgerufen worden sind. Daß derartige Beeinträchtigungen der Natur durch menschliche Aktivitäten so alt sind, wie Menschen eine Industrie betrieben haben, wird dabei oft übersehen. Auf die Abholzung ganzer Landstriche war bereits hingewiesen worden, z. B. die Lüneburger Heide für die *Saline in Lü-* T 25 *neburg* oder die spanische Mancha südlich von Madrid für die *Quecksil-* T 20 *berverhüttung von Almaden* (Im Falle von Almaden ist überliefert, daß im 18. Jh. jährlich bis zu 18000 Bäume aus der näheren und weiteren

---

[31] Zum Kuttenberger Kanzionale vgl. Christian Beutler, Bildwerke von der Gotik bis zum Barock, in: Der Bergbau in der Kunst (hrsg. v. Heinrich Winkelmann), Essen 1958, S. 72 ff.

[32] Zum Schwazer Bergbuch vgl. Beutler (1958), S. 74. – Ferner die Faksimile-Ausgabe (hrsg. v. Heinrich Winkelmann und der Gewerkschaft Eisenhütte Westfalia Lünen 1956).

Umgebung herangeschafft worden sind[33]). Ein besonders eindringli-
T 28 ches Beispiel soll mit den *vorgeschichtlichen Kupferverhüttungsplätzen
im Oman* etwas ausführlicher beschrieben werden.

Die Existenz einer Halde in einer Landschaft wird im allgemeinen
immer und mit Recht als eine unschöne Beeinträchtigung der ursprünglichen Natur begriffen. Derartige *Halden* sind oftmals aber die letzten
Zeugnisse ehemals umgegangenen Bergbaus und damit industriearchäologische Quellen allerersten Ranges, denn Halden sind bei weitem nicht
ausdrucks- und aussagefremde Objekte. Zunächst vermögen sie aufgrund ihres mineralogischen Charakters Aussagen über den ehemals
ausgeübten Bergbau zu machen: Wurde hier nach Bleierzen, Kupfer-
erzen, Kohle, Salz usw. gegraben? Auch die Form der Halden sagt etwas aus: Sind sie langgestreckt, kegelförmig oder oben gekappt (wie es
das preußische Berggesetz fordert, nicht aber das französische), oder
sind sie eingeebnet oder erodiert? Halden deuten oft auch auf einen vorgenommenen Aufbereitungsvorgang; so gehören sie zu den letzten
Zeugen des einst blühenden Blei-Zink-Bergbaus im Lahngebiet. Der
häufige Nachlesebergbau, wobei die Halden der Alten nochmals aufbe-
reitet wurden, sagt Wesentliches über die Aufbereitungsmethoden der
jeweiligen Zeit aus, ob man nur mit der Hand die Erze vom tauben Gestein geschieden hat oder ob bereits eine intensivere Aufbereitung, z. B.
mit einer Sink-Schwimm-Anlage bzw. einer Flotation, vorhanden war.
Mit diesen beiden Faktoren sind natürlich auch Aussagen über die abgebaute Lagerstätte verbunden.

Halden beeinträchtigen die von der Natur vorgegebenen Landschaften nicht nur durch ihre Gestalt. Der Bewuchs auf dem abgelagerten
Bergematerial unterscheidet sich von dem umgebenden Vegetations-
bild, andere biologische Faktoren herrschen. Bei einer Aufhaldung von
T 27b Material, das dem Humus vollständig fremd ist (z. B. Salz), kommen
zusätzliche Schwierigkeiten hinzu: Dann ist ein Bewuchs auf lange Zeit
unmöglich, das Regenwasser löst sich z. T. mit den Abraumsalzen, so
daß eine Versalzung des Bodens und des Grundwassers die Folge sein
können. Damit sind aber ganz erhebliche Beeinträchtigungen vorgege-

---

[33] Vgl. Andreas Hauptmann/Rainer Slotta, Zu den Denkmälern des Quecksilberbergbaus von Almadén, in: Der Anschnitt 31, 1979, Heft 2–3, S. 81–100.

ben, die durch kostspielige und arbeitsintensive Maßnahmen behoben werden müssen.

Der ökologische Schaden durch Schadstoffe aus Hütten war ebenfalls T 26 schon angedeutet worden. Die ätzenden Rauchschwaden der Blei- und Silberhütten hatten bisweilen die Abtötung jedweder Vegetation auf benachbarten Berghängen zur Folge, so daß man sich zum Bau hoher T 27 a Schornsteine auf natürlichen Höhenrücken entschloß, womit die Abgase aufgrund der Sogwirkung, weit emporgehoben und besser verteilt, nur geringere Einwirkungen zeitigen konnten. Die besten derartigen Beispiele solcher Wetterschornsteine stehen heute im Rheingebiet und im südlichen Ruhrgebiet, wo man sie sogar unter Denkmalschutz gestellt hat: Der *Wetterofen der ehemaligen Zeche Blankenburg* bei Witten-Herbede aus den 1870er Jahren oder die drei markanten *Schlote der* T 26 *Blei- und Silberhütte in Braubach* belegen eine derartige Technologie, die im ersten Beispiel auch noch aus bergtechnischer Sicht interessant ist. Man hatte damals den Schornstein mit einem langen Rauchkanal mit dem Schacht und dem Kesselhaus verbunden: Durch den Sog am Ende des Schornsteins wurde sowohl das Kesselfeuer angefacht als auch die Luft aus dem Schacht der Grube herausgesaugt, so daß ein ausreichender Wetterzug und damit eine gute Versorgung mit Frischluft in der Grube vorhanden waren.[34]

Die Umweltbeeinträchtigungen durch die Industrie betreffen nicht nur die Vegetation, sondern ebenso Mensch und Tier. Obwohl immer reduziert und nicht in vollem Umfang zugegeben, rufen die industriellen Verfahren doch häufig erhebliche Schäden von großem Ausmaß hervor. Die Anlage von Krankenhäusern und Sozialstationen, z. B. im *Mechernicher Bleibergbau*bereich, ist darauf zurückzuführen, obwohl die Bergbaugesellschaft in ihren Werksbeschreibungen die schädlichen Auswirkungen immer verkleinert und reduziert gesehen hat. Daß damals in den Bächen und Flüssen kein Fisch mehr hat leben können, daß die Viehhaltung lediglich aus Ziegen bestand, die als einzige Tierart resi-

---

[34] Vgl. F. Hollmann, Historische Entwicklung von Bergbau und Wirtschaft im Bereich des Pleßbachtales zwischen Haßlinghausen und Herbede aufgrund des durch den Bau der Bundesautobahn A 77 gewonnenen geologischen Querprofils, in: Zur 50jährigen Wiederkehr des Gründungstages der Geologischen Gesellschaft zu Bochum, Herne o. J., S. 33 ff.

stent waren, ist auf die Bergbauaktivitäten zurückzuführen. Gleichermaßen betrafen sie auch die Gesundheit der Belegschaftsangehörigen und der in Mechernich und Umgebung lebenden Familien; vorbeugende Behandlungen waren im 19. Jh. sehr selten, sind aber anzutreffen.[35]

Mit diesen Hinweisen wird deutlich, daß es technische Denkmäler gibt, die wesentliche Hinweise auf ehemalige industrielle Tätigkeiten vermitteln können, welche bestimmte ökologische Folgeschäden herbeigeführt haben. Die vollkommen kahlen, nackten und „toten" Hän-
T 27a ge, z. B. der *Grube San Fernando* bei Herdorf/Sieg, sind ein derartiger Beleg, der von diesen menschlichen industriellen Vorgängen Zeugnis ablegt.

Ein besonders eindringliches Beispiel dafür, wie die Gewinnung von Rohstoffen eine Landschaft ökologisch und klimatisch vollständig verändert hat, findet sich in *Timna*, einem Tal im israelischen Süd-Negevgebiet. Dort bestand ein frühantikes Montanzentrum; die ägyptischen Pharaonen besaßen dort Kupfergruben. Welches Ausmaß die bergbaulichen Aktivitäten dort angenommen hatten, belegen rd. 10 000 trichterförmige, heute mit Sand aufgefüllte Schachtmundlöcher, die von den ägyptischen Bergleuten abgeteuft worden waren, um die dort bestehende Kupfererz-Lagerstätte abzubauen. Die Schächte waren stellenweise bis zu 36 m tief.

Nach den Ergebnissen der angestellten Montanuntersuchungen ergab sich, daß im Revier von Timna nach einer ersten eher primitiven Phase im 4. Jahrtausend v. Chr. am Ende des 14. Jh. v. Chr. ägyptische Bergbau-Expeditionen mit Hilfe lokaler amalekitischer Arbeitskräfte und benachbarter Midianiter Kupferbergbau und auch -verhüttung betrieben haben. Diese Bergbau- und Verhüttungsaktivitäten erreichten zur Zeit Ramses' II. (1290–1224 v. Chr.) die Ausmaße einer Großindustrie.

[35] Zum Mechernicher Bleibergbau vgl. F. W. Hupertz, Der Bergbau und Hüttenbetrieb des Mechernicher Bergwerks-Actien-Vereins, Köln 1886. – N. Leduc, Kommern – ein ortskundliches Lexikon, Bd. 1, Köln 1979 (= Führer und Schriften des Rheinischen Freilichtmuseums und Landesmuseums für Volkskunde in Kommern, Nr. 14). – A. Zippelius (Hrsg.), Kommern – Eine Dokumentation aus Anlaß der 750-Jahr-Feier, Köln 1979 (= Führer und Schriften des Rheinischen Freilichtmuseums und Landesmuseums für Volkskunde in Kommern, Nr. 16).

Bis in die Zeit Ramses' V. (1156–1152 v. Chr.) wurde in Timna offenbar ununterbrochen Kupfer geschmolzen; anschließend lagen die Gruben und Schmelzanlagen still. Noch einmal erlebte die Gegend dann eine Bergbau-Renaissance: zur Zeit der XXII. Dynastie – vielleicht unter dem Pharao Schoschenk (946–925 v. Chr.) –, nach zweihundertjähriger Pause, worauf eine fortschrittlichere Ofen- und Schmelztechnologie hinwies.

Bei der Erforschung antiker Verhüttungsanlagen in Wüstengebieten stellt sich immer die Frage nach der Versorgung mit Brennstoff. Fest steht, daß die Kupferschmelzer der Pharaonen in Timna Holzkohle zum Verhütten benutzt haben, die aus Akazien- und Dattelpalmenholz hergestellt worden war. Aufgrund der Berechnung der gewonnenen Lagerstättenmengen ließ sich eine Ausbeute von insgesamt 100 t aufbereitetem Kupfer errechnen, was etwa 1000 t Kupfererz entsprach. Um aber 1000 t Kupfererz schmelzen zu können, benötigt man rd. 1000 t Holzkohle, was einer Größenordnung von rd. 50000 Akazienbäumen entspricht – und das in einer Landschaft, deren Vegetation und Klima zur Zeit der Verhüttungstätigkeit sich kaum von dem unserer Zeit unterschieden hat. Die Folge muß ein totaler Kahlschlag im Timna-Revier und der näheren Umgebung und schließlich ein Mangel an Holzkohle gewesen sein. Daraus läßt sich erklären, daß – obwohl die Timnaer Kupferminen in frühgeschichtlicher Zeit fast unerschöpflich waren – die Hüttentätigkeit dort eingestellt wurde. Erst eine Wartezeit von Jahrhunderten, in der die Vegetation nachwachsen konnte, schuf die Voraussetzungen für eine erneute metallurgische Tätigkeit im Süd-Negev: deshalb auch die verschiedenen Perioden der Kupfergewinnung in Timna und die langen Unterbrechungen, während denen das „Ruhrgebiet des Pharaos" praktisch stillag.

Wie stark die Auswirkungen der vollständigen Abholzung der Vegetation noch heute nachwirken, belegt die Tatsache, daß sich die gesamte Geomorphologie des Talkessels entscheidend verändert hat. So haben sich die Wadi-Betten teilweise bis zu 5 m Tiefe in die früheren Terrassen eingefressen und die ursprüngliche Oberfläche zerstört. Derartige ökologische Schäden wären ohne den umgehenden Bergbau wahrscheinlich nicht eingetreten.[36]

36 Zum Problemkreis des antiken Bergbaus im Timna-Tal vgl. Hans Günter

T 28   Ein weiteres Beispiel dafür, wie die Gewinnung von Rohstoffen eine
Landschaft in ökologischer und klimatischer Hinsicht verändert hat,
sind die vorgeschichtlichen *Kupferverhüttungsplätze im Oman;* dieser
Problemkreis soll deshalb etwas ausführlicher behandelt werden, weil
an ihm auch die interdisziplinär arbeitende industriearchäologische
Methodik eindringlich aufgezeigt werden kann.

Aus der antiken Literatur des Zweistromlandes kennt man die sagen-
haften Länder „Dilmun", „Makan" und „Meluhha". Nachdem es däni-
schen Archäologen unter der Leitung von Geoffrey Bibby gelungen
war, die Insel Bahrain im Persischen Golf mit dem Lande „Dilmun" zu
identifizieren, und es sehr wahrscheinlich ist, daß mit „Meluhha" die
Kulturen des Industales gleichgesetzt werden können, blieb als letzte zu
identifizierende Landschaft das sagenhafte „Makan". Von diesem Land
berichten die Keilschriftquellen des 3.–2. Jahrtausends v. Chr., daß es
nicht allzuweit von Dilmun gelegen habe und daß dort reiche Diorit-
und Kupfervorkommen abgebaut worden seien.[37]

Als seit 1970 im Sultanat Oman durch prospektierende Firmen riesige
Schlackenplätze und *-halden* entdeckt wurden und nachdem englische
und amerikanische Archäologien Hunderte von vorgeschichtlichen
Siedlungs- und Bestattungsplätzen erkannt hatten, nachdem dänische
und französische Forscher eine unbekannte Zivilisation von hohem
Entwicklungsstand für das 3. Jahrtausend v. Chr. auf der omanischen
Halbinsel nachgewiesen hatten, drängte sich immer stärker der Gedanke auf, das sagenhafte Kupferland „Makan" mit dem heutigen Bergland von Oman gleichzusetzen. Nicht nur um diese Hypothese zu belegen, sondern zunächst nur zu dem Zweck, um antike Metallurgie zu
studieren und antike Montanwirtschaft aufzuspüren, ging das Deutsche
Bergbau-Museum Bochum an die Ausgrabung eines Schmelzplatzes bei
Al-Maysar im mittleren Bergland von Oman. Schon bald nach der

Conrad/Beno Rothenberg, Antikes Kupfer im Timna-Tal. 4000 Jahre Bergbau
und Verhüttung in der Arabah (Israel), Bochum 1980 (= Veröffentlichungen aus
dem Deutschen Bergbau-Museum Bochum, Nr. 20 = Der Anschnitt, Beiheft 1).

[37] Vgl. Gerd Weisgerber, ... und Kupfer in Oman – Das Oman-Projekt des
Deutschen Bergbau-Museums, in: Der Anschnitt 32, 1980, S. 62–110. – Ders.,
Beobachtungen zum alten Kupferbergbau im Sultanat Oman, in: ebd. 29, 1977,
S. 190–211.

ersten Kampagne im Jahre 1978 wurde klar, daß das ursprünglich „avisierte Ziel, Erkenntnisse zur Metallurgie des Alten Orients im Oman zu gewinnen, ...wegen der Fundsituation auf den Verhüttungsplätzen differenziert und in die Erforschung der Archäometallurgie sowohl der Bronzezeit als auch des früh-islamischen Mittelalters geteilt werden" mußte. „Je mehr die Forschungen aber in die Gesamtproblematik eindrangen, desto differenzierter wurden die Fragestellungen, desto öfter wurden Forschungslücken offenbar. Ursprünglich...sollten die heutigen Untersuchungsmethoden und Erkenntnisse der Geologie und Lagerstättenkunde, des bergmännischen Vermessungswesens, der Berg- und Aufbereitungstechnik und insbesondere der Metallurgie einschließlich der physikalischen Chemie auf die entweder frei zugänglichen oder erst durch die Methoden der Archäologie bereitzustellenden Tatbestände angewandt werden. Dann tauchten jedoch zunächst Probleme aus der unterentwickelten Prähistorie der Arabischen Halbinsel selbst auf, gab es doch noch kein dichtes chronologisches Gerüst archäologischer Fakten, in das die gemachten Funde bei optimaler Aussage hätten eingeordnet werden können. Deshalb mußte das Ausgrabungsprogramm über die alleinige Untersuchung archäometallurgischer Plätze und Installationen auch auf die sonstigen Quellengattungen, wie Gräber, ausgedehnt werden. Dies geschah in der begründeten Hoffnung, hier der Archäologie zusätzliches Quellenmaterial erschließen zu können. Außerdem sollte, von den Ausgrabungsplätzen ausgehend, in systematischen Geländebegehungen das archäologische Umfeld erkundet werden, um den weiteren Lebensbereich der ehemaligen Berg- und Hüttenleute zu erfassen, einordnen und vergleichen zu können. Es verstand sich von selbst, daß zu den Teilbereichen der Archäologie, wie der Islamischen Keramik, kompetente Fachleute heranzuziehen waren.

Bei der Fülle mittelalterlicher Produktionsstätten und des daraus zu postulierenden Brennstoffbedarfs in einem heute fast ariden und auf weite Strecken sehr baumarmen Gebiet mit äußerst labilem ökologischem Gleichgewicht stellten sich zudem immer eindringlicher die Fragen nach den Veränderungen von Umwelt und Landschaft in historischen und prähistorischen Zeiten. Diese zumindest im Bereich der Bergbauarchäologie neuen Fragen nach der Einwirkung des Menschen auf seine Ökologie ließen es unumgänglich erscheinen, auch Fachleute für Forstwesen und Ökologie hinzuzuziehen, um Fragen der Vegetations- und Morphologieveränderungen nachgehen zu können."[38] Neuerdings gelang es, juristische Texte des 9./10. Jh. n. Chr. aufzufinden, in denen der frühislamische Bergbau gesetzlich geregelt wurde; dem Forschungsteam wurde daraufhin ein Arabist hinzugefügt.

Die Ausgrabungsarbeiten im Oman setzten mit der Freilegung der aus dem Ende des 3. Jahrtausends v. Chr. stammenden Siedlung *Maysar* ein. Dort konnten in den Grabungskampagnen 1979–1981 in drei größeren Grabungsflächen recht beachtliche Siedlungsreste nachgewiesen werden. In einem der Häuser fanden sich innerhalb eines Raumes die Fundamentplatten und zerbrochenen Wandungen eines Schmelzofens, in welchem die Einwohner Erze auf Kupfer verschmolzen hatten; feine und feinste Kupferbröckchen lagen überall im Versturzmaterial des Gebäudes umher, vermischt mit Flugsand, Schlackentröpfchen und Asche. Am Abstich des Ofens war eine kleine Grube angeordnet gewesen, die noch bei der Ausgrabung des Ofens mit verfestigter, feiner, weißer Asche gefüllt gewesen war. Der bemerkenswerteste Fund in diesem Raum war eine Steinkugel, die man wohl als Gewichtsstein zu deuten hat.

Dieses Haus (Maysar – 1 : 1) hatte seine Fortsetzung etwas oberhalb auf einem Hügel; dort fand man in einem zweiten, größeren Innenraum als wesentlichen Befund einen Brunnen, der im Laufe zweier Kampagnen bis in 14,20 m Teufe freigelegt werden konnte. Während der Brunnen bis in etwa 8 m Tiefe relativ fundarm war, herrschte bis in etwa 12 m Tiefe ein unerwarteter Fundreichtum: Es fanden sich u. a. Steingefäße, eine Bronzenadel und eine große Anzahl von Handmühlen, Läufern, Klopf- und Wetzsteinen. Hinzu kamen viele kubisch zugerichtete Steine von mehrfach 100, 200, 300 und 600 g Gewicht, so daß diese mit aller Vorsicht als Gewichtssteine angesprochen werden können. Bemerkenswert war aber vor allem der Reichtum an zerbrochener Keramik. Aufgrund der Keramik und der Steingefäße konnte man die zeitliche Ansetzung in die Jahre um 2000 v. Chr. vornehmen; exakte Parallelen finden sich z. B. in den (dilmun-) bronzezeitlichen Siedlungen auf *Failaka* (Kuwait).

In den beiden anderen Siedlungshäusern fanden sich neben z. T.

---

[38] Vgl. Weisgerber (1980), S. 63 f.

beachtlichen Fundamentresten vor allem eine große Anzahl von Kupferbarren und -fragmenten mit meist flach gewölbter, oben planer Oberfläche von kreisrundem Durchmesser, so daß nunmehr eindeutig nachgewiesen ist, daß in der Siedlung von Al-Maysar tatsächlich Kupfer verhüttet und verhandelt worden ist. Wohin das Kupfer in den gegossenen Barren gegangen ist, konnte bislang noch nicht eindeutig nachgewiesen werden: Der Fund eines Stempelsiegels aber, das eindeutig aufgrund der stilistischen Analyse der Tierdarstellungen von den Indus-Kulturen beeinflußt worden ist, zeigt, daß diese Kupfer-Siedlung nicht beziehungslos im omanischen Bergland gelegen hat, sondern bereits in der bronzezeitlichen Periode weite Handelsbeziehungen aufweisen konnte.

Es bleibt die Frage, woher die bronzezeitlichen Einwohner der Kupfer-Siedlung ihre Rohstoffe zum Verhütten bezogen haben. Jenseits eines jungen Wadis konnten am Berghang mehrere tagebauartige Schürfgruben erkannt werden, wobei die Alten den an der Oberfläche ausbeißenden Erzen, soweit dies möglich war, nachgingen; diese Schürfe zeichnen sich durch recht tiefe Gräben aus, ohne daß heute noch bergbauliche Spuren im einzelnen festgestellt werden können. Es besteht jedoch kein Zweifel, daß man in jenen Schürfen die Erzgruben der Bronzezeit erkennen muß.

Die Verhüttung dieser Erze wird in oder nahe bei der Siedlung erfolgt sein; der eigentliche Prozeß des Verhüttens erfolgte in kleinen, birnenförmig gewölbten Öfen, die mit Erzen, Holzkohle und Zuschlag (z.B. Kalk) beschickt und anschließend mit Blasebälgen belüftet wurden. Am Ende dieses Schmelzvorgangs entstand nach dem Abstich der Schlacke eine kupferreiche Matte, die nach mehrfachem Raffinationsschmelzen endlich das in Barren vergossene Kupfer ergab[39].

Die Verhüttungsmethodik der Bronzezeit ist noch in vieler Hinsicht mit Fragen behaftet; Schmelzplätze aus jener Zeit sind heute im Oman selten, da jüngere, weitaus stärkere Aktivitäten die älteren Schmelzplätze überlagert haben. Doch ist bemerkenswert, daß fast alle jüngeren

[39] Vgl. Andreas Hauptmann/Gerd Weisgerber, Third Millenium BC Copper Production in Oman, in: Actes du XX. Symposium International d'Archéometrie, Paris 1980, Vol. III, S. 131–139. – Dies., Recycling of slags for medieval copper production in Oman (im Druck).

Schmelzplätze Spuren oder Hinweise auf eine ältere Verhüttung besitzen, nur ist dies im Einzelfall schwer nachzuweisen, da die jüngeren, frühislamischen Aktivitäten (um 900 n. Chr. und nochmals um 1140 n. Chr.) die älteren Verhüttungsspuren fast vollständig zerstört haben.

T 28 Diese jüngeren Verhüttungsplätze waren faszinierende Produktionsstätten, die nur schwer mit dürren Worten zu beschreiben sind. Ganze Täler sind mit schwarzer, scharfgratiger Schlacke zugefüllt, Berghänge ertrinken in den umgewühlten Massen der Schlacke. Dazwischen liegen Reste von Hausruinen und Öfen. Besonders interessant ist die Zuordnung der einzelnen Schlackenmengen zu den verschiedenen, noch in situ anstehenden Ofenfragmenten. Während die Schlacken fast immer hangabwärts abgekippt wurden, liegen die Überreste der Öfen stets in einer Entfernung von maximal 8 m davon hangaufwärts und sind aus statischen Gründen meist in den Felsen eingeschnitten worden. Ihre Schächte sind mit Mörtel und kleinen Steinen zu einem leicht ovalen Durchmesser von 60 cm aufgeführt worden; die Hanglage gewährte darüber hinaus eine thermische Isolierung und erlaubte über seitliche Rampen bzw. Stufen die Beschickung des etwa 1,4 m hohen Ofens von der Gichtöffnung aus. Wohl um dabei einen sicheren Stand des Arbeiters zu gewährleisten, schließen alle ausgegrabenen Öfen auf der Rückseite mit einem großen Trittstein ab. Die Öfen waren nur im oberen Teil der Vorderfront geschlossen, während die Ofenbrust am unteren Ende offen blieb: Sie mußte nach jedem Schmelzvorgang erneut verschlossen werden. In dieser Verschlußmauer saßen starke, große Düsen mit einem etwa 7 cm im Durchmesser großen Luftrohr. Diese Öfen besaßen eine relativ große Lebensdauer, konnten mehrfach verwendet werden und sind auch – wie in einem Beispiel nachgewiesen – mehrfach repariert worden.

Nun konnte das geförderte Erz aus den Gruben meist nicht unmittelbar dem Schmelzofen zugeführt werden, da die Erze stark schwefelhaltig waren: Man mußte die Erze „rösten". Diese Röststadel waren ebenfalls in unmittelbarer Nachbarschaft der Gruben in den unteren Teil der Berghänge eingeschnitten worden. Meist wurden sie entlang einer Steinmauer angelegt, doch findet man die zu langen Batterien aneinandergefügten Röstöfen auch als Kammern in den Felsen eingeschnitten. Meist bewegt sich ihre Anzahl zwischen drei und sechs, was sicher ar-

beitsorganisatorische Gründe hat: Der Röstprozeß mußte wahrscheinlich mehrfach wiederholt und deshalb die Arbeit so eingeteilt werden,
daß das Röstgut in einzelnen Kammern brannte, während es in anderen
zum Rösten vorbereitet, zum nochmaligen Rösten in die nächste
Kammer bzw. als fertig geröstet entnommen wurde.

Um Kupfer in dieser Intensität überhaupt produzieren zu können,
mußte die Arbeit von der Prospektion über den Bergbau und die Verhüttung bis hin zum Vertrieb gut organisiert sein. Nachschub an Werkzeugen, Brennstoffen und Lebensmitteln mußte beigeschafft werden,
Transportmittel mußten bereitstehen. All dies ist ohne eine straffe Führung und Aufsicht nicht vorstellbar, ohne daß bislang die Fragen nach
der Herkunft der bergmännischen und metallurgischen Fachleute sowie
der großen Mengen geschulten Personals überhaupt gestellt worden
sind. Häuser und Siedlungen lagen immer in unmittelbarer Nähe der
Schmelzplätze; die Ruinen der oft weitläufigen Gebäude stehen z. T.
noch beträchtlich an. Bewässerungskanäle und Dämme bezeugen ebenfalls eine ehemalige Landwirtschaft in den Revierbereichen, ein Damm
in Mullaq, einem der einprägsamsten Verhüttungsplätze, sollte den
schnellen Abfluß der Niederschläge verhindern. Ebenso findet sich bei
fast allen Schlackenplätzen eine Moschee.

Ungewöhnlich interessant stellt sich aber der biowissenschaftliche
Aspekt bei einer ökologisch-archäometrischen Untersuchung: Betrachtet man die heutige schwache Vegetationsdichte Omans, so stellt sich
sofort und eindringlich die Frage nach der seinerzeitigen Herkunft des
Brennstoffs zur Verhüttung. Die omanischen Verhüttungsplätze bergen zusammen mehr als 300 000 t Schlacken. Um eine derartige Menge
zu produzieren, sind mehr als 420 000 t Holzkohle benötigt worden. Zu
deren Herstellung brauchte man etwa das Fünffache an Holz, also 2,1
Mio t Holz. Bedenkt man zusätzlich die Holzmengen, die für den Bergbau benötigt wurden sowie zum Rösten, zum Kochen der Speisen für
die großen Mengen der Berg- und Hüttenleute, für Bauzwecke usw.
notwendig waren, so ist ein Bedarf von 3 Mio t Holz nicht zu hoch ge-
schätzt. Legt man für einen Baum nun 200 kg verwertbare Holzmasse
zugrunde, so ergibt sich daraus ein Bedarf von 15 Mio Bäumen, der innerhalb von 100 Jahren vernichtet und verfeuert worden sein muß!
Diese heute nicht im Oman verfügbare Zahl von Bäumen muß aber vor
etwa 1000 Jahren dort vorhanden gewesen sein, denn Holz wird man

kaum importiert haben. Postuliert man aber einen derartigen Bewuchs, so ist dies geographisch hochinteressant: Oman muß damals in größeren Bereichen bewaldet gewesen sein.

Dieses Gedankenspiel läßt sich noch weiterverfolgen: Hat man Tausende und aber Tausende von Bäumen in relativ kurzer Zeit abgehauen, ohne daß eine größere Zeitspanne für das Nachwachsen von Bäumen zur Verfügung stand, hat man also den Wald vernichtet, so muß dies Auswirkungen auf das ökologische Gleichgewicht gehabt haben, müssen Störungen des Wasserhaushaltes, des Klimas und verstärkte Erosion gefolgt sein, unter denen dann die auf Bewässerung basierende Landwirtschaft gelitten haben muß. Das offensichtlich chronologisch relativ einheitliche Erliegen aller omanischen Bergbaureviere um die Mitte des 10. Jh. scheint nicht nur auf politische Gründe, sondern auch auf das Versiegen der natürlichen Brennstoffquellen zurückzuführen zu sein: Zumindest stellt sich die Frage nach den Wechselwirkungen zwischen dem politischen Niedergang zur selben Zeit, eine Wechselwirkung, die sich ja auch in Mitteleuropa vielfach nachweisen läßt.

Bereits bei Georgius Agricola (1556) sind die durch den Bergbau entstandenen *Umweltschäden* angesprochen worden. Er berichtet, die Gegner des Bergbaus würden argumentieren: „Durch das Schürfen nach Erz werden die Felder verwüstet; deshalb ist einst in Italien durch ein Gesetz dafür gesorgt worden, daß niemand um der Erze willen die Erde aufgrabe und jene überaus fruchtbaren Gefilde und die Wein- und Obstbaumpflanzungen verderbe. Wälder und Haine werden umgehauen; denn man bedarf zahlloser Hölzer für die Gebäude und das Gezeug sowie um die Erze zu schmelzen. Durch das Niederlegen der Wälder und Haine aber werden die Vögel und anderen Tiere ausgerottet, von denen sehr viele den Menschen als feine und angenehme Speise dienen. Die Erze werden gewaschen; durch dieses Waschen aber werden, weil es die Bäche und Flüsse vergiftet, die Fische entweder aus ihnen vertrieben oder getötet. Da also die Einwohner der betreffenden Landschaften infolge der Verwüstung der Felder, Wälder, Haine, Bäche und Flüsse in große Verlegenheit kommen, wie sie die Dinge, die sie zum Leben brauchen, sich verschaffen sollen, und da sie wegen des Mangels an Holz größere Kosten zum Bau ihrer Häuser aufwenden müssen, so ist es vor aller Augen klar, daß bei dem Schürfen mehr Schaden entsteht, als in den Erzen, die durch den Bergbau gewonnen werden, Nutzen liegt."[40] Als Antwort auf diese Einwände läßt Agricola die Befürworter des Bergbaus entgegnen: „Da ferner die Bergleute meistenteils in den Bergen graben, die gar keine Früchte tragen, sowie in Tälern, die von Finsternis umgeben sind, so verwüsten sie die Felder entweder gar nicht oder nur in geringem Maße. Wo sie endlich Wälder und Haine umhauen, da säen sie nach Ausrodung der Wurzeln von Sträuchern und Bäume, Getreide, und diese neuen Äcker bringen in kurzer Zeit so fette Früchte, daß die Bewohner den Schaden, den sie durch teueren Einkauf des Holzes erleiden, bald wiedergutmachen. Und für die Edelmetalle, die man aus dem Erze schmilzt, können anderswo zahlreiche Vögel, eßbare Tiere und Fische erworben und nach den Gebirgsgegenden gebracht werden."[41] Aus diesen Bemerkungen Agricolas wird ersichtlich, daß die heute so brennenden Ökologiefragen bereits so alt sind, wie es Industrieansiedlungen gibt.

Sicherlich ist dieses Problem der durch die industrielle Tätigkeit ausgelösten gravierenden Umweltschäden eine der interessantesten und weittragenden Fragestellungen, hinter welcher die „konventionellen", rein archäologischen Probleme zurücktreten müssen. Auch dieses Beispiel zeigt, daß industriearchäologische Untersuchungen interdisziplinär angelegt sein müssen. Ausgangspunkt der Forschungen müssen die technischen Denkmäler sein: Im Falle des Beispiels der Kupferverhüttungsplätze im Oman war das jene Bergbau- und Schmelzersiedlung von Al-Maysar. Ausgehend von den Befunden innerhalb der Siedlung, kam man zu jenen Ergebnissen, die vor allem in ökologischer Hinsicht so ungemein interessant sind, Ergebnissen, welche die heutige Geomorphologie und die klimatischen Verhältnisse zumindest teilweise erklären helfen.

[40] Vgl. Georgius Agricola, Zwölf Bücher vom Berg- und Hüttenwesen, dtv München 1977, S. 6.

[41] Vgl. Agricola (1977), S. 12. – Vgl. zu diesem Problemkreis auch: Günter Bayerl, Materialien zur Geschichte des Umweltproblems, in: Technologie und Politik, Bd. 16, rororo 1980, S. 180 ff. – Im selben Band zum gleichen Thema mit teilweise anderen Ergebnissen die Aufsätze von Rolf-Jürgen Gleitsmann (Rohstoffmangel und Lösungsstrategien: Das Problem vorindustrieller Holzknappheit) und von Bernd Biesecker (Industrielle Frühformen im mittelalterlichen Bergbau).

g) *Technische Denkmäler als Informationsträger medizinischer und hygienischer Verhältnisse*

Ganz allgemein können bestimmte Beziehungen zwischen der Arbeit und den dort herrschenden Arbeitsverhältnissen einerseits und der Gesundheit bzw. den Schädigungen des Menschen andererseits nicht geleugnet werden: Berufskrankheiten wie die gefürchtete *Silikose* im Bergbau oder im Steinbruch bzw. in der Zementindustrie, *Vergiftungen* in den Blei- und Arsenhütten, das *Augenzittern* (Nystagmus), eine weniger bekannte, aber typische Bergmannskrankheit, oder die gefürchteten und fürchterlichen *Blutschäden*, die als Folge der Brückenbauarbeiten in den Caissons auftraten (z. B. beim Bau der New York-Brooklyner Brücke über den East River), belegen, daß sich anhand technischer Denkmäler auch Hinweise auf Arbeitsbedingungen und damit auch über gesundheitliche Folgeschäden und Verhältnisse zurückgewinnen lassen.

Wenn man sich die schweren Maschinen in den ersten Elektrizitäts-
T 29 a zentralen oder den Maschinenhallen der Industrie ansieht, fällt auf, daß man den *Arbeitsschutzbedingungen* verhältnismäßig wenig Beachtung geschenkt hat. Um die Maschinen überhaupt in Gang zu bringen und diese anzuwerfen, mußten die Arbeiter bisweilen in die schweren, massiven Schwungräder hineingreifen, so daß körperliche Verletzungen durchaus nicht ungewöhnlich waren. Aus den Bergwerken ist überliefert, daß bei gewissen Stockungen im Transportwesen von zwei untereinanderliegenden Sohlen, die durch eine sog. Rolle (eine Art Schacht) miteinander verbunden waren, Freiwillige diese Rolle öffnen bzw. leerräumen mußten, was mit einer bisweilen lebensbedrohenden Gefährdung verbunden war.[42]

Ein weiteres erschütterndes Beispiel für die Verbindung von be-
T 29 b stimmten bergbaulichen Verhältnissen und der menschlichen Gesundheit stellt die sog. *Krummhälserarbeit* in den Kupferschieferrevieren

---

[42] Vgl. zum Problemkreis der Arbeitsbedingungen den eindrucksvollen Bildband von Gabiele Unverferth/Evelyn Kroker, Der Arbeitsplatz des Bergmanns in historischen Bildern und Dokumenten (= Veröffentlichungen aus dem Deutschen Bergbau-Museum Bochum, Nr. 15; Schriften des Bergbau-Archivs, Nr. 2), Bochum [1]1979 und [2]1981.

Deutschlands dar. Im *Bergbaurevier von Mansfeld* im Thüringischen T 29 b
z. B. wurden die Förderwagen in den nur 40–80 cm, maximal 1 m hohen Strecken von Jungen gezogen, welche in den Grubenbauen einher-
„robbten", sich mit Brettern an Knien und Ellenbogen zu schützen ver-
suchten und die vollgeladenen, langgestreckten, schmalen Förderwagen, die mit einer Lederschlaufe am Fuß der Schleppjungen befestigt
waren, hinter sich herzogen. Das gesamte Mittelalter hinduch bis noch
in dieses Jahrhundert hinein war diese Förderung durchaus verbreitet.
Die Folge dieser Förderart war, daß die Schleppjungen, die bereits mit
geringem Alter in die Bergwerke kamen, regelrecht „verwuchsen" und
als „Krummhälser" bezeichnet wurden: Mit ihren Verwachsungen waren sie über Tage sofort als Schleppjungen zu erkennen. Nicht nur im
Mansfeldischen, sondern auch im *Revier von Bieber* im Spessart ist eine
derartige Fördermethode mit ihren gesundheitlichen Folgeschäden
nachgewiesen.

Auch am Beispiel der ersten *Kläranlagen*, z. B. im Ruhrgebiet, lassen T 30 a
sich noch sehr eindrucksvoll medizinisch-hygienische Verhältnisse
nachweisen. Bis in die Anfangsjahre des 20. Jh. bestand im Ruhrgebiet
keine einheitliche *Abwasserbeseitigung*. Man leitete die im Bergbau und
in der Hüttenindustrie anfallenden Abwässer in die Bachläufe ein. Mit
der zunehmenden Industrialisierung und dem Vorrücken der Bergwerke in die Emscherzone, dem Übergang zum Tiefbau und den auftretenden Bodensenkungen setzte in der ersten Hälfte des 19. Jh. in verstärktem Ausmaß eine Verschlechterung der bestehenden gesamt-hy-
gienischen Verhältnisse ein: Die Versumpfung der Flußniederungen
nahm zu, die Abwässer flossen nicht mehr ab und bildeten nicht mehr
zu beherrschende Herde für Seuchen wie Ruhr, Typhus und Malaria.
Immerhin dauerte es noch bis zum Jahre 1833, bis der Münsteraner
Baurat Michaelis ein Projekt zur Regelung der Vorflutverhältnisse im
Emschertal von Herne bis Oberhausen vorlegte, das aber nicht realisiert
wurde. Anlieger hofften bisweilen mit einzelnen Entscheidungen der
Probleme Herr zu werden: Zechen legten eigene Abwasseranlagen an.
Wie schwierig die Situation war, zeigt ein Prozeß, den die Gemeinde
Altenessen gegen die Stadt Essen führte und gewann: Man verweigerte
der Stadt Essen die Ableitung der Abwässer in den Bachlauf der Berne,
der als Hauptvorfluter genutzt wurde. Wenn das Urteil vollstreckt
worden wäre, hätte Essen im Sumpf seiner eigenen Fäkalien damals er-

sticken müssen. Kläranlagen in unzureichenden Abmessungen bestanden lediglich in Essen, Dortmund und Bochum, und so verwundert es nicht, daß im Jahre 1901 in Gelsenkirchen eine verheerende Typhus-Epidemie ausbrach. Diese Seuchen waren letzten Endes dann der unmittelbare Anlaß zur Gründung der „Emscher-Genossenschaft", die am 17. Juni 1905 zu ihrer konstituierenden Sitzung zusammentrat und in der Folgezeit einen zentralen Abwasserverband für das gesamte Ruhrgebiet aufbaute, der die Ruhr und Lippe zum Trinkwasserlieferanten und die Emscher zum Sammellauf der Abwässer bestimmte. In den frühen Kläranlagen (z. B. in Bochum) und im *Duisburger Pumpwerk* „*Alte Emscher A*" läßt sich dieser Gesamtkomplex noch eindrucksvoll nachvollziehen und nachempfinden.[43]

T 30b

Zu den eindrucksvollsten und „schlagendsten" Beispielen, an denen sich das Verhältnis von erhaltenem technischem Denkmal und dem Beleg medizinisch-hygienischer Gegebenheiten nachvollziehen läßt, gehört die *Waschkaue* der Industrie, jene soziale, hygienische Betriebseinrichtung, in der sich die Belegschaft eines Betriebes umzieht und reinigt. Es ist interessant, einen kurzen Blick auf die Entwicklung dieser Einrichtungen zu werfen.

T 31, 32

Zu Beginn des Mittelalters entwickelten sich in West- und Mitteleuropa in größerer Zahl öffentliche Badestuben; aus jener Zeit liegen auch schon die ersten Nachrichten darüber vor, daß Arbeiter in größeren Heimbetrieben derartige Badestuben zur Körperreinigung aufsuchten, da betriebseigene Badeeinrichtungen nicht bestanden. Als die Badehäuser immer mehr zu einer Stätte allgemeiner Unterhaltung wurden, stiegen auch die Eintrittspreise, so daß der weitaus größte Teil der arbeitenden Bevölkerung sich einen derartigen Besuch nicht mehr leisten konnte. So kam es, daß erst im 19. Jh. im Rahmen der allgemeinen Industrialisierung öffentliche Badeanstalten in Deutschland, Frankreich und England wieder auftraten: Frankreich wurde führend im Bau von Badehäusern, England unterstützte den Bau von Freibädern. Lassar, der Initiator der Volksbrausebäder, bewirkte im Jahre 1883, daß in Deutschland und Österreich in den größeren Ortschaften Brausebadanlagen für

---

[43] Vgl. 25 Jahre Emschergenossenschaft 1900–1925. Hrsg. v. d. Emschergenossenschaft, Essen 1925. – Fünfzig Jahre Emschergenossenschaft 1906–1956. Hrsg. v. d. Emschergenossenschaft, Essen 1957.

die Öffentlichkeit errichtet wurden. Der Staat unterstützte die Volksbrausebäder, die in erster Linie für die arbeitende Bevölkerung da sein
sollten, indem er dafür sorgte, daß die Badepreise niedrig gehalten wurden. Fast gleichzeitig wurden Brausebäder für das Militär, in Schulen
und in anderen größeren Anstalten geschaffen: Man hatte erkannt, daß
die Brausebäder gegenüber den Wannen billiger waren, weniger Platz
beanspruchten und – dies als Hauptgrund – eine bessere und schnellere
Körperreinigung ermöglichten.

Die Entwicklung der Waschkauen im Bergbau verlief ähnlich wie das
Zustandekommen betriebseigener Umkleide- und Badeeinrichtungen
in anderen Industriezweigen. In Deutschland wurden bereits im Mittelalter kleine Badestuben in Bergmannssiedlungen angelegt, doch bestanden bei den Bergwerken selbst keine Reinigungsanlagen. Um die Mitte
des 19. Jh. bestanden die ersten primitiven Waschgelegenheiten der
Bergleute auf den Zechen aus Schüsseln und Fässern: Sie waren selten in
einem besonderen Raum aufgestellt. Waren die Waschgelegenheiten
von den übrigen Betriebseinrichtungen getrennt, so wurden sie in einem
Bretterverschlag untergebracht und als „Kauen" bezeichnet, da zur damaligen Zeit primitive Arbeitshütten ganz allgemein „Kaue" genannt
wurden. Noch viel später – bereits bei besseren Umkleide- und Badeeinrichtungen– sprach man von Badekauen nur dann, wenn die Anlagen
sehr primitiv und unsauber waren. Erst im Jahre 1900 führte das Oberbergamt Dortmund für alle Umkleide- und Badeeinrichtungen in
Zechen offiziell die Bezeichnung *Waschkaue* ein.

Nicht nur das geringe Interesse der Bergleute, nach verfahrener
Schicht eine Körperreinigung durchzuführen, oder mangelndes Interesse der Bergwerksbesitzer führte im 19. Jh. zum Fehlen von Waschan-
lagen, sondern die sehr geringe Belegschaftszahl der einzelnen Gruben
ließ ein Aufkommen derartiger Anlagen gar nicht erst entstehen. Erst
mit dem Anstieg der Belegschaftszahlen veränderte sich die Gegeben-
heit: Der Erzbergbau, der damals gegenüber dem Steinkohlenbergbau
mehr Bergleute beschäftigte, führte eher Wascheinrichtungen ein. Doch
noch um das Jahr 1850 wusch sich der Bergmann in der Regel erst zu
Hause: Er setzte sich in das Waschfaß, und seine Familie war ihm häufig
bei der Reinigung behilflich. Selbst nachdem in Bergwerksbetrieben
Wascheinrichtungen aufgestellt worden waren, sah der ortsansässige
Bergmann es oft als unter seiner Würde an, wenn er sich nicht zu Hause

wusch. Diese Wascheinrichtungen im Betrieb waren seiner Ansicht nach eher für Ortsfremde und Junggesellen geschaffen worden, die keine eigenen Räume, sondern nur Schlafstellen hatten.

Im Jahre 1830 wurde in einem Zechenbetrieb neben Waschschüsseln und -fässern erstmalig ein Badebassin genannt. Diese Bassins, die später häufiger angelegt wurden, besaßen eine Größe von etwa 6–12 m². Die meisten Becken dieser Art entstanden in den Jahren um 1870: Sie waren nicht beliebt, da das Badewasser immer sehr schmutzig und die Gefahr der Übertragung von Krankheiten naturgemäß sehr groß war, zumal die meisten Bassins nur stehendes Wasser hatten. 1880 hatte mehr als die Hälfte der Bergwerksbetriebe Deutschlands Wascheinrichtungen errichtet, die aber nur von etwa einem Drittel der Belegschaft benutzt wurden. Diese Waschkauen wiesen noch zahlreiche hygienische Mängel auf: In den Seitenbereichen befanden sich die Badebassins, im mittleren Bereich die Umkleidebänke, an denen Kleiderhaken befestigt waren. Statt der Kleiderhaken an der Umkleidebank kamen dann offene Kleiderkisten, die z. T. übereinanderlagen, dann Kleiderspinde und später Kleiderhaken, mit denen man die Kleider an Seilen und Ketten unter die Decke zog. Durch das ständige Anwachsen der Belegschaften wurden die Räumlichkeiten häufig so klein, daß selbst die Sitzbänke aus dem Umkleidebereich verschwinden mußten. Deshalb ging man allmählich dazu über, in die neuangelegten Umkleide- und Waschräume Dampfheizungsanlagen einzubauen.

Im Jahre 1889 schließlich wurden statt der Bassins die ersten Brauseanlagen in die Waschkaue einer Ruhrzeche eingebaut: Die Brausen waren zu jenem Zeitpunkt durch Seitenwände voneinander getrennt. Die Wasserschwaden drangen aber in die unter der Decke aufgehängte Kleidung der Bergleute ein, so daß sich Erkältungen ergaben und man in den folgenden Jahren häufig davon abging, die Kleidung unter der Decke aufzuhängen: Man stellte wieder Spinde auf. Ende des 19. Jh. konstruierte man dann bessere Absaugvorrichtungen, so daß die Wasserschwaden größtenteils beseitigt werden konnten; damit bürgerte sich der Kleiderkettenaufzug endgültig in den Waschkauen der Bergwerke ein.

In den Verfügungen der Oberbergämter Breslau und Dortmund vom Jahre 1900 wurden dann Kauen gefordert: „Jede Schachtanlage, auf der Leute regelmäßig ein- und ausfahren, muß Räume zum Umkleiden und eine Brausebadanlage haben. Für Arbeiter unter 18 Jahren müssen besondere Räume und Brausen vorhanden sein. Die Räume müssen gereinigt und in der kalten Jahreszeit geheizt werden. Warmwasserbereiter für die Brausebäder müssen in einem besonderen Raum aufgestellt sein. Für die Bäder muß gesundheitlich einwandfreies Wasser benutzt werden. Die Kosten der Untersuchung von Wasserproben, die die Bergbehörde genommen hat, trägt der Bergwerksbesitzer."

Besondere Probleme brachte aber immer noch die vermutlich von italienischen Gesteinshauern eingeschleppte und gegen Ende der 1890er Jahre vehement auftretende *Wurmkrankheit* (Ankylostomiasis), die sich u. a. in auffallender Blässe, Abgeschlagenheit, Schwindelgefühlen, Gehbeschwerden und fortschreitender Anämie äußerte und in schweren Fällen zum Tode des Befallenen führen konnte. Im Jahre 1903 wurden über 29 300 Fälle registriert, worauf die Bergbehörde mit einer Verordnung vom 13. Juli 1903 einschritt und die Gemeinschaftsbäder verbot. Eine ärztliche Untersuchung auf der Zeche Nordstern in Gelsenkirchen-Horst im Oktober 1904 ergab, daß fast 75 % (!) der Untertagebelegschaft von der Wurmkrankheit befallen waren. Aufgrund der Bergpolizeiverordnung, die wiederholte Untersuchungen der gesamten Untertagebelegschaft, den Ausschluß infizierter Bergleute von der Grubenarbeit und strenge Untersuchungen neuangelegter Bergleute vorschrieb, nahm die gefürchtete Krankheit in der Folgezeit spürbar ab.

Wie relativ fortschrittlich der deutsche Bergbau gegenüber dem englischen auch hinsichtlich der Einführung der Kauen war, belegt die Tatsache, daß in England erst 1911 ein Gesetz erlassen wurde, das besagte, daß, wenn sich zwei Drittel der Belegschaft einer Grube für die Errichtung von Bädern und Trockenräumen für die Kleider aussprächen, der Werksbesitzer unter der Voraussetzung, daß die Belegschaft die Hälfte der Unterhaltungskosten trage, die geforderten Einrichtungen schaffen sollte. Von dieser Regelung blieben nur kurzfristig betriebene Gruben ausgenommen. Bis zum Jahre 1925 waren aber nur ganze 30 (!) Waschkauen errichtet worden, und 1924 versuchte die Regierung durch eine besondere gesetzliche Regelung, den Bau von Kauen voranzutreiben; das Gesetz fand jedoch nicht die Billigung des Parlaments. Erst im Jahre 1934 wurde über sog. Wohlfahrtsfonds der Bau von Kauen vorangetrieben: In diesem Jahr errichtete der englische Steinkohlenbergbau 27 Badehäuser. Für die Aufbringung der laufenden Betriebskosten wurden die Bergleute wöchentlich belastet. Die Arbeitgeber leisteten ihrerseits

T 32

Beihilfen zur Unterhaltung der Anlagen. Lediglich auf zwei Gruben in Süd-Yorkshire wurden die Kauen von den Werksbesitzern vollständig und freiwillig getragen. Bei kleineren und finanzschwachen Bergwerken wie im Gebiet von Durham suchte man Kauen vergebens: Dort gingen die Bergleute nach der Schicht ungewaschen und durchnäßt nach Hause.

Seit etwa 1930 setzte sich dann in Deutschland die Tendenz durch, die Straßenkleidung von der Arbeitskleidung der Bergleute zu trennen: Man baute sog. Schwarz-Weiß-Kauen, indem man entweder in einem Umkleideraum auf der einen Seite das Straßenzeug und auf der anderen das Arbeitszeug unterbrachte oder indem man beide Bereiche durch den dazwischenliegenden Brauseraum trennte. Heute sind die Waschkauen nach den Richtlinien der modernen Hygiene mit den verschiedensten Zusatzeinrichtungen (z. B. Fußschleusen mit Desinfektionslösungen u. a. m.) ausgestattet.[44]

h) Technische Denkmäler als Informationsträger des künstlerischen Verständnisses

„Technik" und „Kunst" als Kulturkomponenten stehen in einem besonderen Verhältnis zueinander, das sich im Laufe der Zeiten durchaus

[44] Vgl. zum Problem der Waschkauen im Bergbau Harald Schwarz, Die Waschkaue, ein arbeitshygienisches Problem, in: Archiv für Gewerbepathologie und Gewerbehygiene 16, 1958, S. 277–351. – Zu den hygienischen Verhältnissen im englischen Steinkohlebergbau bis zur ersten Hälfte des 20. Jh. vgl. Erich Winnacker, Beiträge zur Kenntnis des Britischen Steinkohlenbergbaus, Essen 1936, Bd. 1, S. 229–243. – Ferner mit sehr guten Bilddokumenten Gabriele Unverferth/Evelyn Kroker, Der Arbeitsplatz des Bergmanns in historischen Bildern und Dokumenten, Bochum 1981 (= Veröffentlichungen aus dem Deutschen Bergbau-Museum Bochum, Nr. 15 = Schriften des Bergbau-Archivs, Nr. 2), S. 228–237, bes. S. 233. – Zur Wurmkrankheit und zum Gesundheitswesen der Bergleute vgl. A. Tenholt, Das Gesundheitswesen im Bereich des Allgemeinen Knappschafts-Vereins zu Bochum, Bochum 1897; Ders., Über die Wurmkrankheit der Bergleute, Berlin 1906; G. Werner, Unfälle und Erkrankungen im Ruhr-Bergbau, Essen 1908; A. Nieden, Der Nystagmus der Bergleute, Wiesbaden 1894.

verändert hat. Aus der Zeit vor 1600 und auch noch im 17. Jh. sind technische Denkmäler aus dem Industrie- und Montanbereich nur in geringer Zahl auf uns überkommen. Anhand der erhaltenen zeichnerischen Dokumente erhält man das Bild relativ einfacher, auf das notwendige technische Instrumentarium beschränkter Architekturen und Maschinen, wobei die Architekturen die Baugewohnheiten der jeweiligen Landschaft übernehmen: Die meist in recht unwegsamen Bergregionen liegenden Gruben und Hütten errichteten ihre Baulichkeiten in Holz T 33a (z.B. im Erzgebirge oder im Harz), verbrettern ihre Fassaden und Fronten oder bauen in Fachwerk (z.B. in Württemberg oder in der Pfalz). Nur in Einzelfällen schmücken die Betriebsgebäude ihre Baukörper mit Dachreitern, doch sind diese zur Aufnahme der Schichtglocke betriebs- T 33b notwendig. Was die Maschinen anbetrifft, so kennen wir aus den Konstruktionszeichnungen, z.B. eines Agricola[45], die ganz auf die Funk- T 2a tion beschränkten Holzräder oder -gestänge, während das Eisen als Material bis weit in das 18. Jh. hinein nur vereinzelt auftaucht. Es läßt sich für diese frühen Zeitläufe erkennen, daß sich das Problem der künstlerischen Ausgestaltung einer technischen Anlage noch nicht gestellt hat: Die „Technik" bzw. die „ars" beinhaltete gleichermaßen Konstruktion und Schönheitsempfinden.

Bis in die Mitte des 18. Jh. blieb dieses grob skizzierte Verhältnis von „Kunst" und „Technik" in dieser Einheitlichkeit bestehen. Mit der zunehmenden Verwissenschaftlichung des Faches Bergbaukunde, der 1765 erfolgten Gründung der ersten Bergakademie im sächsischen Freiberg, dem Einsatz neuerer Werkstoffe und Maschinenkonstruktionen (z.B. von Dampfmaschinen), den gleichzeitig einsetzenden fundamentalen Veränderungen in technologischer und architektonischer Hinsicht (spätestens seit 1735 war es im englischen *Coalbrookdale* gelungen, große Eisenmengen billig mit Koks zu schmelzen, die Revolutionsarchitekturen eines Ledoux bzw. seine Planungen hatten industrielle Komplexe mit industrie-spezifischen Ausdrucksformen z.T. realisiert) – mit diesen Veränderungen wandelten sich die Voraussetzungen und das Verhältnis beider Kulturkomponenten zueinander: Zugleich setzte eine Trennung von Architekt und Ingenieur-Konstrukteur ein, die sich in der zweiten Hälfte des 19. Jh. endgültig vollziehen sollte. Hinzu ka-

[45] Vgl. Georg Agricola, Vom Berg- und Hüttenwesen, dtv München 1977.

Z 15 Bad Lauterberg, Königshütte: Fenster mit neugotischem Maßwerk.

men die politischen und gesellschaftlichen Umwälzungen, deren Einfluß nicht unterschätzt werden darf.

Die erhaltenen Denkmäler des Montanwesens aus der ersten Hälfte des 19. Jh. spiegeln in ihrer stilistischen Vielfalt diesen Komplexbereich in schöner Deutlichkeit wider. Nachdem es Abraham Darby im Jahre 1777 gelungen war, die ersten Teile der von Thomas Gregory entworfenen gußeisernen *Brücke über den Severn bei Coalbrookdale* (Ironbridge) zu gießen, setzte sich auch auf dem europäischen Festland die Konstruktionsweise durch, Baulichkeiten aus gegossenen Fertigteilen herzustellen: Bereits 1796 schlug man bei *Laasan* in Schlesien eine Brücke über die Striegauer Wasser[46]. Mit der Verhüttung von Erzen durch Koks wuchs auch in Deutschland eine große Zahl neuer, leistungsstarker Hütten und Gießereien. Diese Faszination, welche der Werkstoff des „Eisens" ausübte, liegt weitgehend in jenem fundamentalen Eindruck begründet, den Maschinen wie Dampffförderanlagen, Pumpen, Gebläse, Eisenbahnen und Lokomotiven hervorriefen: Diese Maschinen umgab ein „Mythos" der dienstbar gemachten Zyklopenkräfte.

In den späten 20er Jahren des 19. Jh. errichtete die Bergadministration des Königreichs Hannover in Bad Lauterberg die *Königshütte*[47], Z 15 um mit deren Erzeugnissen den eigenen Eisenbedarf zu decken. Der „Kunstmeister" Karl Heinrich Mummenthey errichtete eine Hüttenanlage, die in ihrer Gestalt einer gotischen Kirche ähnelte: Der Hochofen mit der Gicht lag im Westen, davor legte sich in Glas und Eisen ein kurzer dreischiffiger Baukörper, der den Abstich und den Kupolofen aufnahm, und schließlich endete die Hütte in einem „Dreikonchenbau", der die Formerei aufnahm und in seiner äußeren Erscheinungsform einer rheinischen Choranlage der Romanik ähnelte. Damit hatte das Königreich Hannover einen Hüttenbau geschaffen, der in vielem dem der ebenfalls aus Eisen und Glas gefertigten Gießhalle der preußischen *Sayner Hütte*[48] glich, die fast genau zur gleichen Zeit von Carl Friedrich T 34 Althans zwischen 1824 und 1830 errichtet worden war.

[46] Vgl. Conrad Matschoß/Werner Lindner, Technische Kulturdenkmale, München 1922, S. 106, Abb. 202.

[47] Vgl. Rainer Slotta, Der Neubau der Königshütte in Bad Lauterberg. Ein Werk des Kunstmeisters und Berggeschworenen Karl Heinrich Mummenthey, in: Der Anschnitt 28, 1976, Heft 2, S. 64–80.

[48] Vgl. Paul-Georg Custodis, Die Sayner Hütte und ihre baugeschichtliche

T 34   Zur Erklärung der „Neuschöpfung" eines „gotischen" Bauwerkes im
Z 15 19. Jh. – auch im Hinblick auf die deutsche Nationalgeschichte – sind
die Forschungen von Georg Germann aufschlußreich. Charakteristisch
für den Zeitgeist „um das Jahr 1800" erscheinen die Abhandlungen
Goethes („Von deutscher Baukunst") oder Ludwig Tiecks („Franz
Sternbalds Wanderungen") oder von Peter von Cornelius, der eine der
„deutschen Nationalität" angemessene Stilform in der gotischen Architektur sah. Die Begeisterung für die Fortsetzung des Bauvorgangs am
Kölner Dom hatte seit 1814 um sich gegriffen. Die Bedeutung des Kölner Domes war von den Zeitgenossen – mit Schinkel – als religiöses,
historisches und lebendiges Monument verstanden worden, als Natio-
naldenkmal. So wird ein gedankliches Grundgerüst mit den Begriffen
„Religion", „Vaterland" und „Kunst" erkennbar. Diese drei Begriffe
führen auch beim Bau der *Lauterberger Königshütte* bzw. bei der *Sayner Hütte* auf den richtigen Weg zum Verständnis der Architektur und
des Verhältnisses der verwendeten Kunstformen der Neugotik innerhalb der technischen Aufgabe eines Hüttenbauwerks: „Gotisch" als
Stilform wurde gleichgesetzt mit „altehrwürdig", „schön" und darum
„deutsch". Diese Gleichsetzung der Begriffe „gotisch" und „deutsch"
galt gerade für die Zeitgenossen der Jahre nach den Befreiungskriegen
als ein wesentliches Kriterium für die Verwendung dieser Stilmittel.
Zum politischen Aspekt kam die religiöse Komponente, welche die
adäquate Bauform zum griechischen, antiken Tempel als Bauaufgabe
des Altertums im gotischen Kirchenbau sah.[49]

Mit diesen dürren Worten, welche die Faszination der Zeitgenossen
für das gotische Element nur unzureichend ausdrücken können, mag
angedeutet werden, daß die Verwendung „gotischen" Zierats an Baulichkeiten und Maschinen nicht aus der Ansicht der Architekten und
Konstrukteure heraus erfolgte, man müsse die Anlagen im nachhinein

Einordnung, in: Eisen-Architektur. Die Rolle des Eisens in der historischen Architektur der ersten Hälfte des 19. Jahrhunderts (hrsg. v. ICOMOS – Deutsches
Nationalkomitee), Hannover 1979, S. 46–51. – Dort weitere, ältere Literatur
zur Sayner Hütte.

[49] Zur Rolle des Eisens in der Architektur der ersten Hälfte des 19. Jh. vgl.
u. a. Eisen-Architektur (s. Anm. 48). – Ferner Georg Germann, Neugotik. Geschichte ihrer Architekturtheorie, Stuttgart 1974.

durch Zierat „veredeln": Vielmehr bildeten Anlage und Gestaltung ein untrennbares Ganzes, das konzeptionell bereits mit verschiedenen Wertvorstellungen und Bewertungen versehen wurde. Es muß aber wiederum betont werden, daß das Eisen durch die neuen technischen Möglichkeiten im ersten Viertel des 19. Jh. eine enorme Aufwertung, fast eine Entdeckung als Baustoff erfuhr, daß der Maschinenbau neue Impulse erhielt. Durch die Möglichkeit, Eisenteile in großer Zahl durch bessere Hochofen-Technologien schneller, billiger und in großer Zahl herzustellen, ergaben sich neue schöpferische Möglichkeiten, die bislang dem Werkstoff des Eisens verschlossen gewesen waren: Die Errichtung des eisernen Turmhelms der *Stockholmer Riddarholmskyrkan* aus dem Jahre 1835 legt davon ebenso Zeugnis ab wie der Guß der vier Turmhelme der *Remagener Apollinariskirche* für Schinkels Sakralbau.

Als Musterbeispiele der Verwendung „gotischer" Stilformen bei Anlagen des Montanwesens sollen hier erwähnt werden: die *Antonshütte* [50] im Erzgebirge (erbaut unter der Direktion des Oberberghauptmanns von Herder durch Friedrich Brendel in den Jahren 1828–1832 in Gestalt einer Dreiflügelanlage), das sog. *Schwarzenberg-Gebläse* [51] (errichtet in   T 35
der Antonshütte von Brendel als kolossaler, über 5 m hoher Ständerbau, der in sich durch Maßwerkbrücken verbunden und versteift war), die *Pumpenanlagen in Bad Reichenhall* [52] (zwei im Durchmesser 13 m große überschlächtige Wasserräder auf Marmorsockeln übertragen durch Gestänge ihre Kraft auf die Reichenbachsche Pumpenanlage im Brunnenschacht und heben die Sole in die Leitungen; diese Wasserräder haben ihre Speichen, Balanciers und Zahnräder mit gotischen Zierformen „übersponnen"; erbaut nach 1834), die *Pumpenanlage in Bad Kis-*   T 36
singen [53] (1848 von Reichenbach erbaut) oder die leider abgebrochenen

[50] Vgl. Wappler, Oberberghauptmann Siegmund August Wolfgang Freiherr von Herder, in: Mitteilungen vom Freiberger Altertumsverein 39, 1903, S. 77 ff., hier S. 107.

[51] Vgl. Otto Fritzsche, Das Schwarzenberg-Gebläse. Seine Erhaltung auf der Alten Elisabeth in Freiberg. Ein Denkmal sächsischer Maschinenbaukunst, in: Landesverein Sächsischer Heimatschutz Dresden: Mitteilungen 26, 1937, Heft 9–12, S. 255–268.

[52] Vgl. Matschoß/Lindner (1932), S. 48.

[53] Vgl. Rainer Slotta, Technische Denkmäler in der Bundesrepublik Deutsch-

T 37 Maschinenbeispiele der *Feuermaschine der Saline von Unna-Königs-born* [54] (erbaut 1799; die Steueranlage hat sich im Deutschen Bergbau-Museum Bochum erhalten) bzw. die herrliche, 1847 errichtete *Dampf-maschine von Quedlinburg* [55] mit ihren verzierten Pfeilerböcken und dem einem gotischen Dreipaßfenster nachempfundenen Schwungrad-auflager.

Das für die „gotischen" Architekturen und Maschinenanlagen entworfene Bild gilt in nur wenig veränderter Gestalt auch für die Formulierungen in antikisierenden Stilmitteln. Die Gleichsetzung der antiken Architektursprache mit Begriffen wie „heroisch", „ehrwürdig" und „schön", aber auch mit Bewertungen wie „kraftvoll" und „stark" mag dazu geführt haben, daß die dorisch-toskanische Säule vor allem als tragendes und stützendes Element ihre Anwendung fand und mit ihren klaren, schweren Formen den Anlagen ihren Stempel aufdrückte. Mu-sterbeispiele derartiger Maschinenanlagen sind die *Druckpumpen im*
T 38– *Nymphenburger Schloß,* [56] die im Jahre 1807 von Joseph von Baader
41   konstruiert und ein Jahr später von Franz Höss erbaut worden sind. Die von drei großen Wasserrädern betriebenen Druckpumpen mit ihren Balanciers besitzen ein gußeisernes Tragegerüst, dessen Stützen als toskanische Säulen ausgebildet worden sind: Weder fehlen die doppelte Plinthe noch der Basiswulst, weder der Anlauf am Säulenfuß noch der Kämpfer oberhalb des Polsterkapitells.

An der *Baaderschen Maschinenanlage* wird das Verhältnis von technisch bedingtem Aufbau und künstlerischer Gestaltung ersichtlich. Man würde die Anlage verkennen, wollte man in der besonderen Gestaltung der Einzelteile durch Profilierungen usw. lediglich eine „Verschönerung" des technischen Apparates sehen. Vielmehr ist die Gesamtanlage als vom Ingenieur gestaltetes und „gewertetes" „Kunstwerk" zu betrachten, das technische und ästhetische Werte, Elemente

---

land I, Bochum 1975 (= Veröffentlichungen aus dem Deutschen Bergbau-Museum Bochum, Nr. 7), S. 109 ff.

[54] Vgl. Matschoß/Lindner (1932), S. 45, Abb. 78 und 78a.

[55] Vgl. ebd., S. 31, Abb. 56.

[56] Vgl. Rainer Slotta, Technische Denkmäler in der Bundesrepublik Deutschland II: Elektrizitäts-, Gas- und Wasserversorgung, Entsorgung, Bochum 1977 (= Veröffentlichungen aus dem Deutschen Bergbau-Museum Bochum, Nr. 10), S. 318 ff.

und Motive verbindet und zu einem homogenen Ganzen sinnvoll und augenfällig zusammenfügt. Auch die bewußte Verwendung des „strengen", schwarzen, machtvollen Gußeisens und des golden glänzenden Messings für die Armaturen und Kolben bzw. Pleuelstangen als Schmuck und optische Zier gehört in diesen Zusammenhang, obwohl die Materialwahl sicherlich primär von den technischen Gegebenheiten des Korrosionsschutzes bedingt ist: Immerhin läßt sich ein Zusammenhang nicht leugnen.

Die lose Verwandtschaft des Stützgerüstes der Pumpenanlage mit den Stützen des „Mittelschiffs" der Gießhalle der *Sayner Hütte* zeigt eine T 34 b formale Verbindung in der Weise, daß sich offenbar die dorisch-toskanische Säulenordnung „am besten" mit der Vorstellung von „Stärke" und „Tragfähigkeit" verbinden ließ; auch der Portikus des *Eisenmagazins der Bad Lauterberger Königshütte* wurde offensichtlich aufgrund derartiger Gedankenverbindungen ästhetisch derart ausgerichtet.

Noch in einer anderen Hinsicht ist das Beispiel der *Pumpenanlagen* T 38– *im Nymphenburger Park* interessant: Es betrifft das Verhältnis der um- 41 hüllenden Architektur zur technischen Einrichtung. Alle Pumpen wurden der Architektur in einer Weise einbezogen, daß sie nicht sichtbar waren. Man versteckte sie geradezu hinter einer repräsentativen Fassade im Rahmen eines Schloßbaues, oder man umhüllte sie mit einer dem Programm des Parkes entsprechenden, gänzlich „untechnischen" Motiv-Architektur, z. B. bei den beiden Brunnenhäusern im sog. „Dörfchen". Dort herrscht nun gerade das „Nicht-Technische" vor, in einem malerischen Ensemble wird ein vorindustrieller Zustand vorgetäuscht. Mit den Bauernhäusern des „Dörfchens" wurde eine „heile Welt" vorgespielt, zur Entspannung und Erheiterung des Fürsten. Daß sich in diesen heiteren Architekturen „schwer arbeitende" Maschinen mit hohem Anspruch befanden, wurde am Außenbau nicht sichtbar gemacht: Vielleicht zeigt sich hier bereits ein Beispiel für die im späteren 19. und im 20. Jh. immer deutlicher werdende Diskrepanz zwischen äußerer Architektur und innerer, technischer Ausstattung.

Das Phänomen einer „harmonischen" Verbindung von Technik und Kunst ist auch bei vielen Stollenbauten zu verfolgen. Wenn die hannoverschen Könige zur Sicherung des anliegenden Berg- und Hüttenwesens im Oberharz lange Wasserstollen treiben lassen und diese mit ihrem Namen schmücken, um der Überlieferung ihren Anteil am Blühen

und Gedeihen des Bergbaus zu verkünden, dann lassen sie kunstvolle Mundlöcher am Ende der Stollenbauten errichten, die sie mit Giebeln oder Türmchen sowie bronzenen oder metallenen Monogrammen und Inschrifttafeln versehen: So beim 1777–1799 angelegten *Tiefen-Georg-*
T 43a *Stollen* in Bad Grund[57] oder beim 1864 vollendeten *Ernst-August-Stol-*
T 42 *len,*[58] dessen aufwendige Mundlocharchitektur durch eine Festschrift begründet wurde, in der die Bedeutung des Stollens hervorgehoben wurde: „Gleichwie im Leben der Menschen, so treten auch in dem der Völker oder einzelner Volkskreise von Zeit zu Zeit Ereignisse von so einschneidender Bedeutung ein, daß sie zum Wendepunkt für die weitere Entwicklung und Gestaltung des Lebens werden und so, indem sie Vergangenheit und Zukunft voneinander scheiden und dennoch wiederum verbinden, als ein Markstein dastehen für alle Zeiten. Ein solches Ereignis ist jetzt auch für den Oberharz eingetreten, ein Ereignis von ebenso hoher als freudiger Bedeutung, in dem wir den Beginn einer neuen glücklichen Zeit für unseren Bergbau begrüßen." Aus dieser Rede wird deutlich, daß eine technische Anlage von derartigem Rang und derartig hoher Bedeutung mit ästhetischen Werten versehen werden mußte, um dem Anspruch gerecht werden zu können. Zugleich wird aber auch ersichtlich, daß technische Anlage und „Kunst" hier noch nicht scharf voneinander getrennt waren: Sie bildeten noch eine Einheit.

Ähnliches gilt auch für jene herausragend schönen Mundlocharchitekturen, die der preußische Bergfiskus im Saarland und im Siegerland vor jene langen Stollenbauten gesetzt hat, die mit dem Namen herausra-
T 43b gender Persönlichkeiten verbunden waren. Der *Heinitz-Stollen* in Neunkirchen (Saar)[59] (angehauen 1847) und der *Reinhold-Forster-Erb-*
T 44 *stollen* in Eiserfeld (Sieg)[60] (angehauen 1806) mögen hierfür als Beispiele dienen.

---

[57] Vgl. Dietrich Hoffmann, Der Tiefe Georg-Stollen, in: Der Anschnitt 27, 1975, Heft 3, S. 21–29.

[58] Vgl. Hugo Haase, Stollen-Jubiläum im Oberharz. Am 22. Juni 1864 wurde der „Ernst-August-Stollen" vollendet, in: Der Anschnitt 16, 1964, Heft 5, S. 3–8.

[59] Vgl. Slotta I (1975), S. 37.

[60] Vgl. ebd., S. 26 f.

Technische Anlagen sind wie alle Schöpfungen dem Einfluß bestimmter Persönlichkeiten ausgesetzt: Dies können u. a. Ingenieure, Architekten, Unternehmer, Auftraggeber oder die Administration sein. Häufig wurde mit der äußeren Form der Anlage ein Anspruch an die ästhetische Ausgestaltung verbunden, die sich von den bisher erwähnten Vorstellungen vom Verhältnis Technik/Kunst insofern unterscheidet, als keine innere Verbindung zwischen beiden Kulturkomponenten mehr besteht, sondern lediglich ein auf Repräsentation ausgerichteter Wunsch, die Anlage durch die Anwendung von Zierformen ästhetisch aufzuwerten und dem Namens- bzw. dem Auftraggeber adäquat aufzutreten. Zu diesen Beispielen gehören jene Mundlöcher, die lediglich durch kostbare Applikationen (z. B. preußische Adler oder bayerische Kronen als Hoheitszeichen aus Gußeisen) ohne inneren Zusammenhang zum technischen Bauwerk in ästhetischer Hinsicht bereichert worden sind.

Im Wirtschaftssystem des Kapitalismus setzt um das Jahr 1800 in den technischen Denkmälern und Industriebauten eine Entwicklung ein, die den Wunsch der Unternehmer und Gesellschaften nachvollziehen läßt, sich durch besonders ausgeführte Bauleistungen von denen der Konkurrenz abzusetzen. Zugleich ist eine Eskalation in der Wahl der künstlerischen Mittel zu erkennen: Dieser Vorgang schließt gleichermaßen ganze Anlagenkomplexe wie auch Einzelarchitekturen ein.

Schon bei den Salinenbauten in Württemberg trifft man in der ersten Hälfte des 19. Jh. ein architektonisches Phänomen an, das für die Kon- T 45 zeption industrieller Anlagen durchaus neu ist. Mit der verstärkten Su- Z 16 che nach Steinsalzlagern und dem Niederbringen von Solebohrungen wurde die Anlage neuer Salinen notwendig: Von 1822–1827 entstand die *Saline von Bad Dürrheim* [61] (entworfen von Friedrich Arnold, dem Neffen von Friedrich Weinbrenner), 1823 ff. die in *Bad Rappenau* [62] (entworfen von Friedrich Weinbrenner) und 1824 die von *Rottweil* [63] T 46

[61] Vgl. E. Schneider, Geschichte des Ortes und der Saline, in: Bad Dürrheim. Weg und Ziel. Heimatbuch des Heilbades, Karlsruhe 1969, S. 62 ff.
[62] Vgl. Walter Carlé, Salz und Sole im unteren Neckarland, in: Schwäbische Heimat 2, 1965, S. 93 ff. – Slotta I (1975), S. 97 ff.
[63] Vgl. Günter Schulz, Die Saline Wilhelmshall bei Rottweil 1824–1969 (= Veröffentlichungen des Stadtarchivs Rottweil, Bd. 1), Rottweil 1970.

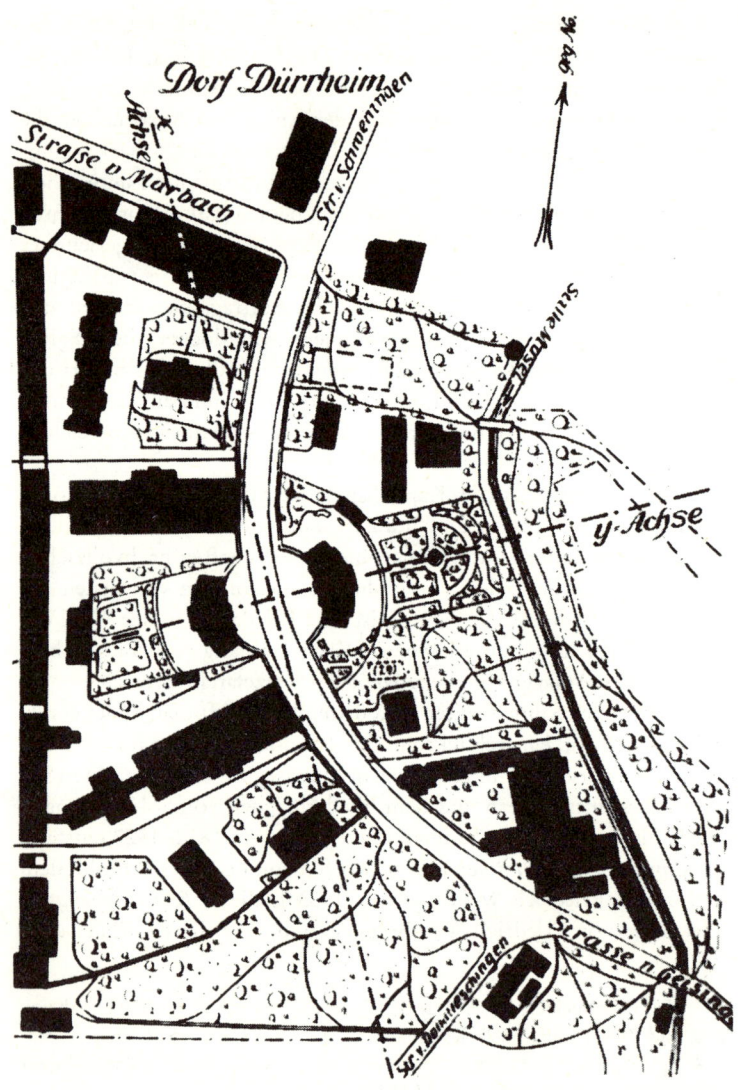

Z 16   Bad Dürrheim, Salinenanlage: Grundriß in „Fächerform".

(entworfen vom Salinenbaumeister Stock). Allen Anlagen ist gemein- T 46
sam, daß man die einzelnen Siedehäuser und Pumpenhäuser sowie die
Rohsolebehälter und Arbeiterwohnhäuser einem an Schloßbauten des
Barock und Klassizismus angelehnten symmetrischen Grundrißschema
unterordnete, daß man also einen nach ästhetischen Grundsätzen „ge-
ordneten" Grundriß der Salinenanlage zugrunde legte. Während die
beiden Salinen in Bad Rappenau und Rottweil in einer großen Vier-
eckanlage bzw. in T-Form angelegt worden sind, wählte Arnold als
Vorbild für seine Saline die Stadtanlage von Karlsruhe (den sog. „Fä- Z 16
cher"), eine Grundrißform, die von einem zentralen Punkt aus sich
kreissegmentförmig entwickelt.

Mit diesen Salinenbauten fassen wir den Beginn einer Entwicklung,
die sich in der 2. Hälfte des 19. und in der 1. Hälfte des 20. Jh. fortsetzen
sollte: Der Wunsch, Industrieanlagen als überschaubare und symmetrisch gegliederte Ensembles erscheinen zu lassen, stand als Leitgedanke
an erster Stelle. Vor allem im Montanbereich, d. h. bei Zechen- und
Hüttenanlagen, findet man vergleichbare Industriewerke, während
schnellwachsende Industrien (z. B. die chemische Industrie) diesem
Prinzip nur anfänglich nachkommen konnten.

Für den Hüttenbereich mögen hier kurz die in der 2. Hälfte des 19.
Jh. im Salzgitter-Gebiet entstandenen Hütten- und Hochofenwerke der
Ilseder Hütte [64] in Peine bzw. die der *Strousberg-Hütte* in Othfresen [65]
genannt sein, die in ähnlicher Weise die Industrieanlage einem an ge-
ordneten und ausgerichteten „Barock"-Anlagen angelehnten Grundriß
unterwerfen. Und auch bei den Steinkohlenzechen des Ruhrgebietes
fassen wir in den um die Jahrhundertmitte entstandenen Schachtanlagen T 8 a
der *Zechen Hannover* oder *Scharnhorst* [66] Beispiele für den Wunsch, die T 47

[64] Vgl. Ilseder Hütte 1858–1918. Die Geschäftsberichte und Festschriften der
Ilseder Hütte und des Peiner Walzwerkes aus den Jahren 1858–1918, Hannover
1922. – Ferner: Wilhelm Treue, Die Geschichte der Ilseder Hütte, Peine 1960.
[65] Vgl. Eberhardt Schiele/Theodor Broel, 80 Jahre Eisenerzgrube „Fortuna"
1869–1949. Ein Beitrag zur Geschichte des Eisenerzbergbaues und der Eisenindustrie am Salzgitterer Höhenzug, Grube Fortuna, den 25. November 1949
(Ms.).
[66] Vgl. Rainer Slotta, Architekturen des Bergbaus im Spiegel seiner Entwicklung, in: Der Anschnitt 29, 1977, Heft 2–3, S. 66–79, hier S. 71 ff.

Industriewerke geordnet und „sauber angelegt" anzutreffen, einen
T 49– Wunsch, der sich über die Anlagen der *Zechen Zollern II/IV* [67], *Jacobi* [68]
54 und *Zollverein* [69] bis in die heutige Zeit verfolgen läßt. Und auch im
Erzbergbau findet man durchaus vergleichbare Phänomene: Die *Gru-*
T 11– *ben Dr. Geier* in Waldalgesheim [70] und am Goslarer *Rammelsberg* [71]
13 sind hierfür deutliche Beispiele. Letztere erfuhr in den späten 30er
und 40er Jahren einen fast vollständigen Umbau, der achsen-symme-
trisch angelegt worden war. Hinsichtlich letzterer Anlage standen Gedanken einer „totalen" Industriearchitektur, wie sie auch beim Bau der
Reichswerke Hermann Göring in Salzgitter deutlich vor Augen
traten.

Es mag hier kurz eingefügt werden, daß besonders auffallende technische Architekturen wie *Wassertürme* in ganz besonderer Weise künstlerisch gestaltet und ausgestattet wurden und auf das Stadtbild Rücksicht
T 55 nahmen. In *Worms,* dessen Stadtsilhouette von den romanischen Türmen des Domes gepägt wird, errichtete der Stadtbaumeister Karl
Hofmann in den Jahren 1888–90 den fast 60 m hohen Wasserturm in
neuromanischen Formen; als Grund formulierte er: „Obschon der
Zweck des Bauwerkes ein rein praktisch-technischer ist und dieses
hauptsächlich nur den Ansprüchen der Festigkeit zu genügen hat, so
legte die Stadtverwaltung in Anbetracht dessen, daß das Gebäude durch
seine erheblichen Abmessungen doch sehr in die Augen fällt, Werth
darauf, daß es in der äußeren Gestaltung der Stadt nicht zur Unzierde
gereiche. Infolge dessen haben auf die Wahl der Bauformen und Bau-

[67] Vgl. Bernhard u. Hilla Becher/Hans Günther Conrad/Eberhard G. Neumann, Zeche Zollern 2. Aufbruch zur modernen Industriearchitektur und Technik, München 1977 (= Studien zur Kunst des 19. Jahrhunderts, Bd. 34).

[68] Vgl. H. Kellermann/H. Weigle, Die Schachtanlage Jacobi der Gutehoffnungshütte, in: Glückauf 1922, Heft 2, S. 42 ff.

[69] Vgl. Günter Drebusch, Industriearchitektur, München 1967, S. 173 ff.

[70] Vgl. Udo Liessem, Zur Bau- und Kunstgeschichte der ehemaligen Manganerzgrube Dr. Geier in Waldalgesheim, in: Rheinische Heimatpflege 15, 1978,
Heft 2, S. 103–111.

[71] Vgl. E. Kraume/M. Clement/H. Belka, Die Aufbereitungs-Anlagen des
Erzbergwerks Rammelsberg der Unterharzer Berg- und Hüttenwerke GmbH.,
Oker bei Goslar, in: W. Gründer, Erzaufbereitungsanlagen in Westdeutschland,
Berlin-Göttingen-Heidelberg 1955, S. 153 ff.

stoffe die ehrwürdigen Zeugen aus romanischer Zeit, die das Wormser Stadtbild beherrschen, bestimmend eingewirkt."

In ganz ähnlicher Weise hat man sich bei der künstlerischen Gestaltung des *Wasserturms in Münster* an den Großbauten der romanischen T 56 Kirchen orientiert. Im niedersächsischen *Lüneburg* und in *Braun-* T 57 a *schweig* entstanden neo-gotische Wassertürme, und im „barocken" *Mannheim* stellte man in das Zentrum der Stadterweiterung den zwi- T 57 b schen 1886 und 1889 errichteten Wasserturm, der mit seiner reichen neo-barocken Zier Architekturelemente des Mannheimer Schlosses aufgreift. Der in den Jahren 1908/1909 errichtete Wasserturm von *Mönchengladbach* zeigt in ganz einzigartiger Weise auf der dem alten romanischen Münster zugewendeten Seite ein Relief mit dem Schutzpatron der Stadt und des Münsters (St. Vitus) und setzt damit das alte und das neue architektonische Wahrzeichen der Stadt in eine besondere (Sicht-) Beziehung zueinander.[72]

Bei der Schilderung des Verhältnisses von technischer Funktion und künstlerischer Gestaltung im Falle von Einzelbauteilen und -anlagen ist vor allem das Beispiel der Förderanlagen interessant. Mit dem Übergang des Bergbaus vom Stollen- zum Tiefbau erwuchs den Ingenieur-Architekten des 19. Jh. eine neue Bauaufgabe: die des Förderturms bzw. des -gerüstes. Da man bei relativ geringen Schachtteufen nur relativ niedrige Fördertürme brauchte, unterschieden sich die ersten massiven Schachttürme nur wenig von den gewohnten Zechenhäusern. Erst mit dem Übergang zu größeren Teufen entwickelten sich jene Schachttürme, die noch heute als *Malakofftürme* mit den enormen Mauermassen über 2 m T 58– und Höhen bis zu 40 m unsere Bewunderung hervorrufen. Als Mani-   60 festationen der Unternehmen setzen sich diese mit diesen Türmen „Zeichen" und statten sie entsprechend ihres Anspruchs in ästhetischer Weise mit der Formenvielfalt des Historismus aus. „Mancher stolze, in

---

[72] Zum Komplex der Beziehungen zwischen technischem Bauwerk und Stadtbild vgl. u. a. Rainer Slotta, Architektonische Beziehungen zwischen dem Stadtbild und der Gestaltung von Wassertürmen in der Bundesrepublik Deutschland, in: SICCIM. II. Internationaler Kongreß für die Erhaltung technischer Denkmäler – Verhandlungen (bearb. v. Werner Kroker), Bochum 1978 (= Veröffentlichungen aus dem Deutschen Bergbau-Museum Bochum, Nr. 13), S. 228 ff.

reicherem Stile ausgeführte Schachtturm ragt wie eine Ritterburg aus dem Wald und Busch oder in lachendem Gefilde hervor . . ."[73] Mit Roland Günter sind diese Türme zugleich „eine Art Siegesdenkmal, Ausdruck der Überlegenheit, ein bißchen Kirche, viel Burg, etwas Aussichtsturm, Orientierungszeichen, großbürgerliches Streben nach Prestige, Distanzierungsgebärde" und „Hoheitssignal mit Backstein-Dekorationen, die als Ornamente genußfähig sind"[74]. Die wenigen noch erhaltenen Schachttürme dieser Zeit zwischen 1850 und 1880 zeigen mit ihrer meist großformatigen Gliederung eine monumentale, aber letztlich doch „leere", abweisende Äußerlichkeit.

Die Malakofftürme wurden um 1880 aus rein technischen Gründen von den stählernen Bockgerüsten abgelöst; dementsprechend waren die neuen Gerüste rein aus der Funktion entwickelte Formen, denen ästhetische Prinzipien fremd waren, wiewohl die aus filigrananmutenden Fachwerkträgern zusammengesetzten Gerüste oft einen phantastischen, komplizierten Eindruck hervorriefen. Ein *Fördergerüst,* das aus rein ästhetischen Gründen vom funktional Vorgegebenen abwich, T 61 wurde im Jahre 1912 auf *der Kaligrube Bergmannssegen*[75] bei Lehrte errichtet: Es war im deutschen Bergbau in dieser Form einmalig und in seiner Formgebung unverwechselbar. Das aus Fachwerkträgern zusammengesetzte Jugendstilgerüst besaß eine Kranbahn mit geschwungenem Ausleger und in der Breitenerstreckung an- und abschwellenden Streben! Diese Formgebung erwuchs wohl einzig aus formal-ästhetischen Gründen, um auch in der Konturierung des Gerüstes eine Entsprechung zur geschwungenen und kompliziert abgesetzten Dachform der übrigen Zechenbauten zu bestitzen. Erst mit den prachtvoll-mo-T 62 numentalen *Doppelbock-Fördergerüsten* der Steinkohlenzechen des Ruhrgebiets entstanden vergleichbare Sichzeichen mit ästhetisch befriedigender Form, von denen auch in jüngster Vergangenheit noch her-

---

[73] Vgl. Stahl und Eisen 1882 (zitiert nach Roland Günter, Heute unter Denkmalschutz: Industriearchitektur, in: Merian 33, 1980, Heft 8 (Ruhrgebiet), S. 68.

[74] Vgl. ebd.

[75] Vgl. Rainer Slotta, Technische Denkmäler in der Bundesrepublik Deutschland III: Kali- und Steinsalzindustrie, Bochum 1980 (= Veröffentlichungen aus dem Deutschen Bergbau-Museum Bochum, Nr. 18), S. 207 ff.

vorragende Beispiele wie jener steil aufschießende Doppelbock der *Ze-*   T 62
che Lohberg [76] errichtet worden sind.

Das sicherlich herausragende Beispiel der aufwendig mit ästhetischen
Mitteln gestalteten Industrieanlage ist die *Maschinenhalle der Dort-*   T 50b
munder Zeche Zollern II/IV [77], jenes von Reinhold Krohn und Bruno   –54
Möhring geschaffene Bauwerk, das schon so oft beschrieben und abgebildet worden ist, daß ein dürrer Hinweis auf die farbigen Glasfenster,
die kunstvoll geschwungenen Portale und die opulent ausgestattete,
symmetrisch angeordnete *Schalttafel mit der Bronzeuhr* darüber ausrei-   T 52
chen mag. Das Beispiel der Maschinenhalle Zollern zeigt, wie eine Un-
ternehmer-Persönlichkeit in Gestalt von Emil Kirdorf das Bauwerk
prägende Vorstellungen entwickelt hat, die vom Architekten Möhring
dann gestaltend vollzogen worden sind.

Zusammenfassend bleibt, daß das Verhältnis von Technik und Kunst
am Industrie- und Maschinenbau komplex und von vielerlei Voraussetzungen abhängig ist. Immer hat die Technik die funktionell notwendigen Bedingungen vorgegeben, während die Kunst entweder bruchlos in
diesen Vorgang eingriff und ihn bisweilen sogar mit Deutungen und be-
grifflichen Vorstellungen versah oder aber lediglich ausschmückend
hinzutrat („Kunst am Bau"): Zwischen diesen beiden Extremen ist jeder
Grad der gegenseitigen Beeinflussung möglich, eine Beeinflussung,
deren Grad anhand der technischen Denkmäler zu bestimmen ist.

i) Technische Denkmäler als Informationsträger
von religiösen und weltanschaulichen Verhältnissen

Jede Form des Zusammenlebens von Menschen beruht auf ethischen
und religiösen Normen, welche die sozio-kulturellen Lebensumstände
entscheidend bestimmen. Weltanschauungs- und Glaubensfragen drin-
gen in das Leben von Einzelpersonen ein und bewirken bestimmte Ver-
haltensformen und Äußerungen; dies gilt in gleichem Maße für ganze

---

[76] Das Lohberger Fördergerüst wurde 1953 von Fritz Schupp (1896–1974) errichtet (vgl. Wilhelm Busch, F. Schupp, M. Kremmer – Bergbauarchitektur
(= Arbeitshefte Landeskonservator Rheinland, 13), Köln 1980, S. 147).

[77] Vgl. Becher/Conrad/Neumann (1977), S. 239 ff.

Berufsgruppen und im besonderen für den Berufsstand der Bergleute und die Bergbauindustrie. Deshalb ist es auch durchaus möglich, in den Kulturäußerungen dieser Industrie Einflüsse derartiger religiöser und weltanschaulicher Verhältnisse zu erkennen.

Bei den Ausgrabungen an den antiken Kupferverhüttungsplätzen im israelischen *Timna* (bei Eilath am Golf von Akaba) lag in unmittelbarer Nähe der Bergwerke und Schmelzplätze ein Tempelbezirk, der zur gleichen Zeit wie die Bergbauaktivitäten entstanden und durch diese bedingt war. Bei der Ausgrabung dieses Kultplatzes konnte man den Tempel als der Göttin Hathor geweiht feststellen; diese Gottheit ist bereits als Schutzpatronin der Bergleute im ägyptischen Türkisbergbau auf dem Sinai nachweisbar.[78]

Ähnliches gilt für den abendländischen, mitteleuropäischen Bergbau. Zunächst waren hier die *Schutzpatrone* der Ortschaften auch für den umgehenden Bergbau zuständig: Die Heiligen Wolfgang, Joachim (z. B. in Joachimsthal), Nikolaus oder die Heilige Anna (z. B. in Annaberg) schützten die Bergleute bei ihrer gefahrvollen Arbeit; in den Niederlanden wurde die Nothelferin Katherina und in Polen die Heilige Kunigunde verehrt. Mit der Entdeckung der reichen Silbererze im böhmischen *Kuttenberg* (heute Kutná Hora) entstand dort eine Verehrung, welche die heilige Barbara, die zuvor lediglich eine der vierzehn Nothelfer gewesen war, zum Gegenstand hatte. Gleichzeitig mit den Bergbaurevieren des Erzgebirges um *Freiberg* in Sachsen und mit dem slowakischen Bergbau um *Schemnitz* (heute Bianská Štavnica) setzte sich diese Heilige in der Folgezeit als *die* Bergbauheilige durch. Einen der ersten großen Freskenzyklen mit dem Martyrium der Heiligen, der eindeutig mit dem Bergbau in Verbindung steht und durch ihn begrün-
T 63 det ist, findet man in der großartigen *Barbarakirche von Kuttenberg,* die unter Matthias Rajsek und später unter Benedikt Ried seit 1348 entstand

---

[78] Zu den Ausgrabungen in Timna vgl. Timna – Tal des biblischen Kupfers. Katalog der Ausstellung im Deutschen Bergbau-Museum Bochum (= Veröffentlichungen aus dem Deutschen Bergbau-Museum Bochum, Nr. 5), Bochum 1973. – Ferner: Hans Günter Conrad/Beno Rothenberg, Antikes Kupfer im Timna-Tal. 4000 Jahre Bergbau und Verhüttung in der Arabah (Israel), Bochum 1980 (= Veröffentlichungen aus dem Deutschen Bergbau-Museum Bochum, Nr. 20; = Der Anschnitt, Beiheft 1).

und zu den bemerkenswertesten, ausdrucks- und aussagekräftigsten Kunst- und technischen Denkmälern des mitteleuropäischen Bergbaus gehört. Mit dieser Darstellung des Martyriums bzw. mit der Errichtung dieses Kirchenbaus an dominierender Stelle der Stadt von Kuttenberg erfassen wir etwas von der religiösen Grundhaltung der Bergleute und jener Administration, die ihren wirtschaftlichen Reichtum und ihre finanzielle Kraft auf dem Bergbau nach Silber und Blei begründet sah.

Ähnliches gilt für die Namen der Gruben: In der Frühzeit des nachmittelalterlichen Bergbaus wie auch im alten Ägypten und im antiken Griechenland erhielten die Bergwerke fromme Namen. In Bad Grund heißt eine noch heute fördernde Grube *„Hilfe Gottes"*, in Lautenthal kennen wir die Grube *„Güte des Herrn";* das Zechenhaus *„Englische Treue"* und ein Fördergöpel *„Alter Segen"* genügen als Belege für diese enge Verbindung von Glauben und bergbaulicher Tätigkeit.

Ein besonders eindringliches Beispiel dafür, daß sakrale Denkmäler T 64, Spiegel wirtschaftlicher, industrieller Verhältnisse sein können, ist die 65a Barbara-Kapelle im Turmuntergeschoß der kleinen Pfarrkirche von *Niederhausen* bei Bad Kreuznach. Dort ging im Mittelalter und mit Unterbrechungen auch noch bis in dieses Jahrhundert hinein ein Quecksilberbergbau um. Im späten 15. Jh. wurden jene Fresken angelegt, die im Turmuntergeschoß auf der Nordseite einen Barbarazyklus, auf der Ostseite das Valentinusthema, im Süden ein Stifterbild mit einer Kreuzigungsdarstellung, im Südwesten Pflanzen- und Tiermotive, im Westen Malereien einer Spendenszene und im Gewölbe wieder vegetabilische Motive beinhalten. Der bergbauliche Bezug der Fresken ist ganz eindeutig, da anhand des Barbara- und Valentinuszyklus diese beiden Heiligen mit Sicherheit als Schutzpatrone der Bergleute und Aufbereiter identifiziert werden können. Man erfährt durch die Bildszenen ein ganz wesentliches Bewußtsein für die Ereignisse, die sich in der Zeit um 1500 hier abgespielt haben und die den Ort wie die umgehenden Bereiche zu einem bedeutenden wirtschaftlichen Faktor gemacht haben. Man wird deshalb nicht fehlgehen in der Annahme, daß der Quecksilberbergbau in jener Zeit eine ganz bedeutende, die Lebensumstände prägende Kraft gewesen sein muß. Die hohen finanziellen Aufwendungen der zweibrücker und kurpfälzischen Regenten, den Bergbau um Niederhausen zur Blüte zu bringen, legen Zeugnis von der Wichtigkeit dieses Reviers ab, in dem auch die Augsburger Fugger und andere süddeutsche Unter-

T 64,
65 a nehmerfamilien Einfluß zu gewinnen suchten. Im Hinblick auf diese
wirtschaftlich bedingten Gegebenheiten wird der Stellenwert der
Wandmalereien deutlich.

In Niederhausen wurde durch die Initiative eines Gewerken eine Kapelle der Barbara, der Schutzpatronin der Bergleute und des Bergbaus, geweiht und ihr zu Ehren ausgemalt, um ihr den erfolgreichen Bergbaubetrieb anzubefehlen. Dafür entwarf der unbekannte Künstler ein vollständiges Kompositionsprogramm: Neben der Barbara erscheint ein zweiter, dem Bergbau verbundener Heiliger in Gestalt des Valentinus, aus dessen Legende diejenigen Szenen herausgegriffen und abgebildet wurden, die in einer Beziehung zum Martyrium der Barbara stehen: Somit sollten beide Heilige als gleichberechtigte Schutzpatrone erscheinen.

Mit den Wandmalereien gegenüber, d. h. im Gewände des Westfensters, hat sich eine Spendenszene erhalten, in der ein Bischof einem Bettler oder Krüppel eine Münze gibt: In dieser Szene wird der für den Bergbau zuständige heilige Valentinus als Gebender dargestellt, d. h., man hat seinen Schutz und seine Mildtätigkeit quasi „als Versicherung" dargestellt, falls den Aufbereitern der Erze Schaden durch die bei der Destillation der Erze entstehenden Gifte entstehen sollte.

Auch das Kreuzigungsfresko auf der Südwand ist insofern auf den Bergbau bezogen, als ein Gewerke mit seiner Frau vor dem Kreuz Christi kniet und mit der typischen Stiftergebärde den Segen erbittet. Im Hintergrund sind die Nahe und das Gebirge um Niederhausen dargestellt, so daß der lokale Bezug der Malereien unbestreitbar ist.

Bemerkenswert ist auch die Anordnung der einzelnen Bildthemen im Architekturzusammenhang. Der Betrachter betritt die Kapelle durch eine schmale Pforte und erblickt zunächst die Nordwand mit dem Barbarafresko: Damit wird ihm sofort bewußt, daß es sich um die Schutzpatronin der Bergleute handelt. Zugleich fühlte sich der Bergmann persönlich angesprochen, denn er kannte die Bedeutung „seiner" Heiligen für ihn persönlich. Blickte er nach rechts, erkannte er die Szenen aus dem Martyrium des Valentinus und verstand, daß auch dieser Heilige aufs engste mit dem Bergbau verbunden war, zumal sich auch dort Landschaftsmalereien befanden, die er aus eigener Anschauung der natürlichen Verhältnisse kannte. Blickte der Betrachter nach links, fand er im westlichen Fenstergewände den Valentin wieder, der dort als Almosenspender einem durch die Aufbereitung der Erze Verunglückten half: Durch diese Anordnung der Szenen wurde den Bergleuten und Aufbereitern letztlich auch ein Zusammengehörigkeitsgefühl vermittelt. Ging man aus der Kapelle hinaus, fiel der Blick auf die Kreuzigungsgruppe: Man ging also „mit Gott" wieder an seine Arbeit. Gleichzeitig wurde aber mit aller Deutlichkeit gesagt, daß jeder Bergmann die Arbeit, sein Auskommen und seinen Verdienst dem Stifter zu verdanken hatte, der sich mit seinem Namenszug unter dem Kreuz verewigt hat.

Mit diesem Beispiel soll nicht intendiert sein, als ob nun die Barbarakapelle der Kirche von Niederhausen ein technisches Denkmal sei; sie bleibt in erster Linie ein Kunstdenkmal. Man darf aber nicht übersehen, daß in thematischer Hinsicht in Form der Heiligenlegenden letztlich wirtschaftlich-ökonomische Verhältnisse aus dem Bereich des Quecksilberbergbaus dargestellt worden sind. Nicht nur die eindeutigen Landschaftsdarstellungen, welche die Malereien in das Nahetal und -bergland verlegen, sprechen dafür. Die Verbindung der Darstellungen der Martyrien der Barbara und des Valentinus als Schutzpatrone der Bergleute und Aufbereiter belegt diesen Tatbestand ebenfalls. Somit können wir anhand dieses sakralen Denkmals wirtschaftliche Verhältnisse und das Umfeld, aus dem heraus diese Malereien geboren wurden, erfassen.[79]

Die Fresken von Niederhausen stehen in dieser Verbindung von sakralem Vorder- und industriell-wirtschaftlichem Hintergrund durchaus nicht allein. Gerade in der Zeit um 1500 treten im *Kuttenberger Kanzionale*[80], im *Annaberger Bergaltar*[81] und vor allem in der *Barbarakirche* im bömischen *Kutná Hora (Kuttenberg)*[82] Denkmäler auf, die T 63

---

[79] Vgl. Rainer Slotta, Die Bergbau-Denkmäler am Lemberg, in: Der Anschnitt 30, 1978, Heft 4–5, S. 149–160.

[80] Zum Kuttenberger Kanzionale vgl. Christian Beutler, Bildwerke von der Gotik bis zum Rokoko, in: Heinrich Winkelmann (Hrsg.), Der Bergbau in der Kunst, Essen 1958, S. 72 ff.

[81] Zum Annaberger Bergaltar vgl. ebd.

[82] Zur Kuttenberger St. Barbarakirche vgl. Radko Stasny, Kutna Hora und Umgebung, Kutna Hora 1969. – Ferner Günter Fehr, Benedikt Ried, München 1961, S. 37 ff. – Zdenek Wirth, Kutna Hora – mesto a jeho umeni (Kuttenberg – die Stadt und ihre Kunst), Prag 1912. – Eva Matejkova, Kutna Hora, Prag 1965.

eindeutig auf den Bergbau bezogen und nur aus ihm heraus entstanden sind. Ein besonders eindringliches Beispiel für derartige Beziehungen ist auch die *Pfarrkirche Unserer Lieben Frau Himmelfahrt in Schwaz* in Tirol, jener Ortschaft, die wie kaum eine zweite im alpenländischen Bereich mit dem Bergbau verbunden gewesen ist. Wegen des starken bergmännischen Bevölkerungszuzugs wurde das in den Jahren 1460–1478 errichtete Gotteshaus 1490–1508 durchgreifend umgebaut: Man errichtete unter Verwendung der alten Bauteile eine großräumige vierschiffige Halle, wobei man unter Rücksichtnahme auf die Bergmannsgemeinde einen eigenen „Knappenchor" erbaute, der gleichberechtigt neben dem „Bürgerchor" lag. Um eine klare Abgrenzung zu schaffen und Streitigkeiten im Gotteshaus auszuschließen, zog man längs der Stützenstellung zwischen den beiden Chören eine hölzerne Wand ein.[83] Und auch noch aus jüngster Zeit sind Parallelen vorhanden: Im saarländischen *St. Ingbert,* ehedem ein Hauptort des bayerischen Kohlebergbaus, entstand in den Jahren 1928–1929 jene *Hildegardiskirche,* die als Saalkirche im Inneren einen umgedeuteten Stempelausbau in Form eines „deutschen Türstocks" als große Gliederung aufweist. Dieser Gedanke des Architekten, die Erinnerung an den Bergbau und die Bedeutung dieses Industriezweiges für den Ort und dessen Einwohner wachzuhalten und anzudeuten, ist in dieser Ausbildung einzigartig und zeigt die bisweilen enge Verbindung sakral-religiösen Gutes mit wirtschaftlich-technischen Gegebenheiten.[84]

Diese enge Verknüpfung von Glauben und Bergbau bzw. von der Unterschutzstellung der Bergleute unter die Güte Gottes läßt sich auch in den *Bethäusern* und *Verlesestuben* der Tagesanlagen fassen. Im *Wit-*
T 65 b *tener Muttental* hat sich aus den 1820er Jahren ein sog. *Bethaus* erhal-

[83] Vgl. Gerhard Heilfurth, Der Bergbau und seine Kultur. Eine Welt zwischen Dunkel und Licht, Zürich-Freiburg i. Br. 1981, S. 191.

[84] Zur Hildegardiskirche vgl. Wilhelm Vahle, St. Hildegardkirche in St. Ingbert, München 1939 (= Kirchführer Nr. S 331/332). – J. J. Morper, Katholische Kirchenbauten an der Saar, Saarbrücken 1935. – Wolfgang Krämer, Geschichte der Stadt St. Ingbert, Bd. 2, St. Ingbert 1955, S. 242 f. – Rainer Slotta, Förderturm und Bergmannshaus. Vom Bergbau an der Saar, Saarbrücken 1979 (= Veröffentlichungen aus dem Deutschen Bergbau-Museum Bochum, Nr. 17), S. 94.

ten, ein kleines, zweigeschossiges Bruchsteingebäude, das mit einem Satteldach und einem kleinen Dachreiter mit einem Glöckchen abgeschlossen ist. Im Untergeschoß, das heute als Museum genutzt wird, war das Mundloch des Stollens untergebracht; außerdem diente der Raum als Magazin. Im Obergeschoß lag die sog. Verlesestube, in der die Bergleute vor der Schicht aufgerufen („verlesen") wurden, so daß man eine Kontrolle hatte, wer von den Knappen in die Grube eingefahren war und wer nicht. Die Errichtung dieses Bethauses durch die preußische Administration begründete sich allerdings nicht allein auf die Frömmigkeit der Bergleute, sondern auch und vielmehr darauf, eine Disziplinierung der Bergleute herbeizuführen und einen genauen Überblick über die Arbeitsverhältnisse zu bekommen.[85] Das beste Beispiel einer derartigen *Betstube* befindet sich heute *im Zechenhaus der Freiberger Grube „Alte Elisabeth"*, die inzwischen als Lehrgrube und als Museum der Freiberger Bergakademie unterstellt und liebevoll restauriert worden ist. In jener Betstube hat sich u. a. auch eine kleine Orgel erhalten, die vor jeder Einfahrt in die Grube gespielt worden ist: Man sang ein geistliches Lied und befahl sich dem Schutze des Herrn an. Aber auch im saarländischen Steinkohlenrevier hat eine vergleichbare Situation noch bis weit in die 40er und 50er Jahre hinein bestanden: Die sog. „Verles" mit dem nachfolgenden „Helm ab zum Gebet" ist dafür Beleg.[86]

Daß religiöse Vorstellungen auch bei der Errichtung von technischen Anlagen eine Rolle gespielt haben, wird bisweilen schon an der äußeren, architektonischen bzw. künstlerischen Ausbildung deutlich. Die berühmte und inzwischen restaurierte *Gießhalle der Sayner Hütte* bei   T 34
Koblenz dürfte dafür das beste Beispiel sein. Fast vollständig in Gußeisen errichtet, das sich als Baumaterial zur Errichtung eines feuerresistenten Hüttengebäudes empfahl, benutzte der Erbauer Carl Ludwig

[85] Zum Bethaus im Muttental vgl. Werner Kroker, Bergbaugeschichtliche Stätten im Muttental bei Witten, in: Der Anschnitt 26, 1974, Heft 5–6, S. 30–37.

[86] Zur Betstube im Zechenhaus der Grube Alte Elisabeth vgl. Fritz Bleyl, Baulich und volkskundlich Beachtenswertes aus dem Kulturgebiete des Silberbergbaues zu Freiberg, Schneeberg und Johanngeorgenstadt im sächsischen Erzgebirge, Dresden 1917, S. 89ff. und S. 174.

Althans die Formen einer dreischiffigen gotischen Basilika mit ausladendem Querschiff, dem sich östlich – an der Stelle des Chorraumes im sakralen Kirchenbau – der Hochofenbereich anschloß. Die pseudosakrale Erscheinung der Gießhalle besitzt als ideologischen Hintergrund den Gedanken eines „Domes der Arbeit". Bewußt wurde in jener Zeit der Neuentdeckung des gotischen Elements auch das Maßwerkfenster als Stimmungsträger verwendet. Die Bewunderung der Zeit für die Leistungen in technischer und maschineller Hinsicht ließen es auch zu, daß dorische Säulen als Stützen des Mittelschiffs verwendet wurden. In den Bau der Sayner Gießhalle flossen in ikonologischer und phänomenologischer Hinsicht Gedanken ein, welche die Errichtung eines Hüttenwerkes zumindest gleichberechtigt neben den eines Domes oder Schlosses stellten.[87]

Z 15   Exakt zur selben Zeit entstand mit der *Königshütte* in Bad Lauterberg ein vergleichbares Hüttengebäude, das die sakralen, gotischen Kunstformen in ausgepägter Weise verwendet. Man kann nicht umhin, die Gebäudekonzeption mit einer mittelalterlichen Kirche zu vergleichen: Anstelle des Westturms setzte die Königshütte den aufragenden Hochofen mit der Gicht, das Langhaus bestand aus dem gußeisernen, dreischiffigen Abstichsraum, und der Chor war in Gestalt eines Kleeblattchores mit gotischen Maßwerkfenstern und der Andeutung einer Zwerggalerie gestaltet worden. Mit diesen Bauten der Königshütte und der Sayner Hütte besitzen wir unschätzbar wichtige Hinweise auf die enge Verflechtung von Religiosität und technischem Denkmal.[88]

[87] Vgl. u. a. Gerhard Seib, Die Gießhalle der Sayner Hütte, in: Der Anschnitt 26, 1974, Heft 5–6, S. 38–45. – Paul-Georg Custodis, Die Sayner Hütte und ihre baugeschichtliche Einordnung, in: Eisenarchitektur – Die Rolle des Eisens in der historischen Architektur des 19. Jahrhunderts (hrsg. v. ICOMOS – Deutsches Nationalkomitee), Mainz 1979, S. 46–51.

[88] Zur Königshütte vgl. Rainer Slotta, Der Neubau der Königshütte in Bad Lauterberg. Ein Werk des Kunstmeisters und Berggeschworenen Karl Heinrich Mummenthey, in: Der Anschnitt 28, 1976, S. 64–80.

k) Technische Denkmäler als Informationsträger von persönlichen, individuellen Ereignissen

Als die Direktion der Gelsenkirchener Bergwerks-AG (GBAG), vom Dortmunder Oberbergamt veranlaßt, einen neuen Wetterschacht für die seit 1873 fördernde *Zeche Zollern I/III* abteufen ließ, stieß man im Jahre 1893 auf abbauwürdige Fettkohlevorkommen. Man entschloß sich daraufhin im Jahre 1898 zur Errichtung einer vollständig neuen *Schachtanlage Zollern II/IV*, die im Dezember 1903 zur Seilfahrt zugelassen wurde.

Die Absicht des Generaldirektors der Bergwerksgesellschaft *Emil Kirdorf* zielte auf die Schaffung einer beispielhaften, richtungweisenden Musteranlage, wie sie zu jenem Zeitpunkt im Bergbau noch unbekannt war. Hinter dem Grundriß und der gedanklichen Konzeption stehen eindeutig Schloßbauten und Anlagen der Feudalzeit, die mit zeitspezifischem Gedankengut und Vorstellungen des Historismus und des Jugendstils versehen und umgedeutet wurden. Eindeutig ist aber, daß Emil Kirdorf aus seiner Konkurrenz zu August Thyssen und Hugo Stinnes heraus eine Zechenanlage schaffen wollte, die sein Unternehmen als fortschrittlich und modern-dynamisch darstellen sollte. T 49–54

Sämtliche Anlagen des Hofbereichs wurden von dem schon häufig für die GBAG tätigen Architekten *Paul Knobbe* aus Gelsenkirchen ausgeführt, der in diesen Bauten die gesamte Formenvielfalt des Historismus entwickelte. Auch für den technischen Mittelpunkt der Zechenanlage – die Maschinenhalle – hatte Paul Knobbe einen Entwurf ausgearbeitet, der zunächst auch akzeptiert worden war. Unter dem Eindruck der von dem Statiker *Reinhold Krohn* und dem Architekten *Bruno Möhring* errichteten Pavillonhalle der Gutehoffnungshütte auf der Industrie-, Gewerbe- und Kunstausstellung vom Jahre 1902 in Düsseldorf änderte Kirdorf, der als aufbrausender, entschlossener und cholerischer Mensch bekannt war, kurzerhand das Konzept und erteilte Krohn und Möhring den Auftrag zum Bau der Maschinenhalle in einer Stahlkonstruktion unter Verwendung von Glas und Backstein, die optimale Arbeitsbedingungen bieten sollte.

Krohn und Möhring gestalteten die (inzwischen zu einem National-denkmal anerkannte) Maschinenhalle nach ihren persönlichen ästhetischen Normen: Der helle und mit großen Fenstern ausgestattete T 50b –54

Baukörper wird von einem kurzen „Querschiff" in der halben Länge durchstoßen, leicht spitzbogige Stahlschwibbögen aus Ober- und Untergurten tragen das Satteldach, die „Vierung" ist mit einem „Kreuzgewölbe" geschlossen. Große, rundbogige Fenster in den Stirnwänden und schmalere mit herausgeschobenem Scheitelstück belichten das Innere. Möhringsche Architektureigenarten sind vor allem an den heute T 51 b leider veränderten Portalen zu erkennen: Er gestaltete die ovalen, mit Jugendstilformen geschmückten Eingänge in der Art von „Weinlauben", wie er sie für die Pariser Weltausstellung entworfen hatte. Die erhaltenen Glasmalereien in Violett, lichtem Grün und dunklem Blau werfen ein bezeichnendes Licht auf eine Persönlichkeit, die einen Industriebau mit derartigem Luxus ausstattete.[89]

Eine durchaus vergleichbare Erscheinung ist jenes Beispiel, bei dem eine Bergwerksgesellschaft auf ihren Zechenanlagen zu einer bestimmten Zeit eine spezifische Bauform für ihre *Fördergerüste* gewählt hat. So hat die Harpener Bergwerks-AG in den Jahren zwischen 1890 und 1910 auf ihren Schachtanlagen fast ausschließlich eine Fördergerüst-Form aufgestellt, welche der Bergwerksdirektor Tomson entwickelt hatte. T 66 Diese sog. *Tomson-Böcke* sind auch heute noch zuverlässige Indikatoren dafür, daß die Zechen einmal zu jenem Bergwerksunternehmen gehört haben.[90]

Dieses Phänomen, daß einzelne Unternehmen bestimmte Anlagen oder Teile davon geradezu als „Abzeichen" verwendet haben, findet sich auch in noch größerem, regional abgegrenztem Rahmen. Während der Ruhrbergbau im 19. Jh. von privaten Unternehmen geführt wurde, stand das saarländische Steinkohlenrevier seit der Übernahme des privaten Bergbaus in staatliche Regie immer unter der Administration des Fiskus. Dort findet man eine auf das Saarland begrenzte Fördergerüstform, die durch eine Verjüngung der zentralen Strebe gekennzeichnet ist. Wenn man heute ein derartiges technisches Denkmal sieht, kann

---

[89] Zur Zeche Zollern II/IV vgl. Bernhard u. Hilla Becher/Hans Günther Conrad/Eberhard G. Neumann, Zeche Zollern 2. Aufbruch zur modernen Industriearchitektur und Technik, München 1977 (= Studien zur Kunst des 19. Jahrhunderts, Bd. 34).

[90] Vgl. Rainer Slotta, Architekturen des Bergbaus im Spiegel seiner Entwicklung, in: Der Anschnitt 29, 1977, Heft 2–3, S. 66–79, hier S. 71.

man sicher sein, daß die Anlage einem saarländischen Konstruktions-
büro der Jahre um 1900 entstammt, also unter dem preußischen Fiskus
geplant und ausgeführt wurde.[91]

Oft sind bestimmte Anlagen und technische Einrichtungen mit den
Namen hervorragender Persönlichkeiten verbunden: Dies gilt glei-
chermaßen für Bergwerksgesellschaften privater bzw. staatlicher
Unternehmensstruktur. Zechennamen wie *„Adolf von Hansemann"*,
„Jacobi" oder *„Haniel"* wurden Schachtanlagen privater Unternehmer
verliehen, während die staatliche Administration z. B. die Namen ihrer
hervorragenden Beamten verwendete (*„von Oeynhausen-Schacht"*,
„Grube Heinitz", *„Grube Dechen"* usw.). Welche Persönlichkeiten
z. B. mit dem Saarbergbau besonders eng verbunden waren, zeigen die
Porträts an der zwischen 1877 und 1880 ausgeführten Saarbrücker
Bergwerksdirektion: Dort findet man an dem Mittelrisalit entlang der
Trierer Straße die Medaillons mit den *Porträtbüsten* des Bergrats Sello, T 67
des Oberberghauptmanns von Dechen, des Oberberghauptmanns Krug
von Nidda und des Kommerzienrats Böcking, von Männern, die sich
um den Saarbergbau verdient gemacht haben.[92]

Manchmal können auch offizielle *Geschenke* und *Ehrungen* von
Einzelpersonen wichtige Aufschlüsse über bergbauliche Verhältnisse
geben; das wohl eindringlichste Beispiel ist der „Silberwagen", den die
Mansfeld AG für Bergbau und Hüttenbetrieb ihrem Generaldirektor
Otto Vogelsang im Jahre 1913 geschenkt hatte. Dieser vollständig aus
Mansfelder Silber hergestellte Wagen besaß die typische Form der im
Mansfelder Kupferschieferbergbau eingesetzten niedrigen *Förderwa-
gen:* einen längsrechteckigen, flachen Kasten mit zwei Radachsen in
der Mitte des Wagenkastens. Diese Förderwagenform nahm auf die

---

[91] Vgl. Rainer Slotta, Bemerkungen zur Abhängigkeit der Bergbau-Architek-
turen von Lagerstätte und Unternehmenspolitik, in: Internationales Symposium
zur Geschichte des Bergbaus und Hüttenwesens – Vorträge (hrsg. v. d. Bergakademie Freiberg im Auftrage des ICOHTEC, wiss. bearbeitet v. Eberhard
Wächtler u. Gisela-Ruth Engewald), Freiberg 1978, Bd. 2, S. 419–431.

[92] Zur Saarbrücker Bergwerksdirektion vgl. Hans-Christoph Dittscheid, Die
Bergwerksdirektion – Ein Zeugnis preußischer Architektur in Saarbrücken, in:
Saarbrücker Hefte 43, 1976, S. 19–34. – Martin Klewitz, Das Direktionsge-
bäude der Saarbergwerke im Wandel der Jahrzehnte, in: ebd., S. 35–41.

spezifischen bergbaulichen Verhältnisse im Mansfelder Bergbaurevier Bezug: Dort hatten die Kupferschieferflöze lediglich eine Mächtigkeit von 40–100 cm, so daß die untertägigen Strecken nur sehr niedrig bemessen waren. Die Förderwagen wurden von Förderjungen geschleppt, die diese Wagen mit einer Schlaufe, die sie am Fuß befestigt hatten, hinter sich herzogen. In den engen Strecken „robbten" („treckten") und schleppten die Jungen die Wagen bis zum Füllort; um eine Richtungsänderung zu ermöglichen, hatte man die Wagenräder in die Mitte der Wagenkästen gesetzt: So erleichterte man das Umsetzen erheblich. Daß diese Schlepparbeit eine ungemein schwere Arbeit war, braucht nicht näher betont zu werden. Die Schlepper schützten sich durch Brettchen an Knien und Ellenbogen, doch zeigten sich infolge der andauernden körperlichen Verrenkungen bei der Arbeit meistens bald physische Schäden. Der kleine Silberwagen hält die Erinnerung an diese menschlichen und arbeitstechnischen Verhältnisse wach.[93]

---

[93] Vgl. Rainer Slotta, Silberner Förderwagen, in: Der Anschnitt 32, 1980, Heft 5–6, Beilage: Meisterwerke bergbaulicher Kunst und Kultur Nr. 9.

II. ZUR GESCHICHTE UND ZUM SELBSTVERSTÄNDNIS DER INDUSTRIEARCHÄOLOGIE INNERHALB DER FORSCHUNG

Gemeinhin nimmt man an, daß Großbritannien das Geburtsland der Industriearchäologie gewesen ist. Dies hat seine Berechtigung, wenn man die heutigen Verhältnisse und das heutige Verständnis von den technischen Denkmälern und der Industriearchäologie in ihrer Entwicklung nach dem Ende des Zweiten Weltkrieges betrachtet. Indessen lassen sich die Wurzeln viel länger bis ins 19. Jh. hinein verfolgen, und wieder ist es der Bergbau, der in frappierender Weise den Begriff der „Bergbauarchäologie" als Teil der Industriearchäologie verwendet, allerdings zunächst in einem anderen Verständnis als heute. Bergrat *Theodor Haupt,* in den sechziger Jahren des 19. Jh. ein führender Bergmann im italienischen Erzbergbau, versuchte damals die kulturgeschichtliche Stellung des alten Bergbaus dahingehend zu verwenden, um aus ihm neue Aufschlüsse über abbauwürdige Lagerstätten zu erhalten. „Die Archäologie des Bergbaues kann Ersatz leisten für den Mangel der Geschichte, aber nicht umgekehrt diese Entschädigung gewähren für das Außerachtlassen der archäologischen Forschungen... Der Stoff zu dem Aufbau der neuen archäologischen Doktrin findet sich in Halden, Bingen (= Pingen, d. s. verstürzte Schächte) und in verlassenen Grubenbauen, wo nämlich dieselben noch zugänglich sind, freilich ein seltener Fund... Tausende von Halden und Bingen aus allen Zeitaltern habe ich geprüft, in beiden Hemisphären mir diese Reliquien zu Vertrauten gemacht und durch sie das Wesen der Vorfahren und ihre Weisen erfahren. So habe ich ihre Schwäche und Stärke, ihre Mittel und Wege erspäht... Klein in Kunst und Wissenschaft waren die Erzväter des Bergbaus, aber groß in Ausdauer." [94]

---

[94] Vgl. Theodor Haupt, Bausteine zur Philosophie der Geschichte des Bergbaus, Lieferung 1, Leipzig 1865; Lieferung 2: Die Archäologie und Chronik des Bergbaus, Leipzig 1866; Lieferung 3: Die Monumente in der Geschichte des

Etwa 40 Jahre später schrieb dann *Friedrich Freise*, dem es mehr als Theodor Haupt um die Geschichte des Bergbaus ging, daß man aus den alten Gruben, deren Resten und Funden, „die schärfsten Schlüsse" ziehen könne. „So vermag die Bergbauarchäologie (und hier wird sie expressis verbis genannt) im einzelnen praktischen Falle vollwertigen Ersatz für den Mangel an Geschichte zu leisten."[95] Freise glaubte aber, daß „für den Mangel an archäologischem Material Ersatz in historischen Nachrichten" nicht gesucht werden könne, wobei er auf die Lücken literarischer Überlieferung anspielte und gleichzeitig seine gedankliche Abhängigkeit von Haupt dokumentierte[96].

Mit diesen Bemerkungen war der Begriff der Bergbauarchäologie als Teilgebiet der Industriearchäologie geboren worden, doch nahm man damals kaum Notiz davon. Vielmahr war die Entstehung dieses Begriffs ein Produkt der Zeit jener am „Ende des 19. Jh. heranziehenden Bewegung, den Denkmälern der nationalen Kultur auch Marksteine der technischen ‚Kultur'-Entwicklung als nationalen Beitrag zuzugesellen ...". Um die Beschreibung und Erhaltung technischer Denkmäler haben sich dann vor allem Ingenieurvereine und die aus der Jugendbe-

---

Bergbaus, Leipzig 1867. Hier Lieferung 2, S. 3 ff. – Doch ist Bergrat Haupt nicht der erste, der die Möglichkeit erkannt hat, aus alten Bauen Hinweise auf die mögliche Eröffnung eines neuen Bergbaus zu ziehen. So hat *Franz Ludwig von Cancrin* bereits 1769 in einem Rapport über die Erzgrube Friedrichssegen bemerkt: „An den drei alten, aber sehr kurzen Stollen des Bergwerkes in dem Kölnischen Loch (das ist die Grube Friedrichssegen), die mehr Tagesstollen und Röschen als Hauptstollen sind, an den Halden und dem höfflichen, zu Erzen sehr schicklichen Gesteine sieht man immer so viel, daß die Alten in diesem Gebirge nicht bloß geschürft, sondern wirklich gebauet haben. Zugleich kann man aber aus ihren Stollen und den nicht zu großen Halden schließen, daß dieselben nicht all zu tief niedergekommen sein müssen" (zitiert nach: Beschreibung der Bergreviere Wiesbaden und Diez, Bonn 1893, S. 159).

[95] Friedrich Freise, Geschichte der Bergbau- und Hüttentechnik, Berlin 1908, S. III f.

[96] Gerd Weisgerber, Bergbauarchäologie als Industriearchäologie, in: SICCIM – Second International Congress on the Conservation of Industrial Monuments. Verhandlungen/Transactions (bearb. v. Werner Kroker) (= Veröffentlichungen aus dem Deutschen Bergbau-Museum Bochum, Nr. 13), Bochum 1978, S. 176–184, hier S. 178f.

wegung mitgespeiste Heimatbewegung gekümmert. Auch *Oskar von Miller*, der Gründer des „Deutschen Museums von Meisterwerken der Naturwissenschaften und Technik" in München, der in Stockholm das bahnbrechende volkskundliche Freilichtmuseum Skansen kennengelernt hatte, begrüßte im Prinzip eine solche, freilich auf handwerklichtechnische Gegenstände ausgerichtete Ergänzung für sein Museum.[97]

In der Folgezeit verlagerte sich in Deutschland die Beschäftigung mit den „technischen Kulturdenkmälern", wie man sie damals mit einem Wortungetüm nannte, weitgehend nach München an das Deutsche Museum, dessen Publikationsreihe („Technikgeschichte") in den 20er und frühen 30er Jahren eine stattliche Anzahl von Betrieben dokumentiert hat, die damals infolge der einsetzenden Modernisierung eine Umstrukturierung erfuhren. Und nicht zu vergessen ist jenes 1932 erschienene Buch von *Conrad Matschoss* und *Werner Lindner* über die „technischen Kulturdenkmäler", das man ohne Zaudern als Vorläufer und Wegbereiter aller heutigen Publikationen über technische Denkmäler ansehen muß.[98] Daneben entwickelten damals die sog. Heimatschutzbewegung, z. B. in Sachsen, und der Verein Deutscher Ingenieure Aktivitäten und Initiativen, indem sie sich um herausragende und technikgeschichtlich aussagekräftige Denkmäler kümmerten: Die Erhaltung der Luisenhütte im sauerländischen Wocklum als Denkmal der Hüttenindustrie des mittleren 19. Jh. oder die Erhaltung des Steinbruchs „Scheibenberg" beim erzgebirgischen Annaberg bzw. die Translozierung des Schwarzenberg-Gebläses nach Freiberg zur Anschauungsgrube „Alte Elisabeth" mögen als Belege hierfür dienen.[99] Auch forderte man damals be-

---

[97] Wolfhard Weber, Von der „Industriearchäologie" über das „Industrielle Erbe" zur „Industriekultur". Überlegungen zum Thema einer handlungsorientierten Technikhistorie, in: Technikgeschichte. Historische Beiträge und neuere Ansätze (hrsg. v. Ulrich Troitzsch und Gabriele Wohlauf), Frankfurt a. M. 1980 (= Suhrkamp-Taschenbuch Wissenschaft 319), S. 432.

[98] Vgl. Conrad Matschoss/Werner Lindner, Technische Kulturdenkmale, München 1932.

[99] Vgl. H. Dickmann, Der letzte Holzkohlenhochofen im rheinisch-westfälischen Industriegebiet, in: Stahl und Eisen 58, 1938), S. 918f. und ebda. 70 (1950), S. 887. – Otto Fritzsche, Das Schwarzenberg-Gebläse – Seine Erhaltung auf der Alten Elisabeth in Freiberg. Ein Denkmal sächsischer Maschinenbau-

reits die Errichtung eines Freilichtmuseums, um vor- und frühindustrielle Produktionstechniken zu erhalten: So dachte *Wilhelm Claas* an Zentren der Dokumentation in Hagen und im Essener Raum.[100]

Während der nationalsozialistischen Regierung wandelte sich das Interesse an den technischen Denkmälern, das während der Zeit der Weimarer Republik zweifelsohne in Deutschland bestanden hatte, in eine eher leere Repräsentationssucht: „Die Nationalsozialisten (stellten) lediglich in der Kunst und damit in der Propaganda den einzelnen Menschen im ‚Ringen‘ mit der Technik (vorzugsweise in der Schwerindustrie) heraus.“[101] Hinzu kam, daß durch die planmäßig vorangetriebene Entwicklung der Industrie auf denkmalpflegerische Belange in der Regel keine Rücksichten genommen wurden.

Nach dem Ende des Zweiten Weltkrieges standen verständlicherweise der Aufbau und die Rekonstruktion der Kunstdenkmäler in ihrer ganzen Vielfalt im Vordergrund der Bemühungen; außerdem beherrschte in den 40er, 50er und noch in den 60er Jahren das vom Nationalsozialismus geprägte, „verherrlichende Bild des technikschaffenden Ingenieurs und mit der Technik ringenden deutschen Arbeiters“ die Vorstellung und stand der Dokumentation und Erhaltung technischer Denkmäler hinderlich im Wege.[102] Lediglich vereinzelte technische Denkmäler, die in ganz besonderem Ausmaß mit ästhetischen Reizen versehen waren wie die Kranbauten an Rhein, Main und Mosel oder schloßähnliche Fabrikbauten erregten das Interesse der Denkmalpflege. Erst als in den 60er Jahren die ersten großen Krisen die Industrieentwicklung beeinträchtigten, als im Ruhrgebiet das „Zechensterben“ einsetzte und eine Großzahl von Industrieunternehmen dokumentationslos verschwanden und als „Ende der 60er Jahre deutlich wurde, daß die Wachstumseuphorie der Nachkriegsjahre mehr an Denkmalsubstanz ‚gekostet‘ hatte als der so ‚totale‘ Zweite Weltkrieg, ging man bei der Novellierung bzw. Neuschaffung der Denkmalschutzgesetze daran, auch Marksteine der technischen Entwicklung zu berücksichtigen. Be-

kunst, in: Mitteilungen d. Landesvereins sächsischer Heimatschutz Dresden, Heft 9–12, Bd. 26, 1937, S. 255–268.

[100] Vgl. Weber (1980), S. 425.
[101] Vgl. Weber (1980), S. 424/425.
[102] Vgl. Weber (1980), S. 425.

merkenswert ist auch hier, daß Denkmäler der Industrie dabei tendenziell weniger Beachtung gefunden haben."[103] Jetzt machte sich erstmals der Einfluß der Industriearchäologie aus England bemerkbar.

Großbritannien gilt heute mit vollem Recht als das Mutterland der Industriearchäologie, da Mitte der 50er Jahre von dort die wesentlichen Ausstrahlungen ausgingen, die letztlich auch zur Begründung der Wissenschaftsdisziplin auf dem westlichen europäischen Kontinent führten. Dabei ist es sehr bemerkenswert, daß am Beginn der Aktivitäten weniger eine wohldurchdachte Methotik stand, welche die Notwendigkeit der Erhaltung technischer Denkmäler erkannt hatte und nun nach einem übergreifendem Konzept arbeitete, sondern vielmehr eine besonders dem angelsächsischen Temperament eigene Wesensart, in der Freizeit die Ärmel aufzukrempeln und nach mancherlei Geschmack „skurrile" Aktivitäten zu entwickeln, wobei man einfach unaufbereiteten Gedankenläufen nachging, ohne gleich das Problem, sofern man es überhaupt als solches betrachtete, wissenschaftlich aufzubereiten. Insofern und vor allem dadurch unterscheiden sich noch heute die industriearchäologischen Aktivitäten auf den Britischen Inseln ganz erheblich von denen auf dem Kontinent – nicht nur hinsichtlich der Anzahl der Aktivitäten. Bei den ersten Arbeiten der 50er Jahre ging es den britischen Industriearchäologen eindeutig um die Rettung und Wiederherstellung technischer Denkmäler; erst allmählich entwickelte sich die Industriearchäologie dann zu einem wissenschaftlichen Forschungsfach interdisziplinären Charakters, das „über den Schutz technischer Denkmäler hinaus aufgrund der Erfassung und mindestens dokumentarischen Erhaltung der Quellengattung materieller Überreste der Industrie und des Verkehrswesens, durch die Kritik und Interpretation dieser Quellen einen selbständigen Beitrag zur Technik- und Wirtschaftsgeschichte leistet"[104]. Es ist das Verdienst von *Akos*

---

[103] Vgl. Weber (1980), S. 426. – Dieser Entwicklungsgang ist ähnlich dargestellt in: Andreas Kuntz, Der Dampfpflug. Bilder und Geschichte der Mechanisierung und Industrialisierung von Ackerbau und Landleben im 19. Jahrhundert, Marburg, 1979, S. 98–112. – Wolfhard Weber, Technische Denkmäler – Historische Topographie, in: Axel Föhl, Technische Denkmale im Rheinland (= Arbeitsheft 20 des Landeskonservators Rheinland), Bonn 1976, S. 13/14.

[104] Vgl. Akos Paulinyi, Industriearchäologie – Neue Aspekte der Wirt-

Paulinyi, diese Entwicklung in Großbritannien einmal aufgezeigt zu haben.

Der Begriff der „Industriearchäologie" wird erstmalig im Jahre 1955 genannt; bezeichnend für die Namensfindung ist die Tatsache, daß sie aus Kreisen der Lokalgeschichte und der Erwachsenenbildung der englischen Universitäten kam. Die „Industriearchäologie wurde zum Stekkenpferd für die einen, zur Wissenschaft für die anderen, das Verbindende waren die Bemühungen um die Erfassung und Rettung industrieller Denkmäler. Den Namen soll *D. Dudley,* seinerzeit Direktor des Extra-Mural Department und dann Professor der lateinischen Sprache an der Universität Birmingham, erfunden haben." [105] „Der erste bedeutende Erfolg auf dem Gebiet der Organisation bestand dann darin, daß der Council for British Archaeology, eine das gesamte Gebiet Großbritanniens umfassende wissenschaftliche Institution, die von vielen lokalen Vereinen, Museen, Interessengemeinschaften von Technikern und Lokalhistorikern entfaltete Aktivität für die Erhaltung industrieller Denkmäler im Jahre 1959 zur Kenntnis nahm, eine Konferenz mit dieser Thematik einberief und einen Forschungsausschuß für ,Industriearchäologie' (Research Committee on Industrial Archaeology – RCIA) gründete." [106]

Kenneth Hudson, der wohl engagierteste Vorkämpfer der Industriearchäologie und große Initiator, definierte dann im Jahre 1963 die Industriearchäologie als die „organisierte, zum Fach erhobene Erforschung gegenständlicher Überreste vergangener Industrien", wobei der Anspruch, eine wissenschaftliche Disziplin zu sein, bereits klar ausgedrückt worden ist[107]. Dennoch sah Hudson auch noch 1965 es als die wichtigste Aufgabe der Industriearchäologie an, gegenständliche Überreste der frühen Industrie und Technik aufzufinden, zu erfassen und gelegentlich zu erhalten. „Allerdings war zu diesem Zeitpunkt das Definitorische hinter der Praxis der Industriearchäologie schon zurückgeblie-

schafts- und Technikgeschichte, Dortmund o. J. (1975) (= Vortragsreihe der Gesellschaft für Westfälische Wirtschaftsgeschichte e. V., Nr. 19), S. 7.

[105] Ebd., S. 8 und 26, Anm. 2.

[106] Ebd., S. 8/9.

[107] Vgl. Kenneth Hudson, Industrial Archaeology – an Introduction, London 1963, S. 21.

ben. Es fehlte nicht an Stimmen, die mit Nachdruck darauf verwiesen, daß das Endziel der Industriearchäologie nicht das Objekt selbst sei, sondern daß sie durch die Einbeziehung der materiellen Überreste in die Forschung zur Erkenntnis des Werdegangs der Wirtschaft und Gesellschaft beizutragen habe." [108]

Zu Beginn der 70er Jahre, als die Industriearchäologie schon auf eine beachtenswerte Organisations-, Forschungs- und Publikationstätigkeit zurückblicken konnte, prägte *Angus Buchanan* seine Definition, die in einem wesentlichen Punkt über das Hudsonsche Verständnis hinausgreift: „Industriearchäologie ist ein Forschungsgebiet, das sich mit der Erforschung, Erfassung, Registrierung und in einigen Fällen mit der Erhaltung industrieller Denkmäler befaßt. Die Bedeutung dieser Denkmäler (muß) in den Kontext der Sozial- und Technikgeschichte" gestellt werden. [109] In dieser Auffassung spiegelt sich das Bemühen Buchanans wider, die Wissenschaftlichkeit der Disziplin zu zeigen, „die auf der Grundlage der Erschließung und Bewahrung vernachlässigter Quellen (der gegenständlichen Überreste – 'physical remains') durch die Kritik und Interpretation dieser Quellen im Kontext der ökonomischen, sozialen und technischen Entwicklung fähig ist – neben der sehr bedeutungsvollen illustrativen und didaktischen Funktion –, unsere Erkenntnis der ökonomischen Entwicklung, ihrer technischen und sozialen Aspekte zu vertiefen" [110].

Diese beiden Verständnisse von der Industriearchäologie findet man im wesentlichen auch heute noch auf der Britischen Insel; andererseits läßt sich diese Begriffsauffassung auch auf dem Kontinent nachweisen, wobei es ausschlaggebend ist, welche Ausbildung der jeweilige Bearbeiter genossen hat bzw. welche Möglichkeiten rein technischer Art zur Verfügung stehen.

---

[108] Vgl. Akos Paulinyi, Industriearchäologie oder Geschichte der materiellen Kultur, in: SICCIM – Second International Congress on the Conservation of Industrial Monuments, Verhandlungen/Transactions (bearb. v. Werner Kroker), Bochum 1978 (= Veröffentlichungen aus dem Deutschen Bergbau-Museum Bochum, Nr. 13), S. 153.

[109] Vgl. Angus Buchanan, Industrial Archaeology in Britain, Harmondsworth 1972, S. 20.

[110] Vgl. Paulinyi (1978), S. 154.

Paulinyi sieht m. E. das Verhältnis zwischen der Wirtschafts- und Technikgeschichte einerseits und der Industriearchäologie britischer Ausprägung andererseits richtig, wenn er sagt: „Die akademisch etablierte Technik- und Wirtschaftsgeschichte, eigentlich die Eltern der Industriearchäologie, hatten lange Zeit nicht viel mehr als nur spöttische Bemerkungen für den Neukömmling übrig. Erst nachdem außer den von der Vernichtung geretteten Denkmälern der Industrie auch eine wissenschaftliche Zeitschrift („Industrial Archaeology")... und eine Fülle wissenschaftlicher Publikationen den nun nicht mehr ignorierbaren Nachweis erbracht haben, daß die Industriearchäologie dem selbstgestellten Anspruch gerecht geworden ist, brachte man auch Argumente gegen die Industriearchäologie, welche den Zweifel an der Selbständigkeit untermauern sollten. Die Argumentation scheint mir auf folgende Punkte konzentriert zu sein: Erstens erscheint der Begriff ‚Industriearchäologie' als nicht zutreffend, zweitens habe die Industriearchäologie kein geschlossenes, gegenüber den angrenzenden Forschungsfächern abgestecktes Forschungsgebiet und drittens keine eigene Methode aufzuweisen. Infolgedessen und viertens könne sie kein selbständiges Forschungsfach sein, sondern höchstens eine Hilfswissenschaft, die nur einen illustrativen Beitrag zu den Forschungsergebnissen der Technik- und Wirtschaftsgeschichte leistet: Alles in allem könne also die Industriearchäologie nicht als eigenständige akademische Disziplin auftreten. Meinerseits betrachte ich die Behauptung über das Fehlen eigener Methoden bei einem interdisziplinären Forschungsfach für nicht stichhaltig... Zutreffend finde ich aber die Kritik an dem Begriff ‚Industriearchäologie' und das Bemängeln der Geschlossenheit des Forschungsgebietes." [111] Paulinyi fährt hinsichtlich dieser beiden Problemstellungen dann fort: „Der Begriff der Archäologie scheint mir angesichts des z. Z. vorherrschenden zeitlichen Schwerpunktes der Industriearchäologie durch die angewendeten Forschungstechniken und den Charakter der Quellen (materielle Überreste) nicht gerechtfertigt zu sein. Die oft wiederholte Begründung, wie zum Beispiel auch bei Buchanan, die Industriearchäologie sei archäologisch, weil sie sich mit materiellen Gegenständen ('physical objects') beschäftige und Feldforschung erfordere, ist nicht stichhaltig. Die Tatsache, daß die wirt-

[111] Vgl. Paulinyi (1978), S. 154/155.

schafts- und technikhistorische Forschung die Quellengattung der materiellen Überreste ganz und gar oder mindestens überwiegend außer acht gelassen hat und deshalb die der Quellengattung adäquate Arbeitstechnik der Feldforschung – hier der Vermessung, Beschreibung und der dokumentarischen Festhaltung (Zeichnung, Abbildung) materieller Gegenstände – selten angewandt hat, ist noch keine Begründung dafür, diese Quellengattung und Arbeitstechniken nur der Archäologie vorzubehalten. Zweitens scheint mir, daß in dieser Begründung übersehen worden ist, daß die Industriearchäologie mit ihrem z. Z. vorherrschenden Schwerpunkt auf den Forschungen zum 18. und 19. Jh. sowohl bei der Suche nach den materiellen Überresten, noch mehr aber bei der Datierung, Klassifikation und der Verarbeitung der Erkenntnisse in einem viel breiteren Ausmaß aufgrund schriftlicher Quellen arbeiten muß als die Archäologie, für die das Bodendenkmal sicherlich auch nicht die einzige, aber doch die wichtigste Quelle ist. Damit möchte ich in keinem Fall an dem Aussagewert materieller Überreste aus der Epoche der industriellen Revolution zweifeln, aber es dürfte wohl ebensowenig strittig sein, daß der Aussagewert dieser Quellengattung im Regelfall im umgekehrten Verhältnis zu der Dichte schriftlicher Überlieferung steht. Nach den bislang überwiegenden Forschungsergebnissen und den angewandten Forschungstechniken scheint mir also die Industriearchäologie britischer Prägung eher im engeren Bereich der Geschichtswissenschaft, und hier der Technik- und Wirtschaftsgeschichte, angesiedelt zu sein als im Bereich der Archäologie, – auch wenn wir diese nicht auf die Spatenwissenschaft reduzieren. Es dürfte zudem kein Zufall sein, daß die Auseinandersetzung um die Forschungsziele und Methoden und den wissenschaftlichen Beitrag der Industriearchäologie nicht von und gegen Archäologen, sondern überwiegend von und gegen Technikhistoriker geführt wird.

Die Diskrepanz zwischen der Bezeichnung der Disziplin und dem die Techniken determinierenden zeitlichen Forschungsschwerpunkt, der allerdings nicht per definitionem festgelegt wurde, sondern sich durch die Dringlichkeit der mindestens dokumentarischen Erhaltung noch sichtbarer Überreste des 18. und 19. Jh. ergeben hat, ließ in Großbritannien viel Kritik auch seitens der Verfechter der Industriearchäologie aufkommen. Vielleicht die schärfste von *Arthur Raistrick,* der nicht nur ‚eine gleichmäßiger ausgewogene Erforschung der Industrie von vorrömischer Zeit bis in die Gegenwart unter Anwendung der vielfältigen Techniken der Archäologie' fordert, sondern auch die Änderung des Namens auf 'Industrial Archaeology and Recording'. Nach seiner Meinung sollte alles, was nicht mit archäologischen Techniken erforscht wird, das heißt praktisch der überwiegende Teil der bisherigen Forschungen, als 'industrial recording' benannt werden."[112] „Sicherlich werden ... die Einwände Raistricks ... diesem aufstrebenden Forschungsfach ausgerechnet in England (nicht) den scheinbar mehr zufällig als überlegt gewählten, jetzt aber schon akzeptierten Namen streitig machen ... Das Festhalten an dem Namen schafft allerdings die Diskrepanz zwischen Begriff einerseits und Forschungsgegenstand andererseits nicht aus der Welt und wird wohl noch lange Anlaß zu Mißverständnissen und zum Desinteresse des nicht ausreichend aufgeklärten Wirtschaftshistorikers sein."[113] Zum zweiten Wortteil („Industrie-") und dessen Verständnis meint Paulinyi: „Gewichtiger als die Frage der Bezeichnung scheint mir allerdings das Problem der Geschlossenheit des Forschungsgebietes der Industriearchäologie zu sein. Es geht hier nicht um die in der Praxis vorherrschende zeitliche Einschränkung, sondern um die im allgemeinen ohne Widerspruch akzeptierte sachliche Begrenzung auf die Problematik der Industrie (und des Transportwesens), von der die zeitliche Einschränkung eigentlich abgeleitet ist. In diesem Fall befindet sich die Definition des Forschungsfaches zwar im Einklang mit der Praxis, die Einengung nur auf die Erforschung der Probleme der Industrie steht aber im Widerspruch zu der definitorisch nur selten fixierten, aber immer wieder programmatisch deklarierten breiteren Zielsetzung ... Viele Autoren, die sich zur Industriearchäologie bekennen, betonen, daß es letzten Endes nicht um die materiellen Gegenstände selbst geht, sondern darum, durch die Erforschung und wissenschaftliche Analyse dieser Gegenstände – also dieser Quellengattung – einen Beitrag zur Geschichte der produktiven Tätigkeit des Menschen und der Bedingungen dieser produktiven Tätigkeit zu liefern.

In der Formulierung von *Arthur Raistrick* ... heißt es: „Industriearchäologie muß den arbeitenden Menschen erfassen, mit seinen Werk-

---

[112] Vgl. Arthur Raistrick, Industrial Archaeology. A historical survey, London 1972, S. XI/XIII.

[113] Vgl. Paulinyi (1978), S. 155/156.

zeugen, Konstruktionen, Gebäuden und Rohstoffen, mit denen er arbeitet, und mit seiner unmittelbaren Umwelt, in welcher seine Arbeit ausgeführt wird. Durch die Entdeckung, Erfassung, Registrierung und Erhaltung versuchen wir, den Jahrhunderte während Fortschritt der materiellen Umwelt des arbeitenden Menschen und seine wachsende Fertigkeit bei der Bearbeitung der Rohstoffe dieser Umwelt zu zeigen und vorzuführen." [114] Diese Konzeption stellte ein Programm dar, zu dessen Erfüllung die Einschränkung auf die materiellen Überreste der Industrie zugunsten der Überreste der „industria" aufgehoben werden müßte, die Forschung also auch die gegenständlichen Quellen (Überreste) aller anderen produktiven Tätigkeiten, insbesondere jene der Landwirtschaft und des ländlichen Gewerbes berücksichtigen müßte. Wenn dem so wäre, bliebe auch kein Zweifel an der Geschlossenheit des Forschungsgebietes, und eine Industriearchäologie dieser Prägung wäre sowohl in bezug auf den Gegenstand wie auch in bezug auf den Zeitraum ein interdisziplinäres Forschungsfach, das hauptsächlich durch die Auffindung und Verarbeitung gegenständlicher Überreste der produktiven Tätigkeit des Menschen, also jener Quellen, die nur am Rande des Interesses der dafür zuständigen Technik- und Wirtschaftsgeschichte stehen, einen wichtigen Beitrag zu der Geschichte des materiellen Lebens mit allen seinen Aspekten liefert." [115]

Der so von Raistrick aufgefaßte Begriff der Industriearchäologie entspricht in manchem dem polnischen, vor allem dem von *Ján Pazdur* beeinflußten Verständnis der technischen Denkmäler als Quellen der „Geschichte der materiellen Kultur". In der polnischen Vorstellung befaßt sich die Geschichte der materiellen Kultur „mit der Geschichte nicht nur der gesellschaftlich-technischen Aspekte der Produktion materieller Güter, sondern auch der gesellschaftlich-technischen Aspekte der Distribution, des Austausches und Konsumtion" [116]. Wie aus dieser 1953 geprägten, im Grunde aber auf Diskussionen in den dreißiger Jahren fußenden Definition hervorgeht, ist für die Geschichte der materiel-

---

[114] Raistrick (1972), S. XIII.

[115] Vgl. Paulinyi (1978), S. 157/158.

[116] Vgl. Ján Pazdur, Die Hauptprobleme und die Organisation der Forschungen zur Geschichte der materiellen Kultur in Volkspolen, in: Jb. f. Wirtschaftsgeschichte 1965, S. 202.

len Kultur weder der zeitliche noch der sachliche Rahmen einge-
schränkt, sie soll alle Bereiche der Produktion und Konsumtion in allen
Epochen umfassen. Nach Pazdur ist keine neue Wissenschaft, sondern
ein interdisziplinäres Forschungsfach gebildet worden, das in den Mittelpunkt der Forschung eine Quellengattung und Themen gestellt hat,
die von anderen Disziplinen, hauptsächlich von der Technik- und Wirtschaftsgeschichte, vernachlässigt worden sind. An der Bewältigung
dieser Aufgabenstellung beteiligen sich Archäologen, Ethnographen,
Geographen, Technik- und Wirtschaftshistoriker, und das bindende
Element ist neben der Fragestellung die gemeinsame Quellengattung –
die materiellen Überreste, die Denkmäler der materiellen Kultur. Die
Schwerpunkte der Forschung in Polen, die seit 1953 ein Institut für die
Geschichte der materiellen Kultur an der Polnischen Akademie der
Wissenschaften besitzt, liegen im Bereich der Bergbaugeschichte, der
Metallurgie, der Landwirtschaft, des Handwerks und der Industrie, des
Siedlungswesens und der Konsumtion vom Paläolithikum bis zur Neuzeit. Abgesehen von der Konzeption des Faches, daß die Industriedenkmäler erschließenswerte Kulturwerte sind[117], und das versucht,
alle Aspekte der produktiven Tätigkeit an Hand gegenständlicher
Überreste zu erforschen, ist die institutionelle Verankerung der Inter-
disziplinarität ein besonderer Vorteil. Nur ist auch in Polen nicht zu
vergessen, daß zuerst die Konzeption und erst nachträglich die For-
schungseinrichtung entstanden sind.[118]

In den *sozialistischen Ländern* ist die Industriearchäologie als Wissenschaftsdisziplin heute bereits viel stärker in den allgemeinen Bildungs-
prozeß einbezogen als bei uns im westlichen Europa; die Beschäftigung
mit den technischen Denkmälern hat dort schon in den 50er Jahren eingesetzt. *Eberhardt Wächtler* und *Otfried Wagenbreth* als wohl promi-
nenteste Vertreter der Industriearchäologie verstehen Industriearchäologie auf folgende Weise: „Die Arbeiterklasse in den sozialistischen

---

[117] Vgl. Ders., Industriedenkmäler als Gegenstand der internationalen Forschung, in: SICCIM – Second International Congress on the Conservation of
Industrial Monuments, Verhandlungen/Transactions (bearb. v. Werner Kroker), Bochum 1978 (= Veröffentlichungen aus dem Deutschen Bergbau-Museum Bochum, Nr. 13), S. 142.
[118] Vgl. Paulinyi (1978), S. 158/159.

Ländern ist aufgerufen, ,die wissenschaftlich-technische Revolution mit den Vorzügen des Sozialismus immer besser zu verbinden' (Honekker). Sie kann sich dabei auf ihre Schöpferkraft und ihre historischen Leistungen auch als Beherrscher der Technik stützen. Die deutsche Arbeiterklasse hat mit ihren schöpferischen Leistungen im Arbeitsprozeß seit vielen Jahrzehnten – im Bergbau gar seit Jahrhunderten – Weltruf erlangt. Diese Tradition ist unser, sie lebt in unseren sozialistischen Produktionstaten, in Forschung, Entwicklung, Konstruktion und Lehre fort. Wenn wir die alte Technik betrachten und pflegen, sie zu unserem Nutzen erhalten, dann bewegt den Bürger eines sozialistischen Staates heute beim Anblick und Kennenlernen die alte Technik noch weit mehr als Heine auf der Grube ,Karoline'. Wir sehen in der alten Technik Waffen, die die Bourgeoisie gegen die Arbeiterklasse nutzte. Wir sehen in der alten Technik Waffen, die die Arbeiterklasse beherrschen lernte. Wir sehen in der alten Technik Waffen, die die Arbeiterklasse zur Organisation trieben. Wir sehen in der alten Technik Waffen, die wir der Bourgeoisie entrissen und sie selbst damit vertrieben. Wir sehen in der alten Technik Waffen, in die Erfahrung und theoretisches Wissen von Arbeitern, Technikern und Wissenschaftlern einging, kristallisierte Schöpferkraft. Wir sehen in der alten und neuen Technik eingedenk dieser historischen Erfahrung Waffen, die wir weiter entwickeln müssen, um den Sieg des Sozialismus in der Welt zu vollenden.

Weil wir diese historischen Leistungen in ihrer Bedeutung erkennen, begreifen wir die gegenwärtigen und zukünftigen. Die Erhöhung der führenden Rolle der Arbeiterklrasse bedeutet auch Erhöhung ihrer Aktivitäten bei der Entwicklung der Produktivkräfte. Die Würdigung der bisherigen Leistung und die feste Verankerung dieser Analyse im sozialistischen Geschichtsdenken ist eine notwendige, erstrangige gesellschaftliche Aufgabe. Deshalb ist die Pflege technischer Denkmale das Recht und eine ernst zu nehmende Verpflichtung der Arbeiterklasse." [119] Festzuhalten bleibt, daß in der DDR und in anderen sozialistischen Ländern die Industriearchäologie verstärkt unter gesellschaftspo-

[119] Vgl. Eberhard Wächtler/Otfried Wagenbreth, in: Technische Denkmale in der Deutschen Demokratischen Republik (hrsg. v. d. Gesellschaft f. Denkmalpflege im Kulturbund der Deutschen Demokratischen Republik), Weimar 1977, S. 11/12.

litischen Aspekten verstanden wird. Darüber hinaus ergeben sich aus dieser Betrachtungsweise bemerkenswerte Gesichtspunkte, die man in fast allen anderen Begriffsdefinierungen bislang vermißt hat, die sich aber bei einem konsequenten Durchdenken des Problemkreises zwangsläufig ergeben müssen: Es handelt sich um die Betrachtung und Pflege von technischen Denkmälern der Gegenwart, die ja nach einiger Zeit ebenfalls in die industriearchäologische Betrachtung einbezogen werden müssen. Zu dieser Problematik sagen Wächtler und Wagenbreth: „Menschen kann man jedoch nicht traditionslos erziehen. Ohne Geschichtsbewußtsein, ohne Stolz auf die humanistischen Kulturleistungen seiner Nation, seiner Klasse kann der Mensch nicht als Mensch leben. Das gilt für alle gesellschaftlichen Bereiche, das gilt vor allem für die große Energie und Schöpferkraft erfordernden Prozesse.

Damit ergibt sich als Resultat, daß wir 1. systematisch alle Traditionen der Schöpferkraft pflegen müssen. 2. bei den neuen, modernen Traditionen besonders jene auswählen und zu bewahren haben, die einmal die unmittelbare Berufstradition der heute bei uns schaffenden Arbeiter, Bauern und Angehörigen der Intelligenz repräsentieren und deren Wechselbeziehungen zur revolutionären Entwicklung generell erklären.

So gesehen, ist die Pflege technischer Denkmäler unter der Bedingung des Sozialismus eine Einheit von Historischem und Aktuellem und muß der industriellen Struktur entsprechen; ohne daß jedes Strukturelement die gleiche Bedeutung hat und denkmalpflegerisch die gleiche Aufmerksamkeit beanspruchen kann." [120] Dieser nach vorne gerichtete Blick auf die Erhaltungsprobleme heutiger moderner und noch im Produktionsbetrieb stehender Anlagen, die Erfassung ihrer Bedeutung und Aussagekraft für spätere Generationen und die damit verbundenen Probleme für die Denkmalpflege sind heute – zumindest im westlichen Europa – noch gar nicht erfaßt worden und wohl auch nur ungeheuer schwer zu überblicken. Einen Ansatz findet man in den vom ADAC herausgegebenen Reiseführern. [121]

---

[120] Vgl. Eberhard Wächtler/Otfried Wagenbreth, Soziale Revolution und Industriearchäologie, in: SICCIM (1978), S. 164.
[121] Vgl. Willi Paul, Technische Sehenswürdigkeiten in Deutschland (ADAC-Reiseführer), 4 Bde., München 1976 ff.

Eine in manchen Punkten veränderte Auffassung vom Wesen und von der Bedeutung der Industriearchäologie vertritt *Richard Pittioni,* der von der Ur- und Frühgeschichte herkommt und folgende Begriffserklärung gibt: „Auszugehen hat man... von der Tatsache, daß der Begriff ‚Archäologie‘ schon längst seines ursprünglichen Inhalts entleert wurde, der bekanntlich primär ausschließlich auf die Bodendenkmäler der klassischen Antike bezogen war. Mit der als ‚prähistorische Archäologie‘ erfolgten Übertragung auf die Probleme der davorliegenden schriftlosen Geschichte ergab sich eine Erweiterung in die Vergangenheit, während sich in entgegengesetzter Richtung Bezeichnungen wie ‚frühgeschichtliche Archäologie‘, ‚Mittelalterarchäologie‘, ‚Nachmittelalterarchäologeie‘ und sogar ‚Neuzeitarchäologie‘ immer mehr einbürgerten.

So versteht man es auch, daß man in England alle jene Denkmäler, die aus der Zeit vor der ‚industriellen Revolution‘ des 18. Jh. stammen, unter dem Sammelnamen 'Industrial Archaeology' zusammenfaßte und so der Archäologie einen weiteren neuen Inhalt gab. Doch entbehrt es nicht eines gewissen Reizes, daß diese Bezeichnung von einem englischen Altphilologen stammt, dem der ursprüngliche Bedeutungsinhalt von ‚Archaeology‘ nicht unbekannt gewesen sein wird.

'Industrial Archaeology' ist also eine primär auf spezifisch englische Gegebenheiten bezogene Wortschöpfung und Begriffsbestimmung, an deren Verbreitung K. Hudson... sehr wesentlichen Anteil gehabt hat." Er hat „aber auch schon angedeutet, daß eine Ausweitung des industriearchäologischen Aufgabenbereiches in eine entsprechende historische Tiefe notwendig sein wird. Allerdings ist es ratsam, sich bei solchen Überlegungen von wirtschaftsgeschichtlichen Kategorienbildungen zu lösen, wie sie durch Begriffe wie ‚vorindustrielles Zeitalter‘ und ‚industrielles Zeitalter‘ angedeutet werden. Sie sind nicht bloß historisch, sondern auch regional zu eng gebunden, weil sie von europäischen Gegebenheiten der Neuzeit ausgehen, ohne auf andere Gebiete und Zeiten Rücksicht zu nehmen. Sie stellen auch von sich aus gar nicht die Frage, worin das Wesen einer industriellen Tätigkeit besteht, obwohl es a priori klar ist, daß darin nicht das Phänomen des 19. und 20. Jh. allein subsumiert werden kann, sondern daß eine allgemeine Begriffsbestimmung notwendig ist. Natürlich ist für jede industrielle Tätigkeit ein gewisses Maß an technischer und technologischer Erfahrung und Fertigkeit notwendig, aber trotzdem ist es für eine Wesensbestimmung erforderlich, Technikgeschichte und Industriegeschichte scharf voneinander zu trennen. Industriearchäologie ist außerdem vom Blickpunkt der Industriegeschichte aus zu sehen und damit in den gesamthistorischen Prozeß innerhalb eines größeren oder kleineren Bereiches einzubauen, wobei die einer historischen Periode eigentümliche industrielle Tätigkeit nach den zeitgegebenen Verhältnissen zu beurteilen ist – allerdings unter dem Aspekt einer allgemein orientierten Umschreibung des Begriffes ‚industrielle Tätigkeit‘, die arbeitsorganisatorisch von der bäuerlichen Selbstversorgung abgesetzt ist und einen unter einer geschulten Leitung stehenden, einen bestimmten Gemeinschaftsbereich mit den für sie notwendigen Rohstoffen versorgenden Vorgang umfaßt. Industrielle Tätigkeit betrifft aber auch primär eine bestimmte arbeitsstrukturelle Orientierung und Ordnung mit einer ihnen entsprechenden berufsorganisatorischen Gliederung. Wirtschafts- und sozialhistorische Erscheinungsformen sind daher der Natur der Sache entsprechend von Anfang an miteinander verbunden und das eine ohne das andere weder gegeben noch auch verständlich. Damit wird dann der Frage, was unter ‚Industrie‘ zu verstehen ist, jegliche Relativität entzogen und ihr thematischer Inhalt so weit verselbständigt, daß er für jede historische Periode mit den für sie zur Verfügung stehenden Erkenntnismöglichkeiten umschrieben werden kann.

Diese Erkenntnismöglichkeiten fußen auf den gegebenen historischen Quellen. Sie sind entweder gegenständlicher oder schriftlicher Natur. Letztere sind Gegenstand der literaturhistorischen Forschung und scheiden deshalb aus unserer Betrachtung aus. Zum Forschungsbereich der Industriearchäologie gehören nur gegenständliche Quellen. Sie sind in direkte und in indirekte zu gliedern, sofern der betreffende heuristische Bestand als Überrest einer bestimmten industriellen Tätigkeit zu werten ist bzw. sofern ein Gegenstand durch seine Beschaffenheit über solche Vorgänge eine hinreichende Auskunft vermittelt.

Mit dem Einbeziehen der Überreste in die Quellenkunde der Industriearchäologie verbindet sich eine Erweiterung des Zeitrahmens in die Vergangenheit, und zwar in jene Abschnitte der schriftlosen Urzeit, für die die oben gegebene Umschreibung industrieller Tätigkeit Geltung hat, somit in die vorgeschrittene Jungsteinzeit mit der planmäßigen Gewinnung und Verwertung des Feuersteins im 5. Jahrtausend v. Chr., in das auch der Beginn sozialer Gliederungen – Bauer, Bergmann, Unternehmer, Händler – zurückreicht. Industriearchäologie mit gegenständlichen Quellen führt in wissenschaftliches Neuland, ist also primäre Forschung mit den methodischen Mitteln der Urgeschichte, die sie in gleicher Weise für das Erschließen des ältesten Erzbergbaus (Kupfer, Eisen) im vorantiken Europa wie im antiken Italien und Hellas verwendet. Auch im schriftlosen Afrika, Asien und Amerika findet sie erfolgreiche Anwendung, wenn an die Erforschung des African Iron-Age oder an die bergmännische Rohstoffgewinnung der Indianer Nordamerikas gedacht wird. Allerdings bedarf es bei allen diesen Untersuchungen der Mitarbeit bergbauhistorisch geschulter Fachleute, um die einschlägigen Quellenbestände auch sachlich zutreffend interpretieren zu können. Hier zeigt sich ein ganz spezifisches Merkmal industriearchäologischer Forschung.

Doch wird sie gleich jeder anderen archäologischen Tätigkeit bruchstückhaft bleiben, da sie ja niemals das volle Leben der Vergangenheit wird einfangen können. Vor allem wird sie die Arbeitsvorgänge und die sie bewirkenden theoretischen Kenntnisse einer bestimmten Zeit nur rekonstruktiv anzudeuten vermögen, ja, es wird der Intuition eines jeden Forschers überlassen bleiben müssen, wieweit ihm das Erfassen dieser Vergangenheit in ihren verschiedensten Aspekten gelingen wird. Deshalb erhalten ja auch alle jene Quellen, die über bestimmte industrielle Tätigkeiten etwas direkt auszusagen vermögen, einen weit über den Durchschnitt hinausgehenden Wert, vor allem dann, wenn sie über Arbeitsprozesse ‚berichten‘, die auf direktem Wege nicht mehr erfaßt werden können. Der Aussagebereich solcher bildlicher Darstellungen ist gleichfalls objektgebunden, aber auch individualbezogen, da das Wissen und die technische Fertigkeit des Herstellers bei solchen indirekten Quellen für deren erkenntnismäßige Verwertbarkeit entscheidend sind. Diese kritisch zu prüfen ist gleichfalls Aufgabe einer systematischen industrie-archäologischen Forschung, der gegenüber alles das, was die englische Auffassung unter 'Industrial Archaeology' verstehen möchte, nur die Erhaltung gegenständlicher Bestände aus der jüngsten, vor dem 18. Jh. liegenden Vergangenheit betrifft. Daneben gibt es aber auch Tendenzen, die diese Orientierung auf Objekte des 19. Jh. auszudehnen wünschen. Doch sollte dies dann doch nicht mehr zum Aufgabenbereich der Industriearchäologie gehören, sondern der Denk-

malpflege überlassen bleiben, wobei auch hier klar zwischen industrie-
und technikgeschichtlichen Denkmälern zu unterscheiden wäre. Denn
beide sind verschiedenen Funktionen im gesamtökonomischen Bereich
eines bestimmten Kulturareals einzuordnen.

Kurz gefaßt ist also Industriearchäologie eine Forschungsaufgabe, die
Erhaltung industrieller Denkmäler aber ein Teilgebiet der Denkmalpflege und damit auch eine der Öffentlichkeit verpflichtete ange-
wandte wissenschaftliche Tätigkeit."[122] Pittioni versteht die Industriearchäologie – und das ist ein ganz wesentlicher Grundzug seiner
Interpretation – als Forschungsaufgabe der Vor- und Frühgeschichte,
während jüngere Epochen mit ihren Denkmälern von der Denkmalpflege untersucht und geschützt werden sollen. Gerade dieser letztere Teil seiner Auffassung steht aber im Gegensatz zu den weiter oben
geäußerten Grundsätzen, daß die Industriearchäologie möglichst interdisziplinär arbeiten solle, eine Forderung, die von der Denkmalpflege
nicht geleistet werden kann.[123]

Basierend auf den theoretischen Äußerungen *Pittionis* und *Wilsdorfs*
hat *Gerd Weisgerber* seine Auffassung vom Verständnis der Industriearchäologie vorwiegend ebenfalls an vor- und frühgeschichtlichen Beispielen aus der Bergbauarchäologie dargelegt, die aber in gleichem Maße
für andere Archäologiebereiche und Zeiten gelten. Diese Auffassung

---

[122] Vgl. Richard Pittioni, Theoretische Aspekte, in: Neue Zürcher Zeitung,
12./13. Juni 1976, Nr. 135, S. 58. – Pittioni erläuterte in dieser 1976 erschiene-
nen Publikation seine schon 1968 veröffentlichte Auffassung von der Industriearchäologie, die er im wesentlichen auf den Unterbereich der sog. Bergbauarchäologie beschränkt wissen wollte. Mit seinen Mitarbeitern hat er als einer der
Pioniere dieser Forschungssparte serienmäßig den Zusammenhang von Lagerstätte, Verhüttungsabfall und Fertigprodukt untersucht (Vgl. ders., Studien zur
Industrie-Archäologie, Teil I: Wesen und Methode der Industrie-Archäologie,
in: Anzeiger der phil.-hist. Kl. d. Österr. Akad. d. Wiss., 1968, Sonderh. 7,
S. 123–143).
[123] Industriearchäologie und Denkmalpflege sind zwar eng miteinander verbunden, letztlich aber nicht in einem derartigen Verhältnis zueinander zu verstehen, als sei die Denkmalpflege technischer Anlagen bereits ein Teil der Industriearchäologie. Die Industriearchäologie liefert vielmehr die Vorarbeit zur Erkenntnis des „Wertes" der jeweiligen Anlage und veranlaßt die Denkmalpflege
zum Eingreifen.

scheint am ehesten Gültigkeit vor allem für die praktische Arbeit an den Objekten zu haben. Weisgerber hält die Industriearchäologie für eine „historische Disziplin, sie dient der Erforschung der industriellen Vergangenheit. Ihr primäres Quellenmaterial sind die Denkmäler der Industrie, des Handels, des Verkehrs und der Versorgung, deren Pflege und Erhaltung innerhalb ihrer Bemühungen liegt. Das Montanwesen und die Erfassung seiner Denkmäler waren von Anfang an Objekte industriearchäologischer Forschungen, weil erstens die Gewinnung von Rohstoffen ab einer bestimmten Größenordnung als Industrie zu gelten hat und zweitens, weil Bergbau in der Landschaft intensive Spuren hinterläßt. Industriearchäologie will zu einer umfassenden Wirtschaftsgeschichte beitragen.

Bergbauarchäologie – wenn wir hier von Bergbau sprechen, meinen wir die gesamte Rohstoffgewinnung und -verarbeitung im Sinne des ,Montanwesens', wie vor allem im österreichischen Sprachgebrauch üblich – ist ein Teil der Industriearchäologie. Sie will aus den Spuren und Denkmälern montanistischer menschlicher Tätigkeiten (Rohstoffgewinnung durch Bergbau oder Steinbrucharbeiten, Aufbereitung, Verarbeitung oder Verhüttung) einen Beitrag zur Geschichte liefern.

Dieser wird wegen spezifischer Quellen von ganz spezieller Art sein. Dabei ist Bergbauarchäologie an keine Zeitabschnitte gebunden. Sie befaßt sich mit dem Bergbau der Urgeschichte und Römerzeit, des Mittelalters, seltener der Neuzeit, um nur die chronologischen Etappen unseres Kulturkreises anzuführen. Für den Nahen Osten, Ägypten, Asien, Amerika wären andere Begriffe notwendig. Damit wird deutlich, daß Bergbauarchäologie räumlich weltweit tätig werden kann und nur dort ausfällt, wo früher wegen morphologischer, klimatischer und topographischer Gegebenheiten Bergbau nicht betrieben werden konnte.

Der zweite Teil des Begriffs, nämlich ,-archäologie', bestimmt die Quellen und die primär anzuwendenden Methoden. Dabei ist es so, daß durch die spezielle archäologische Erforschung des Montanwesens vergangener Zeiten hier weniger versucht wird, aus dem weiten Feld archäologischer Arbeit ein Spezialgebiet herauszubrechen, vielmehr soll durch den gesonderten Begriff dieser Teil der Altertumskunde provokativ hervorgehoben werden, damit die Gewinnung und Erzeugung von Rohstoffen die ihrer Bedeutung im Altertum entsprechende Beachtung in der Forschung finden möge. Eine begrenzte Separierung erscheint wegen der unabdingbaren, interdisziplinären Kooperation mit den Ingenieurwissenschaften und der spezifischen Nutzbarmachung von deren Methoden durchaus gerechtfertigt."[124]

Weisgerber schildert im weiteren Verlauf seines Aufsatzes nun die bei der industriearchäologischen Arbeit anzuwendenden Methoden, die ein besseres Verständnis von dem vermitteln, was Industriearchäologie eigentlich will. Noch einmal weist er darauf hin, daß die aus dem Bereich der Bergbauarchäologie stammenden Beispiele stellvertretend für die Industriearchäologie stehen, daß sie also jederzeit auf andere Bereiche der Forschung und andere Zeiträume usw. angewendet werden können. „Alle von der Gewinnung, Aufbereitung und Darstellung der Rohstoffe herrührenden Spuren im Gelände und unter Tage sind die Primärquellen der Bergbauarchäologie oder – wie Pittioni sie nannte – die ‚direkten‘ industriearchäologischen Quellen ..."[125] Die Primärquellen heben den denkmalhaften Charakter der Industriearchäologie hervor (Pingen, Stollen, Schächte, Halden von Aufbereitungsbergen der Schlacken). Sie sind zuerst mit archäologischen Methoden zu erschließen und dann in voller Breite interdisziplinär auszuwerten.

An archäologischen Methoden steht die Ausgrabungskunst mit der Herstellung, Wahrnehmung und Interpretation vertikal- und horizontalstratigraphischer Gegebenheiten im Vordergrund. Über Tage, also in Halden, Hüttenplätzen und Bauten, kommt der Ausgräber mit den üblichen Grabungstechniken meistens aus, u. U. sind sie auch unter Tage (...) anwendbar, wenn sich in den Grubenbauen in Abfolgen von ‚Kultur‘-Schichten – sprich Hauklein – oder Bergematerial und natürlicher Sedimentation die Geschichte solcher Baue eindrucksvoll relativchronologisch präsentiert. Ausgrabungen unter Tage benötigen meist einen hohen technischen Aufwand (...) und müssen sich oft unorthodoxer Mittel bedienen (Sprengungen). Unverzichtbar bleiben die Methoden der Feldarchäologie bei der Untersuchung von Erzaufbereitungs- und

---

[124] Vgl. Gerd Weisgerber, Bergbauarchäologie als Industriearchäologie, in: SICCIM – Second International Congress on the Conservation of Industrial Monuments. Verhandlungen/Transactions (bearb. v. W. Kroker) (= Veröffentlichungen aus dem Deutschen Bergbau-Museum Bochum, Nr. 13), Bochum 1978, S. 176–184, hier S. 177.

[125] Vgl. Pittioni (1968), S. 130f.

-verhüttungsplätzen. Aber auch die jedem gelernten Archäologen geläufige typologische Methode kann, abgesehen von ihrem ureigenen Gebiet der Interpretation oder Erarbeitung relativchronologischer Systeme montanistischer Übertageaktivitäten, bei der Erkenntnis von Bergbauphasen oder gar historischen Entwicklungen zum Erfolg führen (Streckenquerschnitte, Einbruchstechniken).

Sehr wichtig sind die Sekundärquellen (Pittionis ‚indirekte' Quellen [126]). Sie sind künstlerisch bildhafter oder schriftlicher Art (Inschriften bis Codices)... Als Parallelquellen sind die Ergebnisse der ‚Montanethnographie' im Sinne H. Wilsdorfs... heranzuziehen [127]. Vielfach sind bei heutigen Naturvölkern noch Verfahren und Organisationen im Montanwesen üblich, die denen vergangener Zeiten so ähnlich sind, daß die Bergbauarchäologie sie nicht unbeachtet lassen kann [128]. Wenn es auch bedauerlich ist, daß die Ethnologie derartigen Erscheinungen nur am Rande Aufmerksamkeit entgegenbrachte, bleibt dies dennoch in ihrem weiten Arbeitsfeld bei sich wandelnden Fragestellungen verständlich. Nur – wenn hier nicht bald intensiv etwas geschieht, werden in wenigen Jahren aus diesen Parallelquellen Primärquellen einer beispielsweise in Afrika tätigen Bergbauarchäologie.

Was kann Bergbauarchäologie nun eigentlich? Geschichten des antiken und mittelalterlichen Berg- und Hüttenwesens haben wir fast genug. Sie sind so gut wie die zugrundeliegenden Quellen. Wesentliche neue Erkenntnisse können nur durch neue Fakten und Daten gewonnen werden. Bergbauarchäologie ist ein Weg dazu: Es kommt darauf an,

---

[126] Vgl. Pittioni (1968), S. 138f.

[127] Vgl. Helmut Wilsdorf, Aspekte der Montanethnographie, zugleich Rückblick auf die Montanarchäologie, in: Deutsches Jahrbuch für Volkskunde 10, 1964, S. 54–71.

[128] Vgl. u. a. Hans-Ekkehard Eckert, Urtümliche Eisengewinnung bei den Senufo in Westafrika, in: Der Anschnitt 28, 1976, Heft 2, S. 50–63. – René Gardi, Die Matakam – „Eisenkocher" in Kamerun – 1952, in: Eisen + Archäologie. Eisenerzbergbau und -verhüttung vor 2000 Jahren in der VR Polen (hrsg. v. Dt. Bergbau-Museum Bochum/G. Weisgerber), Bochum 1978, S. 109–123. – Ders., Mandara. Unbekanntes Bergland in Kamerun, Zürich 1953, S. 86–112, 221–225. – Ders., Unter afrikanischen Handwerkern, Bern 1969, S. 15–45. – Helmut Wilsdorf, Aspekte der Montanethnographie, zugleich Rückblick auf die Montanarchäologie, in: Dt. Jb. f. Volkskunde 10, 1964, S. 54–71.

möglichst breit angelegte Modelluntersuchungen durchzuführen, um die Basis und Breite unserer Kenntnisse zu erweitern. Selbst durch noch so spektakuläre Einzelfunde kommen wir nicht wesentlich weiter.

Bergbauarchäologie soll und kann antikes Ingenieurwissen offenlegen, ja, dies ist ein Hauptziel. Wir können deshalb hier nicht zustimmen, wenn Pittioni die Technikgeschichte aus der in seinem Sinne verstandenen Industriearchäologie herausgehalten wissen will,[129] vielmehr ist es geradezu ein Ziel der Bergbauarchäologie, Stand und Entwicklungen der Technik im Bergbau, der Aufbereitung und der Verhüttung zu eruieren... Technikgeschichte ist kein Selbstzweck, vielmehr bestimmt der jeweilige Stand der Technik den Rahmen und die Voraussetzungen politischer, wirtschaftlicher und sozialer Entwicklungen mit, bildet also einen nicht zu unterschätzenden Faktor der Geschichte.

Dieses Ziel kann der Archäologe allein mit den ihm eigenen Methoden nicht erreichen. Es ist nicht damit getan, sich im nachhinein zum Verständnis der Befunde hilfesuchend an entsprechende Fachleute zu wenden. Schon während seiner Arbeit müssen Experten herangezogen werden, und nur eine Zusammenarbeit von Beginn an kann zu optimalen Ergebnissen führen. Dem Archäologen kommt es zu, gegebenenfalls das Objekt für den Ingenieur aufzubereiten und die Historie keinen Augenblick aus dem Gesichtsfeld zu lassen. Aufgabe des Fachmanns ist es, mit den modernen, ihm zu Gebote stehenden Methoden Antwort auf seine und des Historikers Fragen zu finden. In der Bergbauarchäologie sind im technischen Bereich Fachleute nötig: Geo- und Mineraloge, Bergingenieur und Verfahrenstechniker sowie – als die wohl wichtigsten – Markscheider und Topographen, auf deren Kartenmaterial die Erstgenannten fußen.

Am Beispiel eines Schmelzofens läßt sich gut demonstrieren, wie Archäologe und Experte aufeinander angewiesen sind. Ausgraben und relativ chronologische Einordnung des Objektes obliegen ersterem, die Klärung der Funktion ist ohne die Analysen und Einsichten von Mineralogen und Metallurgen nicht möglich. Bergbauarchäologie kann nur interdisziplinär zum optimalen Erfolg führen.

Doch erschöpfen sich die Aussagemöglichkeiten der Bergbauarchäologie nicht im technischen Bereich. Rohstoffgewinnung ist ohne Orga-

[129] Pittioni (1968), S. 124.

nisation industriell nicht durchführbar. Bergleute, Aufbereiter und Schmelzer können im vorindustriellen Stadium identisch sein. Doch, da jeder von ihnen andere Voraussetzungen benötigt (Lagerstätte, Wasser, Holz und Beischlag, die meist räumlich getrennt vorkommen) und andere Verfahren beherrschen muß, drängt sich eine Spezialisierung geradezu auf. Wo wohnten die Angehörigen dieser Leute? Ging der Bergbau ganzjährig oder saisonal um? Das Industrieprodukt mußte verhandelt werden. Bergbauarchäologie kann wesentlich zur Klärung von Organisationsform und -strukturen beitragen. Das Funktionieren von Organisationen basiert auf Verhaltensnormen, es postuliert rechtliche Normen. Über das griechische und römische Bergrecht sind wir lokal und oberflächlich informiert. Bergrecht ist zwar eine Domäne der Sekundärquellen, doch könnte Bergbauarchäologie an Hand der Primärquellen auch hier Basisarbeit leisten. So wäre beispielsweise Aufschluß über die Größe vergebener Konzessionsfelder zu gewinnen, wenn nur die ersten römischen und griechischen Grubenfelder vermessen würden. Aber auch für das hohe Mittelalter konnte ... festgestellt werden, daß um 1240 ganzjährig noch unter Aufsicht eines Bergverwesers Eigenlehenbergbau betrieben wurde (s. u.). Der Bergbauarchäologe tut gut daran, sich bei solchen Fragen der Hilfe eines Bergrechtlers zu versichern.

Bergbau wird von Menschen betrieben. Bergbauarchäologie kann manchmal etwas über das Schicksal einzelner erfahren, sei es nun der ‚Mann im Salz' aus Hallstatt[130] oder die ‚Mumie' von Chuquicamata[131]. Wenn nicht Sekundärquellen Schlaglichter aufleuchten lassen, bleiben die Bergbautreibenden als Person anonym, werden aber als Gruppe greifbar. Wie wurden die Tausende von Bergbausklaven im griechisch-römischen Altertum gehalten, wie die der präkolumbianischen Völker Amerikas? Ist die Sklavenfessel aus Laurion ein Einzelstück? Wo lebten die Salzbergleute von Hallstatt, deren Gruben und

[130] Erkenntnisse über den schlechten Gesundheitszustand der prähistorischen Salzbergleute vermitteln Untersuchungen von Exkrementen: A. Aspöck/F. E. Barth/H. Flamm/O. Pichler, Parasitäre Erkrankungen des Verdauungstraktes bei prähistorischen Bergleuten von Hallstatt und Hallein (Österreich), in: Mitt. Anthropol. Gesell. Wien 103, 1973, S. 41 f.

[131] Vgl. Georg Petersen, Mineria y metalurgia en el antiguo Peru, in: Arqueologicas 12, Lima 1970, S. 72 f.

Gräber man kennt, von denen die Siedlung fehlt? Bergbauarchäologische Erkenntnisse gehen über Leben und Arbeit der Alten hinaus. Die Kleinheit der Grubenbaue verrät uns gegebenenfalls ihre Körpergröße. Die Verehrung von Berggottheiten öffnet uns die Augen für ihr geistiges Leben. Wenn wir sehen, daß bereits im alten Ägypten den Gruben fromme Namen gegeben wurden, so wie es noch bis in die Neuzeit üblich war, dann erfassen wir hier eine jahrtausendealte geistige Grundhaltung der Bergleute, vielleicht mitbestimmt von durch die Jahrtausende unveränderten Gegebenheiten des beruflichen Daseins, – immanente Verhaltensmuster? Was mehr sollte Bergbauarchäologie können, als uns den bergbautreibenden Menschen näherbringen in seiner industriellen Tätigkeit, seinem täglichen und geistigen Leben, uns helfen, seine Rolle in der Geschichte zu begreifen oder wenigstens zu erahnen?

Wenn das Ziel der Industriearchäologie ‚die Grundlagenforschung für eine möglichst weitgespannte Wirtschaftsgeschichte‘ ist, so vermag die Bergbauarchäologie mit ihrem interdisziplinären, breitgefächerten Methodenkatalog wesentliche Schritte in dieser Richtung zu tun, und das nicht nur für prähistorische und antike Zeiten, sondern mit großem Erfolg auch für das Mittelalter und uns näher liegende Epochen"[132], die zudem noch über eine weitaus bessere Situation hinsichtlich der Sekundärquellen verfügen.

Nach dieser Fülle von unterschiedlichen Begriffserklärungen, von unterschiedlichem Verständnis der Wissenschaftsdisziplin und von einem eigentlich kaum noch zu überbietenden „Wirrwarr" von Meinungen und Strömungen innerhalb der Auffassungen mag es gut sein, die Gemeinsamkeiten festzuhalten, da es außer Zweifel steht, daß sich die Industriearchäologie nun einmal institutionalisiert hat. *Industriearchäologie ist die „systematische Erforschung aller dinglichen Quellen jeglicher industriellen Vergangenheit von der Vergangenheit bis zur Gegenwart"*, wobei alle Begriffe wie „industriell" oder „systematisch" so weit und umfassend wie möglich aufgefaßt werden sollen[133]. Diese

---

[132] Vgl. Weisgerber (1968), S. 176–184. Dort auch weitere Literatur.

[133] Vgl. Manfred Wehdorn, Die Baudenkmäler des Eisenhüttenwesens in Österreich – Ein Beitrag zur industriearchäologischen Forschung (= Technikgeschichte in Einzeldarstellungen Nr. 27), Düsseldorf 1977, S. 1, Anm. 1.

Definition scheint mir in ihrer Kürze und Prägnanz die bislang beste und treffendste zu sein: Sie legt in aller Klarheit dar, daß der Ausgangspunkt aller Untersuchungen die „dingliche Quelle" – d. h. das „technische Denkmal" – ist, das mit allen zur Verfügung stehenden Methoden und Untersuchungsmöglichkeiten befragt wird. Zugleich sagt diese Definition mit Recht, daß der Industriearchäologie weder räumliche noch zeitliche Grenzen gesetzt sind. Es liegt ja gerade im Reiz dieser Wissenschaftsdisziplin und ist letzten Endes auch nicht verwunderlich, wenn interdisziplinär gearbeitet wird, daß unterschiedliche Methoden und Anschauungen nicht nur von Land zu Land, sondern auch innerhalb der Länder aufeinanderprallen. Erst durch den Pluralismus der Anschauungen kann ein umfassendes, interessantes Bild entworfen werden. Hinzu kommt, daß es bis heute keinen Ausbildungsgang für „Industriearchäologen" gibt, daß sowohl Wirtschafts- und Technikhistoriker, Ökonomen, Soziologen, Kunst- und Baugeschichtler, Architekten, Ethnologen usw. in dieser Forschungssparte in unterschiedlichen Institutionen (Universitäten, Museen, Archiven) sowie als „Amateure" im positiven Wortsinne mitarbeiten. Ausgangspunkt aber aller Untersuchungsarbeit ist das „technische Denkmal" bzw. die "physical remains"; sie bilden die Basis aller Bemühungen, und sie sind letzten Endes auch das Bindeglied aller Beschäftigten untereinander. Vor diesem Hintergrund mag es dann letztlich auch unerheblich sein, welche Terminologieschwierigkeiten man noch besitzt: Allein in der Bundesrepublik Deutschland treten für die "physical remains" Ausdrücke wie „technische Denkmäler", „technische Denkmale", „Industriedenkmäler", „technische Kulturdenkmale", „technische Kulturdenkmäler", „Technikdenkmäler" usw. auf. Diese heillose Verwirrung und fast „babylonische Sprachverwirrung" muß in Kauf genommen werden, da – und das muß auch klar ausgesprochen werden – keine der ausübenden Institutionen bereit ist, eine einheitliche Terminologie anzunehmen: Allein diese Tatsache zeigt, daß sich die Industriearchäologie zu einer wissenschaftlichen Disziplin gemausert hat.

Wolfhard Weber hat 1980 einen guten und genauen Überblick über die Aktivitäten der nationalen und internationalen Vereinigungen sowie über die Publikationen gegeben, die sich mit industriearchäologischen

Belangen beschäftigen. Für das Übergreifen der Bewegung von den Britischen Inseln auf den europäischen Kontinent (zumindest den Westteil) war der 1973 in Ironbridge abgehaltene "First International Congress on the Conservation of Industrial Monuments" (FICCIM) von ausschlaggebender Bedeutung. Dieser Kongreß hat inzwischen drei Nachfolgetagungen gezeitigt: 1975 im Deutschen Bergbau-Museum in Bochum, 1978 im Nordiska Museet in Stockholm (Schweden) und 1981 im Ecomusée von Le Creusot (Frankreich).[134]

Diese Folge von Kongressen stellt bislang das einzige, institutionell verankerte Band des Zusammenschlusses der Industriearchäologen dar. Bestrebungen, den Kongreß an die UNESCO anzugliedern, sind im Stadium der Konkretisierung. Auf dem Stockholmer Kongreß wurde damit ein wahrscheinlich entscheidender Anstoß für die weitere Entwicklung der Bewegung gegeben, die entweder zu einer relativ strengen Reglementierung der Länder-Aktivitäten oder zu einem wohl langsamen Abflauen der Aktivitäten und evtl. sogar zum Absterben des Gedankens einer Institutionalisierung der Industriearchäologie führen muß.

In der Bundesrepublik Deutschland werden die industriearchäologischen Aktivitäten von den unterschiedlichsten Institutionen und Einzelpersonen getragen: Universitätslehrstühle sind ebenso daran beteiligt wie Museen, Vereine und Amateure, wie Denkmalämter und staatliche Stellen. Die relative Uneinheitlichkeit des Spektrums liegt sicherlich hauptsächlich darin begründet, daß keine einheitliche Leitung der Aktivitäten anerkannt wird. Andererseits wird aber auch aus der Vielfalt der Aktivitäten und der unterschiedlichen Ausrichtung der „Industriearchäologen" mit ganz verschiedenartigen Schwerpunkten deutlich, daß eine straffe Organisation momentan nicht vorstellbar ist. Sichtbarer Ausdruck der industriearchäologischen Bemühungen zur Erhaltung und Rettung von technischen Denkmälern sind die Maßnahmen der Denkmalpflege, die vor allem im Bundesland Nordrhein-Westfalen Maßstäbe für die gesamte Bundesrepublik Deutschland gesetzt haben. Daneben arbeiten auch Museen – vor allem technisch ausgerichtete – an der Erhaltung derartiger Objekte mit.

[134] Vgl. Weber (1980), S. 441 ff. – Dort auch eine gute Übersicht über die in den einzelnen europäischen und außereuropäischen Staaten vorgenommenen Aktivitäten, so daß hier auf eine erneute Wiedergabe verzichtet werden kann.

Für den Bereich der industriearchäologischen Forschungen sind zunächst die technik-, wirtschafts- und sozialgeschichtlichen sowie die kunst- und architekturhistorischen Lehrstühle an den Universitäten und Fachhochschulen der Bundesrepublik zu nennen; ihre Arbeiten sind so unterschiedlich wie ihre Ausrichtungen. Auch Museen und Archive leisten wichtige Beiträge, Beiträge, die sich in den allermeisten Fällen in Publikationen niederschlagen. Praktische Arbeiten leisten daneben noch Vereine (z. B. die Gesellschaften zur Erhaltung und Rettung historischer Eisenbahnen) oder auch Einzelpersonen (z. B. im Falle der berühmten Gießhalle der Sayner Hütte bei Koblenz oder der Mangan- und Dolomitgrube Dr. Geier in Waldalgesheim bei Bingen bzw. beim Aufbau des Bergwerks- und Industriemuseums Ostbayern in Theuern bei Amberg).[135]

---

[135] Einen Überblick über die Aktivitäten der letzten Jahre in der Bundesrepublik Deutschland geben Roland Günter und Rainer Slotta in: The Industrial Heritage. The Third International Conference on the Conservation of Industrial Monuments. Hrsg. v. Marie Nisser. Transactions, Bd. 1: National Reports (Europe except Scandinavia, North America and Japan, Stockholm 1978, S. 144–166.

III. TECHNISCHE DENKMÄLER UND KUNSTDENKMÄLER

*Unterschiede und Gemeinsamkeiten, Fragen der Inventarisation,
Dokumentation und der Erhaltung*

Die *Abgrenzung der „technischen Denkmäler" von den „Kunstdenkmälern"* ist vielfach schwierig und nicht eindeutig zu erkennen. Diese Schwierigkeiten haben bereits die Denkmalschutzentwürfe des 19. Jh. widergespiegelt. So heißt es z. B. im Entwurf zum Denkmalschutzgesetz Badens aus dem Jahre 1884, das den Begriff des Denkmals als einen „beweglichen oder unbeweglichen Gegenstand, welcher aus einer abgelaufenen Kulturperiode stammt und als charakteristisches Wahrzeichen der Entstehungszeit für das Verständnis der Kunst und der geschichtlichen Entwicklung, für die Kenntnis des Altertums und für die geschichtliche Forschung überhaupt, sowie für die Erhaltung der Erinnerung an Vorgänge von hervorragendem historischem Interesse eine besondere Bedeutung hat", definiert. Diese Begriffsbestimmung und Auffassung findet sich bis heute im wesentlichen in allen Denkmalschutzgesetzen der Länder der Bundesrepublik mehr oder weniger erweitert und verändert wieder, wobei die sog. „Kunstdenkmäler" bevorzugt behandelt werden, wiewohl sich gerade die Denkmalpflege der letzten Jahre in verstärktem Ausmaß um die Denkmäler im Grenzbereich zwischen „Kunst" und „Technik" und um technische Anlagen gekümmert hat.

Diese Definition ist zumindest in dem Punkt zu revidieren, daß der Passus „aus einer abgelaufenen Kulturepoche" ersatzlos getilgt werden muß, denn zeitgenössische Werke sind durchaus auch unter den Begriff der Denkmäler zu subsumieren. Ansonsten kann diese Definition auch für die technischen Denkmäler gelten, wobei unter dem Epitheton „technisch" eine Zusammenschau der Begriffsbereiche Industrie, Handel, Verkehr und Versorgung in weitester Auslegung zu verstehen ist. Man wird daher in Analogie zu den „Kunstdenkmälern" ein „technisches Denkmal" definieren dürfen als einen beweglichen oder unbeweg-

lichen Gegenstand, der als charakteristisches Wahrzeichen seiner Epoche das Verständnis für einen Arbeitsvorgang in der ganzen Vielschichtigkeit der Industrie, des Handels, des Verkehrs, der Versorgung und
anderer technisch beeinflußter Bereiche wachzuhalten in der Lage ist.
Damit ist in Analogie zu den Kunstdenkmälern klar ausgedrückt, daß
als technisches Denkmal jede industrielle, „technische" Leistung anzusprechen ist, jede Dampfmaschine, jeder Wasserturm, jede Brücke, jeder Leuchtturm, jede Werkbank, kurz jedes Erzeugnis im oben genannten Sinne. Diese Definition mag im ersten Moment erschrecken, ist jedoch nur eine adäquate Anwendung des Denkmalbegriffs der Kunstdenkmalpflege auf die technischen Denkmäler: Zählen doch in den
Denkmalinventaren der Kunstdenkmalpflege auch Geräte und Produkte der Kleinkunst durchaus zu den erhaltungs-, zumindest aber inventarisationswürdigen Objekten. Und letztlich belegt die Handlungsweise der Denkmalpflege, jede romanische und gotische Kirche zu
erhalten, wobei auf Qualitätskriterien keine Rücksicht genommen
wird, ein durchaus zu respektierendes Denkmalverständnis, das möglichst umfassend aufzufassen ist.

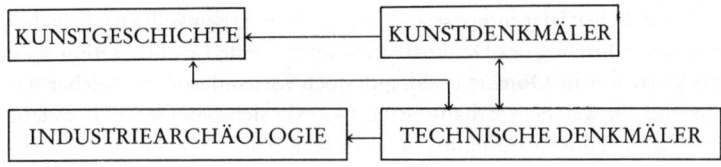

Um es noch einmal klar auszudrücken: Wir begreifen jede industrielle
Leistung als „technisches Denkmal". Dadurch wird zwar der Begriff
des „Denkmals" zugunsten eines Wortes wie „Gegenstand" oder „Objekt" umgedeutet und auch wohl entwertet, doch sagt dies letzten Endes
nichts über die objektive oder relative Bedeutung des „Denkmals" aus.
   Diese Betrachtungsweise hat aber ihre Folgen für die Denkmalpflege,
die an den Denkmälern der Kunst geschult worden ist. Sie verweist mit
Recht darauf, daß es ja unmöglich sein kann und auch nicht im Interesse
aller liegen kann, nun jedwede architektonische oder maschinelle Leistung als „Denkmal" zu erhalten, da sich viele noch oft im Bereich laufender Produktion befinden. Wollte man dies, so würde man sich bald
in einem „musealen" Bereich befinden, der jede Weiterentwicklung

behindern und abtöten würde, der jedes Land zum wirtschaftlichen und ideellen Ruin führen müßte.

Infolgedessen muß im Bereich der technischen Denkmäler in verstärktem Maße eine Selektion vorgenommen werden, eine Auswahl, die typische, charakteristische Leistungen aus dem industriellen Bereich erhält und weniger typische oder vielfach vorhandene Exemplare ausscheidet. Es stellt sich also die Frage der *Auswahl* und der *Auswahlkriterien*.

In Ermangelung absolut eindeutiger Kriterien wird bei der Beschäftigung mit dem Themenbereich der technischen Denkmäler in nicht seltenen Fällen der individuellen Interpretation und Einordnung eine besondere Rolle zukommen. Diese Feststellung trifft auch für die praktische Bearbeitung konkreter Objekte im Sinne ihrer Erfassung und etwaigen späteren Erhaltung zu. Hier können Kriterien der interdisziplinär ausgerichteten industriearchäologischen Forschung helfen. Ohne den Definitionen und Ausführungen, wie sie z.B. von Angus Buchanan oder Richard Pittioni konzipiert worden sind, jetzt erneut nachzugehen, seien lediglich einige Überlegungen geschildert, deren Berücksichtigung wichtig erscheint.

Erster Schritt der industriearchäologischen Arbeit sollte nach vorheriger Besichtigung des Denkmals eine umfassende Inventarisation sein: Sie klärt, welche Objekte überhaupt noch vorhanden sind, welcher Art sie sind, in welchem Erhaltungszustand sie sich befinden und welche sonstigen Standortbedingungen herrschen, d.h., ob noch andere technische oder kulturhistorisch wertvolle Bauten oder Maschinen in unmittelbarer Nachbarschaft erhalten sind oder ob etwa ein Ensemblecharakter vorliegt. Die Inventarisation schafft die Voraussetzungen dafür, die Wertigkeit der Denkmäler im Vergleich untereinander zu beurteilen und erst die Zusammenschau und der Vergleich können ein mehr oder minder deutliches Bild der Typologie, der Phänomenologie, damit oft auch der Chronologie und der Verbreitung ergeben.

Als nächster Schritt muß die Einbeziehung der Denkmäler gewissermaßen als manifestierte Geschichte in den technik-, wirtschafts-, sozial-, kunsthistorischen, kurz in den interdisziplinär und von Fall zu Fall unterschiedlichen Hintergrund versucht werden. Das Herausarbeiten von Entwicklungen mit ihren komplizierten Vorgängen und Hintergründen liegt im Hauptinteresse der Bearbeitung: Ohne diese Überlegungen wäre ein Rückfall in einen recht unproduktiven Positivismus unvermeidlich. Erst unter der Beherzigung dieser Überlegungen ergeben sich die Voraussetzungen einer produktiven Inventarisation. Daß man sich dabei der modernsten und besten Methoden versichern sollte, versteht sich von selbst. Für die Bauaufnahme und Planherstellung heißt dies, daß hier die Photogrammetrie mit ihren heute noch nicht voll erfaßten und auszuschöpfenden Möglichkeiten anzuwenden ist.

Nach der Bestandsaufnahme und der gründlichen Analyse der Denkmäler im Sinne der angeführten verschiedenen Kriterien wird sich herausstellen, welches Objekt welche Wertigkeit in der gesamten Bandbreite der Phänomene besitzt und wie es damit denkmalpflegerisch zu behandeln ist. Als Bewertungsschema bieten sich Qualitäts- bzw. Relationsunterschiede mit den Bereichen „regional" oder „überregional", eventuell sogar „national" oder „international" im Sinne einer Bewertung an: Eine Windmühle, die innerhalb einer landschaftlichen Geschlossenheit die wirtschaftliche Entwicklung im Standort dokumentiert, ist von lokaler Bedeutung. Wenn diese Windmühle allerdings die einzige weit und breit sein sollte, kann ihr regionale Bedeutung zukommen. Ein technisches Denkmal von zumindest „nationaler" Bedeutung ist z. B. die ehemalige Manganerzgrube Dr. Geier in Waldalgesheim, die in ihrer architektonischen und stilistischen Geschlossenheit zu den Musterbeispielen derartiger Schachtanlagen in der Bundesrepublik gehört, während die jüngst vom Bundesminister des Innern zum „nationalen Denkmal" erklärte Maschinenhalle der ehemaligen Zeche Zollern II/IV in Dortmund-Bövinghausen ohne Zweifel einen „international" bedeutsamen Rang beanspruchen kann. Da aus naheliegenden Gründen nicht alle vorhandenen technischen Denkmäler erhalten werden können, muß notwendigerweise eine sinnvolle Auswahl getroffen werden, und zwar in der Weise, daß von jedem signifikanten Objekttypus wenigstens ein Denkmal geschützt wird. Man wird bei gleich bedeutenden und charakteristischen Denkmälern demjenigen den Vorzug geben, dessen Umgebung den originalen Funktions- und Arbeitszusammenhang am besten zu verdeutlichen in der Lage ist. Außerdem spielt der Erhaltungszustand insofern eine entscheidende Rolle, als bei gleicher Wertigkeit besser erhaltene Objekte vorzuziehen sind. Es versteht sich jedoch von selbst, daß man versuchen muß, so viele Denkmäler wie möglich zu pflegen, um nicht am Schluß erkennen zu

T 11–
13

T 50 b
–54

müssen, daß man keines der Nachwelt erhalten hat: Dieser Fall ist z. B.
im Siegerland aufgetreten. Diese traditionsreiche Eisen- und Stahlland-
schaft verfügt heute über kein einziges Fördergerüst mehr, die ehemals
die Orts- und Landschaftsbilder entscheidend geprägt haben.

Die Auswahl eines typischen Denkmals und seine Erhaltung enthebt
den Denkmalpfleger allerdings nicht der Sorgepflicht für die anderen,
durch Umwelteinflüsse und die Klassifizierung bedrohten Objekte. Sie
müssen sämtlich – und diese Ausschließlichkeit ist wichtig – aufgemes-
sen und zumindest ausreichend dokumentiert werden. Darüber hinaus
sollte es zur Selbstverständlichkeit werden, besonders signifikante Teile
in ein Museum bzw. in ein Lapidarium zu überführen bzw. zu sichern,
wo man diese Stücke bei Bedarf einer Prüfung unterziehen kann. Wie
oft kann bereits ein Fragment eines Monuments Aufschlüsse über die
Gesamtheit geben! Wie oft haben sich schon die Fragestellungen geändert! Auf jeden Fall sollte versucht werden, die Denkmäler so lange wie
möglich in situ, d. h. am Ort und in ihrer alten Umgebung zu erhalten
oder – wenn es erforderlich bzw. günstiger ist – zu translozieren, an einen neuen Ort zu übertragen. Auch Abbrucharbeiten, das sollte nicht
vergessen werden, verschlingen Geldmittel, die eventuell zur Erhaltung
eines Denkmals ausreichen würden. Es genügt allerdings auch nicht, die
einmal erhaltenen Denkmäler ohne Pflege einem langsamen Siechtum
und Verfall anheimzugeben, um sie dann schließlich doch abreißen zu
müssen – eine Politik, die aus kurzsichtigen ökonomischen Erwägungen naheliegt und leider immer noch allzuoft vordergründigen lokal-
politischen Prioritäten entspricht. Die Objekte müssen vielmehr
sinnvollen Aufgaben, einer umweltrelevanten Funktion zugeführt werden. Ein Musterbeispiel hierfür ist das *Fördergerüst der ehemaligen*
T 79 a *Dortmunder Schachtanlage Germania,* das nach der Stillegung der
Schachtanlage mit Mitteln in beträchtlicher Höhe nach Bochum transportiert und dort über dem Deutschen Bergbau-Museum wiederaufge-
richtet worden ist. Der 68 m hohe Turm, der eine entscheidende Etappe
in der Technologie der deutschen Schachtförderung dokumentiert, ist
inzwischen zu einem Wahrzeichen für die ehemals bedeutendste Stadt
des Steinkohlenbergbaus auf dem europäischen Kontinent geworden,
die heute keine einzige fördernde Zeche mehr besitzt. Als Aussichtspunkt und direkte Verbindung zum Anschauungsbergwerk unter dem
Museum erfreut sich das Fördergerüst heute großer Beliebtheit: Die

Attraktivität des Museums und der Kommune hat sich durch den Wiederaufbau des Fördergerüstes entscheidend erhöht.

Bei der Erhaltung und damit der sinnvollen Nutzung technischer Denkmäler sollte keinesfalls der Fehler begangen werden, ein „museales Fluidum" schaffen zu wollen. Das Gefühl, im Mittelpunkt des technischen Betriebsablaufs eines Fördergerüstes zu stehen oder sich auf den Planken eines Segelschiffes wie auf der „Seute Deern" im Deutschen Schiffahrtsmuseum in Bremerhaven zu befinden, wobei historische Welten wiederauferstehen können und müssen, ist letztlich der Vermittler jener Denkanstöße, zu denen die Anlagen die Besucher anregen sollen. In jedem Fall muß bei dieser Objektgattung der Kontakt mit den Werkzeugen und Maschinen so eng wie möglich sein, müssen die Arbeits- und Lebensbedingungen sowie die Produktionsvorgänge so anschaulich und begreifbar wie irgend möglich dargestellt werden: Geschichte ohne Umgang mit den Objekten und ohne Kenntnis der Objekte bleibt letztlich leere Theorie. Deshalb ist es unbedingt nötig, die technischen Denkmäler in die Bildungspläne der Bundesländer und in die vielgestaltigen Maßnahmen zur Volksbildung mit einzubeziehen. Eine Verständigung mit den lokal und regional verantwortlichen Stellen für Kultur- und Volksbildung ist dabei ebenso notwendig.

Der Problemkreis der Abgrenzung der technischen Denkmäler von den Kunstdenkmälern ist mit diesen Bemerkungen indessen noch nicht abgeschlossen. Gerade die Denkmalpflege steht manchmal vor der schwierigen Entscheidung, festlegen zu müssen, welchem Bereich ein Denkmal zuzurechnen ist. Schon aus der Tatsache heraus, daß technische Denkmäler und Kunstdenkmäler sich unter dem Überbegriff „Kulturdenkmäler" zusammenfassen lassen – denn „Kultur" beinhaltet u. a. im gleichen Maße „Kunst" und „Technik" – wird ersichtlich, daß sich die Bereiche überlagern, daß technische Denkmäler zugleich auch Kunstdenkmäler sein können, zumal, wenn sie mit ästhetischen Mitteln herausragend gestaltet worden sind. Die Verbindung beider Denkmälergattungen ist nicht zu leugnen, weshalb man sich auch hüten sollte, zu starke und kategorische Trennungen vorzunehmen.

Ein außer Funktion gekommener *Hochofen* – wie derjenige *der Luisenhütte bei Wocklum* – hatte ursprünglich die Aufgabe, aus Erzen und verschiedenen Zuschlägen Roheisen zu erzeugen. Ohne „Kunstcharak- T 79 b, 80 ter" steht er als „reines" technisches Denkmal vor uns, das auch nie mit dem Anspruch geplant oder versehen worden war, einst Denkmalcharakter zu besitzen: Mit diesem Hochofen sollte lediglich Roheisen hergestellt werden, um die Sozialstruktur des umliegenden Landes und den Verdienst des betreibenden Gewerken zu verbessern. Heute ist dieser Hochofen ein aussagekräftiges Denkmal für den Produktionsvorgang eines Hüttenwerks des 19. Jh.: Er ist ein technisches Denkmal, kein Kunstdenkmal.

Der *Pont-du-Gard bei Nîmes* in Südfrankreich war ursprünglich als Aquädukt eine technische Leistung, der die römische Stadt mit Wasser versorgen sollte. Die Architektur dieses technischen Bauwerks wurde mit einem künstlerischen und repräsentativen Anspruch versehen, hinzu kam die künstlerisch gelungene Einbindung des Bauwerks in die umgebende Natur: Dieses bewußte Zusammentreffen von künstlerischen und technischen Gestaltungsmomenten wurde bereits von den Erbauern gesehen. Deshalb wird man diese Architektur sowohl den technischen als auch den Kunstdenkmälern zurechnen dürfen, wenngleich der ursächliche Erbauungsgrund eine technische Notwendigkeit gewesen ist.

Ähnlich gelagert ist der Fall bei einem stillgelegten bzw. noch betriebsfähigen *Hammerwerk* oder einem vergleichbaren Betrieb z. B. in der bayerischen Oberpfalz. Während das technische Inventar wie die Wasserräder, Wellen und Schwanzhämmer als technische Denkmäler anzusprechen sind, ist das zum Hammerwerk gehörende, künstlerisch ausgestaltete Herrenhaus in erster Linie den Kunstdenkmälern zuzurechnen. Betrachtet man indessen die Bauaufgabe bzw. die Industrieanlage „Hammerwerk" als eine inhaltliche Denkmälereinheit („Ensemble"), dann gehört das Herrenhaus ebenfalls zu den technischen Denkmälern. Bei diesem Beispiel sind nun Differenzierungen unumgänglich, da die bedeutungsmäßige Gewichtung, ob das Ensemble eher technischen oder künstlerischen Charakter hat und welcher Denkmälergattung es zuzuordnen ist, von dem Erhaltungsgrad der technischen Einrichtung abhängig ist. Hat das Ensemble seine technische Einrichtung verloren und ist ästhetisch hervorragend ausgestattet, wird die Einordnung zu den Kunstdenkmälern sicher recht leicht fallen; diesen Schritt haben z. B. die Bearbeiter der oberbayerischen Kunstdenkmälerinventare in der Regel schon früh vollzogen. Aber hier sind die Wertungen von der Persönlichkeit des jeweiligen Inventarisators abhängig und kaum objektiv zu entscheiden.

Etwas anders liegt der Fall bei den *Malakofftürmen,* jenen mächtigen, gemauerten Schachtgebäuden des dritten Viertels des 19. Jh., die heute ohne Inneneinrichtung oder vollkommen verändert über dem Schacht stehen. Nicht aus primär künstlerischen Erwägungen, sondern aus der Notwendigkeit heraus, in große Teufen vordringen zu müssen und die beim Fördern auftretenden Erschütterungen auszuhalten, entstanden die mächtigen, mit architektonischen Zierden gegliederten Massive. Dennoch besteht kein Zweifel, daß diese Denkmäler trotz des Verlustes der Einrichtung eindeutig unter die technischen Denkmäler einzureihen sind.

Daß ein technisches Denkmal seine „technischen" Qualitäten vollständig aufgibt und ein „Kunstdenkmal" wird, war bereits im zweiten Beispiel als möglich angedeutet worden. Meistens handelt es sich bei diesen Denkmälern um stark zerstörte Ensembles, die die ehemals dominante technische Einrichtung verloren haben.

Ähnlich verhält es sich mit dem *Bahnhof in Remagen-Rolandseck:* Ursprünglich als Empfangsgebäude der linksrheinischen Eisenbahnlinie angelegt, dient er heute einer Künstlerkolonie als Arbeitsstätte und als gesellschaftlicher Begegnungsort. Die Funktion als Bahnhofsgebäude ist aufgehoben: Der Bau hat damit seine urprüngliche Aufgabe und seine technische Funktion verloren. Da der Baukörper aber heute zu den besten Beispielen des rheinischen Klassizismus zählt und hervorragende Ausstattungsstücke (Stuck, Eisenkunstguß usw.) besitzt, wird man den Bahnhof durchaus als Kunstdenkmal ansprechen dürfen.

Kunstdenkmäler werden dagegen in der Regel selten zu technischen Denkmälern. Der Fall, daß ein Schloß oder eine Abtei durch eine nachträgliche Einrichtung und einen Umbau zu einer Fabrik und unter Verlust des Schloßcharakters bei späterer Beibehaltung der technischen Einrichtung zum technischen Denkmal wird, ist nur recht selten aufgetreten: z. B. im saarländischen *Mettlach.* Dort wird die ehemalige Abtei von der Firma Villeroy & Boch als Fabrikgebäude genutzt. Häufiger ist hingegen der Fall, daß Manufakturen und Fabriken sich Schloßarchitekturen zum Vorbild genommen haben (z. B. in *Schney).*

Bisher ist ein ganz wichtiger und wesentlicher Gesichtspunkt allerdings vernachlässigt worden: Die große Mehrzahl der technischen

Denkmäler steht nicht in einem komplizierten Verhältnis zur „Kunst". Die von Ingenieuren konstruierten Maschinen und Geräte sind oftmals ganz auf die Funktion ausgerichtete Apparate ohne schmückendes Beiwerk, das zu bestimmten Zeiten ganz abgelehnt, zeitweilig aber auch als zugehörig empfunden wurde. Innerhalb dieser Beispiele der Ingenieurleistungen sind die „eigentlichen" technischen Denkmäler zu suchen, eben jene Objekte, die die technische Entwicklung dokumentieren, die einzelnen Industriezweige weiterentwickelt haben und es uns heute erlauben, diese Stadien nachzuvollziehen. Hierzu gehört als Beispiel ein *Walzwerk der ehemaligen Gräflich-Wiedschen Hütte bei Rasselstein,* das aus den abgebrochenen Baulichkeiten gerettet werden konnte und im Museum auf der Koblenzer Festung Ehrenbreitstein zu sehen ist.

Zusammenfassend wird deutlich, daß die Berechtigung, ein Denkmal als „technisch" zu bezeichnen, vom Verständnis und der Bereitschaft abhängt, welche Kriterien zugrunde gelegt werden. Bei den Denkmälern, die als reine Ingenieurleistungen aufzufassen sind, sind die technischen Elemente so dominant und deutlich, daß jeder Zweifel an der Bezeichnung ausgeschlossen ist. Anders ist es indessen bei den Objekten und Ensembles, in denen technische und ästhetische Elemente auftreten: Wird die erhaltene technische Einrichtung zum Kriterium erhoben, sinkt die Zahl der Denkmäler. Legt man indessen die ursprüngliche Funktion und die durch die geschichtlichen Ereignisse erkennbaren Vorgänge zugrunde, wächst die Denkmälerzahl ganz erheblich.

Eine Entscheidung zugunsten einer Auffassung sollte nicht kategorisch gefällt werden; eine Trennung von Kunst und Technik ist vielfach und vor allem noch im 19. Jh. von den Architekten und Ingenieuren nie bewußt durchgeführt und beabsichtigt worden. Es solle vielmehr von Fall zu Fall entschieden werden, welcher Charakter überwiegt. Außerdem würde eine kategorisch verlangte Entscheidung die Forschung – und auch die Denkmalpflege – in eine unangenehme und eingeengte Position bringen. Man sollte daher vielmehr versuchen, die gesamte Breite des Begriffs des „technischen Denkmals" durch Fragestellungen interdisziplinären Charakters auszuloten und zu erhellen.

Auf eine besondere Beziehung zwischen den Kunstgegenständen und Kunstdenkmälern und der „Technik" und „Wirtschaft" im allgemeinen soll noch kurz eingegangen werden. Viel zu sehr wird vergessen, daß die Kunstdenkmäler oft erst durch gewisse wirtschaftliche und ökonomische Gegebenheiten entstehen konnten. Zwei Beispiele mögen dies verdeutlichen. Bei der Betrachtung der berühmten, im Jahre 1477 entstandenen *Goslarer Bergkanne* im Rathaus der Bergstadt macht sich kaum jemand klar, daß die Gesamtentwicklung der Stadt mit all ihren Kunstdenkmälern (Dom, Pfalz usw.) nur durch die Ausbeute aus dem Rammelsberger Edelmetall möglich gemacht wurde: Insofern ist die Bergkanne letztlich des Produkt und die Dokumentation des Bergbaus des 15. Jh. Ähnlich verhält es sich mit dem *Freskenzyklus* in der kleinen T 64, Dorfkirche *von Niederhausen/Nahe* bei Bad Kreuznach. Der in der 65a Turmkapelle aufgetragene Barbara- und Valentinzyklus sowie die beiden Stifterporträts unterhalb der Kreuzigungsszene zählen heute zu den wenigen noch sichtbaren Hinweisen auf den bedeutenden, mittelalterlichen bzw. frühneuzeitlichen Quecksilberbergbau am Lemberg. Die 1496 entstandenen Fresken wird niemand als technische Denkmäler bezeichnen wollen; der wirtschaftlich-ökonomische Hintergrund bringt diese Kunstzeugnisse jedoch in eine große Nähe zu den ehemals herrschenden betrieblichen Verhältnissen, und sie sind deshalb durchaus als Dokumente der wirtschaftlichen und technischen Gegebenheiten zu verstehen. Noch problematischer wird es, wenn eindeutig künstlerische Bilddokumente wie das Deckblatt aus dem *Kuttenberger Kanzionale* T 24 (um 1500), d. h. das Frontispiz eines geistlichen Liederbuchs, eine vollständige Dokumentation des unter- und übertägigen Bergbaubetriebes mit vielen Arbeits- und Aufbereitungsvorgängen darstellen. Diese Beispiele von engsten Beziehungen zwischen Kunstprodukten mit Themen aus dem wirtschaftlichen und technischen Bereich mögen die Verflechtungen der beiden großen Bereiche „Kunst" und „Technik" zeigen und sollen darauf hinweisen, daß eine scharfe Trennung zwischen „technischen" und „Kunstdenkmälern" oftmals dort nicht durchzuführen ist, wo technische Vorgänge aus Dokumentationsgründen in eine ästhetisch gestaltete Form eingebettet worden sind.

Bereits im Versuch, den Begriff Industriearchäologie zu erklären, sind wesentliche Gesichtspunkte genannt worden, welche Methodik man zur ausreichenden *Dokumentation,* Inventarisation sowie zur wissenschaftlichen Erforschung benutzen soll. Vor allem Weisgerber hat hier im Bereich der vor- und frühgeschichtlichen Denkmäler wertvolle und wesentliche Ansätze geliefert.[136]

Im neuzeitlichen bzw. gegenwärtigen Zeitbereich wird man in der Regel einen Hinweis auf eine Bergwerksanlage, einen Hochofen oder eine andere Industrieanlage erhalten. Schon in diesem Stadium wird man gut daran tun, Kontakt mit den zuständigen Stellen, Behörden oder Privatpersonen aufzunehmen, die das Auffinden des Objektes selbst bzw. die notwendigen Verbindungen zu Ortskennern herstellen. Am Ort selbst muß man sich der Mühe unterziehen, das gesamte ehemalige oder noch in Nutzung befindliche Gelände zu begehen und nach Spuren und Relikten abzusuchen: Industriearchäologie ist zunächst einmal Feldarbeit. Man wird auf verschiedenartige Überreste wie Pingen, Dämme, Halden, Baulichkeiten, Maschinen usw. stoßen. Nachdem man alle diese Anlagen und Denkmäler „gesammelt" und fotografiert hat, muß man darangehen, die übrigen Reste der „materiellen Kultur" sicherzustellen oder zumindest zu dokumentieren, vor allem die schriftlichen Quellen sowie Pläne, historische Fotos, Bilder, Zeichnungen, Kunstgegenstände mit Hinweisen auf die Industrie, also alle jene Gegenstände, die aufgrund ihrer Gestaltung mit der Industrie zusammenhängen. Das können bisweilen recht merkwürdige Objekte sein wie – im Falle des südhessischen Bergbauortes von *Bieber* – Uhren, Fahnen, Malereien oder bergmännische Abendmahlsgeräte, Grabkreuze und Skulpturen. Außerdem muß man sich bemühen, die Einheimischen um Auskünfte anzugehen, ob sie noch jemanden kennen, der die zu dokumentierende Industrie miterlebt hat oder Hinweise auf Personen geben kann, die weiterhelfen können. Es ist ein bisweilen recht mühsamer, aber lohnender Weg: Hilfreich ist fast immer ein Kontakt mit dem örtlichen Heimatmuseum und dem Heimatpfleger, mit den Behörden oder den Forstämtern, welche die Boden- und Lagerstättenverhältnisse meist sehr gut kennen.[137]

Wenn man alle Möglichkeiten zur Kenntnisnahme der Industrie am Ort ausgeschöpft hat, beginnt die eigentliche Aufbereitungsarbeit. An-

---

[136] Vgl. Weisgerber (1978), S. 176–184.

[137] Vgl. Rainer Slotta, Zur Dokumentation der Industriegeschichte am Deutschen Bergbau-Museum Bochum. Dargestellt am Beispiel der Montanlandschaft bei Bieber im hessischen Spessart, in: Hessische Heimat 28, 1978, Heft 4, S. 124–131.

hand des vorhandenen Materials sucht man jetzt in Bibliotheken, Archiven und Sammlungen nach weiterem, erklärendem Material (z. B. Reisebeschreibungen, Berichte, amtliche Nachrichten, Handbücher usw.). Besonders wichtig sind Archivalien mit den Betriebsbeschreibungen, Rechnungen, Anforderungen, Anträge, Personalakten: Diese Quellen sind unerläßliche und wichtige, weil lebendige und aussagekräftige Zeugnisse. Die Denkmäler der Industrie sind ja keine toten, geschichtslosen Gegenstände, sondern von Menschen geschaffene, lebendige Objekte gewesen, mit denen man gearbeitet, gelebt, die man bisweilen verehrt, manchmal auch verflucht hat. Man wird versuchen müssen, eine möglichst umfassende Dokumentation von der Industrieentwicklung zu gewinnen. Ohne vollständig zu sein, kann folgende Auflistung doch Anregungen geben, welche Objekte zur Dokumentation von Industriegeschichte wichtig sein können:

1. Objekte zur technischen Entwicklung

- Werkzeugmaschinen zur Herstellung industrieller Produkte
- Antriebsmaschinen
- Zeichnungen und Pläne von Industrieanlagen
- Handbücher zur Bedienung und Wartung von Maschinen
- Dokumente zur technologischen Entwicklung

2. Objekte zur Dokumentation des industriellen Arbeitsplatzes

- Einzelne Maschinen
- Fotos und Filme
- Dokumente zum Ablauf der Herstellung verschiedener Produkte vom Rohstoff zum fertigen Produkt
- Fabrik- und Arbeitsordnungen
- Stechuhren
- Spindmarken usw.
- Arbeitskleidung
- Arbeitsverträge
- Lohntüten
- Jubiläumsurkunden
- Dokumente zu den verschiedenen sozialen Einrichtungen in Betrieben (Versicherung, Altersfürsorge, Kantine, Prämien usw.)
- Dokumente zum Ausbildungswesen

3. Objekte zur Firmengeschichte
- Fotos von Fabrikanlagen und Produktionsstätten
- Firmen-Jubiläumsschriften, Firmenbriefköpfe[138]
- Dokumente zur Geschichte der Firmengründer bzw. -inhaber
- Belegschaftsfotos und Fotos einzelner Mitarbeiter
- Objekte zur Beteiligung an Ausstellungen, Messen usw.
- Auszeichnungen
- Firmenwerbung
- Betriebszeitungen

4. Objekte zur Dokumentation der industriell gefertigten Produkte
- Sammlung typischer Produkte des Unternehmens
- Verkaufsanzeigen, Kataloge
- Werbematerial
- Schriften zur Pflege und Wartung der Objekte
- Fotos derartiger Produkte
- Fotos derartiger Produkte im Gebrauchszusammenhang

5. Dokumente zur Geschichte der Gewerkschaft
   und Arbeiterbewegung
- Abzeichen, Fahnen, Erinnerungsstücke
- Jubiläumsurkunden zur Mitgliedschaft
- Wandschmuck, Postkarten, Plakate mit Motiven
  der Bewegung
- Fotografien von Versammlungen, Ereignissen, Personen
- Dokumente zu geselligen und kulturellen Veranstaltungen
- Betriebszeitungen
- Dokumente zu Streiks, Tarifauseinandersetzungen
- Protokollbücher der gewerkschaftlichen Institutionen

6. Dokumente zu den Wohnverhältnissen der Arbeiter
- Fotos, Baupläne zu Arbeitersiedlungen, Werkswohnungen
  und Häusern

[138] Vgl. Helmut Bönninghausen, Firmenansichten und Industriearchäologie, in: Fabrik im Ornament. Ansichten auf Firmenbriefköpfen des 19. Jahrhunderts, Münster 1980, S. 58–61.

- Möbel und sonstige Einrichtungsgegenstände
- Kauf-, Miet-, Kreditverträge
- Hausrat
- Familienfotos

7. Exemplarische Lebensläufe
- Zusammenstellung von Lebensläufen (Arbeiter, Angestellte, Unternehmer) mit entsprechenden Text-, Bild- und evtl. Tondokumenten.

8. Kunstwerke
- Kunstwerke zur industriell-technischen Entwicklung und zur Entwicklung der sozialen Lebens- und Arbeitsverhältnisse (Gemälde, Plastik, Grafik usw.)[139]

Aus dieser sicherlich nur bruchstückhaften Aufzählung wird ersichtlich, welche entscheidende Rolle den *Archiven* bei der „Erklärung" der technischen Denkmäler zukommt. Evelyn Kroker hat diese Bedeutung jüngst prägnant formuliert, als sie den „Wert" derartiger Spezialarchive beschrieb und die Archivierung von Industrieakten als Forschungsgrundlage für Dokumentationen aller Art, vor allem aber solche technische Denkmäler betreffend, forderte. Man kann es sich unschwer vorstellen, und es ist aus den angeführten Beispielen deutlich geworden: Technische Denkmäler verlangen genauso wie die übrigen Denkmäler eine Erklärung, die vorzugsweise aus Archivmaterial gewonnen werden kann. Deshalb ist eine Archivierung und Zugänglichmachung von Altakten (z. B. durch Findbücher u. ä.) unerläßlich, stellen sie doch erst den Zugang zu den Denkmälern her. Archivarbeit ist eine Notwendigkeit für alle jene, die sich mit industriearchäologischen Fragestellungen und technischen Denkmälern beschäftigen.[140]

---

[139] Diese Zusammenstellung wurde in nur wenig veränderter Form von der Arbeitsgruppe „Arbeitskreis von Wissenschaftlern an Museen in Hessen" anläßlich der Fachkonferenz zur Dokumentation der Industriegeschichte in Hessen im Museum am 1. Juli 1978 in Hofgeismar verteilt.

[140] Vgl. dazu den Aufsatz von Evelyn Kroker, Archivierung von Industrieakten und museale Dokumentation als Forschungsgrundlage für ein technisches Museum, in: Museumskunde 43, 1978, Heft 1, S. 16–22.

T 68– Es mag erlaubt sein, noch einmal auf das *Problem der historischen*
78   *Fotografien* einzugehen, die hervorragende, aussagekräftige Dokumente allerersten Ranges für die industriearchäologische Forschung
sind, da sich mit ihnen der ursprüngliche Funktionszusammenhang
zurückgewinnen läßt. Hinzu kommt, daß oftmals Menschen an ihrem
Arbeitsplatz oder als Belegschaft in ihrer industriellen Umgebung auf
den Fotos dokumentiert sind, so daß neben der Aussage der Arbeits-
platzgestaltung auch das menschliche Problem angeschnitten ist.[141] Um
diese zutiefst humane Problematik hier wenigstens anzudeuten, soll ein
Bestand historischer Fotos hier vorgestellt werden, der die Arbeitsverhältnisse auf der ehemaligen *Kalizeche Hohenfels* bei Wehmingen (bei
Lehrte) aufzeigt.

T 68 a Das Kaliwerk entstand seit dem 23. März 1897, als die Arbeiten am
Schacht begannen; im Juni 1900 hatte man das Salzlager erreicht, und
am 5. September 1901 war der Schacht bis zur vorläufigen Endteufe von
610 m fertiggestellt worden. Nach dem Ausbau der Tagesanlagen
konnte das Kaliwerk 1902 das erste Rohsalz absetzen. Das Werk entwickelte sich im Verlaufe der beiden ersten Jahrzehnte dieses Jahrhunderts zu einem produktionskräftigen, blühenden Unternehmen, was im
wesentlichen in der Qualität der Salze begründet lag. Doch entschloß
sich der Unternehmenskonzern im Jahre 1927, das Kaliwerk Hohenfels
vorläufig stillzulegen; in diesem Zustand als „Reservewerk" befindet
sich das Bergwerk noch heute.[142]

Die maßgebende unternehmerische Gestalt bei der Gründung und
beim Aufbau des Kaliwerks war Dr. Wilhelm Sauer gewesen, der zusammen mit dem Bankdirektor Bernhard Schmidt und dem Amtsrat
August Meyer die Geschicke des Bergwerks in den Anfangsjahren be-

---

[141] Vgl. dazu auch: Gabriele Unverferth/Evelyn Kroker, Der Arbeitsplatz des
Bergmanns in historischen Bildern und Dokumenten, Bochum 1979 (= Veröffentlichungen aus dem Deutschen Bergbau-Museum Bochum, Nr. 15). –
S. Reulecke/Wolfhart Weber, Fabrik, Familie, Feierabend, Beiträge zur Sozialgeschichte des Alltags im Industriezeitalter, Wuppertal 1978.
[142] Zur Geschichte des Kaliwerkes Hohenfels vgl. Rainer Slotta, Technische
Denkmäler in der Bundesrepublik Deutschland, Bd. 3: Die Kali- und Steinsalzindustrie, Bochum 1980 (= Veröffentlichungen aus dem Deutschen Bergbau-
Museum, Nr. 18), S. 184–194.

stimmte. Nach historischen Berichten soll jener Dr. Wilhelm Sauer ein aufbrausendes, cholerisches Temperament besessen haben und ein schillerndes Bild eines Unternehmers jener Epoche geboten haben. Auf schnelles Wachstum seines Werkes hinstrebend und im ständigen Konkurrenzkampf mit den anderen Kali-Unternehmern im hannoverschen Raume, kam es zu merkwürdigen Situationen wie dieser: Da das Kaliwerk Hohenfels nur einen einzigen Schacht abgeteuft hatte, nach den Vorschriften der Bergbehörde aber einen zweiten Ausgang besitzen mußte, einigte man sich mit einem nahe gelegenen Kaliwerk in der Weise, daß man beide Gruben miteinander durch einen Querschlag verband, so daß jedes Bergwerk den Schacht der anderen Grube als zweiten Ausgang verwenden konnte. Trotz dieser engen Verflechtungen beider Bergwerke miteinander hatte Dr. Sauer seinen Betriebsangehörigen strengstens verboten, mit den anderen Belegschaftsangehörigen auch nur Kontakt aufzunehmen. Beide Kaligruben hießen im Volksmund nur „die feindlichen Brüder". Diese Episode wirft ein bezeichnendes Licht auf die Zustände zur Gründungszeit des Werkes.

Die Fertigstellung des Schachtes bzw. das glückliche Erreichen des Salzes ist auf der Taf. 68 zu erkennen; im Hintergrund rechts steht noch das hölzerne Abteufgerüst mit der charakteristischen Verbretterung, links sind die ersten provisorischen Betriebsgebäude in Fachwerk mit Backsteinfüllung zu erkennen. Davor hat sich die damalige Belegschaft „aufgebaut": ganz links steht die Bergkapelle, daneben – weiter rechts – stehen die einzelnen Schichten: die Abteufmannschaft mit den schweren Leder- oder Gummimänteln und den breiten Krempenhüten, um im Schacht gegen das einströmende Wasser wenigstens etwas geschützt zu sein, die anderen Schichten in Uniform (rechts). In der Mitte erkennt man die Beamten der Verwaltung mit den „Vatermördern". Als einzige Personen innerhalb dieser Bildkomposition sitzen die „wichtigen" Unternehmerpersönlichkeiten (Dr. Sauer, Bankdirektor Schmidt, Amtsrat Meyer und ganz rechts der erste Bergwerksdirektor). Dekorativ plaziert wurden vier Mitglieder der Abteufmannschaft: Sie liegen zuvorderst und „bilden den Rahmen" für die Unternehmergruppe. Ganz rechts ist ein Herr in einem langen Rock und mit Zylinder zu erkennen: Dies ist der Kutscher, d. h. der Fahrer des Direktors, gewesen.

Das nächste Bild zeigt eines der ersten, noch provisorisch errichteten Gebäude des Kaliwerkes: das Kesselhaus, das die notwendigen

T 68 a

T 68 b

T 68 b Dampfmengen zum Antrieb der Abteufmaschinen geliefert hatte. Wichtiger als das einfache Gebäude ist in unserem Zusammenhang aus der Figurengruppe vorne rechts die Person ganz rechts: Die Arme kräftig in die Seite gestützt, steht der spätere Bergwerksdirektor vor uns, der während des Aufbaus des Werkes noch zweiter Mann in der Hierarchie hinter dem ersten Bergwerksdirektor gewesen ist; er wird uns in der Folgezeit noch häufiger begegnen, wobei sich sein Äußeres je nach dem erworbenen Rang verändert hat.

T 69 Auf dem nächsten Foto ist das Werk fertiggestellt: Man erkennt links das Fördermaschinenhaus, weiter rechts die Schachthalle mit dem Fördergerüst und der rechts angeschlossenen Rohsalzmühle. Ganz rechts ist noch der Schornstein des ersten, provisorischen Kesselhauses zu erkennen, das, inzwischen außer Dienst gekommen, durch ein größeres Kesselhaus ersetzt worden ist, dessen Schornstein und Kühlturm ganz links zu erkennen sind. „Ganz zufällig" schlendert unser späterer Bergwerksdirektor über das Werksgelände. Das auf der Abbildung nicht erkennbare neue Kesselhaus ist auf dem nächsten Foto zu erkennen: Es ist eine Grundsätzlichkeit dieser frühen, komponierten Fotografien, daß man versucht hat, die Funktion der dargestellten Gebäude durch kräftige Hinweise kenntlich zu machen: Dampf steigt aus den Ablassen der Kessel, und ganz links fährt eine Dampflok ins Bild, deren Maschinist zum Fotografen hinüberschaut.

Aufnahmen anderer Persönlichkeiten sind seltener: Immerhin kennen wir den ersten Portier des Werkes, einen Herrn Hilke, der auf der nächsten Abbildung noch einmal mit dem damals noch stellvertretenden Bergwerksdirektor und einem Beamten vor dem provisorischen

T 70 a Verwaltungs-„Bureau" steht. Während der Beamte das typische „Beamten-Aussehen" der Zeit besitzt – mit Bowler, Vatermörder, Weste mit Uhrkette und unterhalb der Revers knöpfbarem Jacket –, trägt der Portier seine Uniform, zu der vor allem die Schirmmütze mit der Kokarde gehört. Der stellvertretende Bergwerksdirektor trägt Grubenzeug; die Aufnahme muß nach einer Grubenfahrt entstanden sein, da noch Salzgestein an den Stiefeln klebt.

T 70 b Vor demselben Gebäude ist auch das nächste Foto entstanden, das um 14.00 Uhr bei Schichtwechsel entstanden ist. Diese Aufnahme ist insofern interessant, als sie uns Aufschluß über die Kleidung der Bergleute gibt: Wie noch deutlich werden wird, kamen die Bergleute in alten, ab-

gelegten Anzügen zur Schicht, fuhren ohne sich umzuziehen ein und
gingen im selben Zeug auch wieder nach Hause. Wenigstens muß dies in
den ersten Betriebsjahren der Fall gewesen sein.

Die Direktorenvilla des Werkes lag oberhalb des Bergwerks einige   T 71 a
100 m entfernt. In charakteristischer Weise war dieses Wohnhaus angelegt worden: Einerseits im Wortsinn „erhöht", andererseits „abgeson-
dert". Auf der Veranda stehen der – inzwischen zum Bergwerksdirektor
avancierte – schon aus den anderen Abbildungen bekannte Herr sowie
die beiden Dienstmädchen; herrlich „komponiert" liegt vor der
zweiflügeligen Treppe der Hund in der Art einer „Sphinx"; wohlgefällig
schaut der Direktor hinab. Hinter dem Villengebäude erstreckt sich der
weite Garten, vor dem ein Beamter und der Gärtner stehen: Wieder in
aufschlußreicher Weise komponiert, steht der Gärtner mit seiner Gieß-   T 72 a
kanne genau in der Mittelachse des Wasserturmes, so daß unmittelbar
die Assoziation hervorgerufen wird, als wolle der Gärtner das Elixier
des Wassers vom Behälter holen.

Eine wirkliche Kuriosität ist das Foto auf Tafel 71: Dort stellt sich der
erste Bergwerksdirektor auf seinem „Veloziped" zur Schau; den Spa-
zierstock hält er in seiner Rechten, während die linke Hand in die Hüfte
gestemmt ist; er präsentiert sich in seiner ganzen Bedeutung. Dieses
Foto mag uns heute lächerlich erscheinen; es ist aber durchaus sehr ernst
gemeint. Aus dem Foto wird ein Repräsentationsanspruch deutlich erkennbar; hier wird gezeigt, daß man das modernste Verkehrsmittel seiner Zeit besitzt und daß man es sich leisten kann, ein derartiges Fort-
bewegungsmittel zu besitzen. Entsprechend bewundernd stehen denn
auch mehrere Belegschaftsangehörige dabei, wobei wir in der Person
links neben dem Direktor dessen Nachfolger wiedererkennen.

Aber auch über den eigentlichen Arbeitsplatz des Bergmanns und
über die Arbeitsverhältnisse unter und über Tage lassen sich anhand solcher Fotos Aussagen machen. In den ersten Betriebsjahren gab es noch
eine Förderung mit Pferden; diese wurden zunächst täglich mit dem   T 72 b
Förderkorb unter Tage gebracht, später nur noch an den Wochenenden
oder in bestimmten Zeitabständen herausgefahren. Die Strecken fuhr
man mit Säulendrehbohrmaschinen auf: Man erkennt deutlich die senk-   T 73
rechte Säule, die mit Holzbrettchen fest gegen die Firste gepreßt und
angeschraubt wurde. Daran befestigte man die Drehbohrmaschine, deren schraubenförmiges Ende mit Körperkraft in das Salzgestein hinein-

gedrückt und -gedreht wurde. Die Bohrstangen sind an die Ortbrust gelehnt. Waren diese Bohrlöcher tief genug, füllte man Sprengmittel ein und schoß; vorne liegt auf diese Weise losgeschossenes Haufwerk. Da das Salzgestein relativ hell ist und stark reflektiert, brauchten die Salzbergleute auf der Grube Hohenfels nur Karbidlampen (rechts) oder Öl-Frösche (in der Mitte) als Geleucht. Sehr wichtig auf diesem Foto ist auch die Arbeitskleidung: Man erkennt, daß jeder Bergmann individuell gekleidet ist, daß keine einheitliche Grubentracht bekannt war, daß Schutzkleidung fehlte. Kein Bergmann trägt einen Helm: Einer ist vorhanden, er liegt aber zu Füßen des zweiten Bergmanns von rechts auf dem Haufwerk. Im Hinblick auf die Darstellung der Entwicklung des Arbeitsschutzes sind derartige Fotos von großer Bedeutung.

T 74a   Das losgeschossene Haufwerk wurde anschließend mit Schippen in eiserne Förderwagen gefüllt und zum Schacht transportiert. Dort schoben zwei Mann am Füllort die mit den Salzbrocken gefüllten Wagen auf den Förderkorb; der Anschläger (ganz links) mit der Hand am Glokkengriff gab die Signale, aus denen der Fördermaschinist über Tage erkennen konnte, wann er mit der Materialfahrt beginnen konnte. Die auf dem Kaliwerk Hohenfels üblichen Signale stehen auf der Tafel über dem linken Turm des Förderkorbes. Eine ganz bemerkenswerte Tatsache ist, daß auf diesem Foto eine Grubenfahrt mit einer Dame festgehalten worden ist.

T 74b   Die im Füllort auf den Förderkorb aufgeschobenen Förderwagen
–76   wurden bis auf die oberste Etage der Schachthalle emporgefördert, dort mit Muskelkraft abgeschoben und über eine wellblechverkleidete Brücke zur Salzmühle transportiert. Am Schacht stand wieder ein Anschläger, der die Korbtüren schloß und die Signale dem Fördermaschinisten weitergab. An dieser Abbildung ist bemerkenswert, daß man auf dieser Grube einen Invaliden beschäftigt hatte, der die ganze Schicht über stehen mußte. Während ein Mann die gefüllten Förderwagen zur Mühle schob, brachte ein anderer die entleerten Wagen wieder zum Schacht, damit diese wieder in die Grube gebracht werden konnten.

Heute steht die Rohsalzmühle als reiner Baukörper ohne die originale maschinelle Einrichtung vor uns. Anhand der Fotografien läßt sich diese aber rekonstruieren: In der Mühle wurde der geförderte Sylvinit und Carnallit zerkleinert, während eine Aufbereitung im heutigen, modernen Sinne nicht stattfand. In der Anordnung der Zerkleinerungsvorrichtungen wurde bei jeder Zerkleinerungsstufe eine Verdoppelung vorgenommen, so daß das Aufbereitungsgut von Steinbrechern, Glokkenmühlen und Feinmühlen bis zum notwendigen Feinheitsgrad zerkleinert wurde. Die Apparate standen übereinander und waren durch Eisenblechschurren miteinander verbunden. Zu jedem Mahlsystem gehörten noch Hilfsvorrichtungen wie Kreiselkipper zum Stürzen der Förderwagen. Das fertig gemahlene Salz wurde durch Elevatoren zum höchsten Stockwerk des Mühlengebäudes gehoben und von hier durch Transportschnecken und -bänder zu den Absacktaschen befördert. Dort wurde das Salz in Säcke abgefüllt und gewogen. Fast alle Arbeitsgänge wurden noch manuell vorgenommen; die Arbeitsschutzeinrichtungen waren zumindest mangelhaft.

Besonders aussagekräftig sind auch die Fotografien von *Festlich-* T 77, *keiten,* von denen es im Falle der Kaligrube Hohenfels etliche gibt. Am   78 30. November 1900 stellte sich die damalige Belegschaft dem Fotografen: In der ersten Reihe sitzt die Bergkapelle mit dem Tambourmajor in der Mitte, in der zweiten Reihe finden sich die leitenden Bergwerksangestellten mit dem Direktor und seinem Stellvertreter und in den drei oberen Reihen stehen gestaffelt die Steiger, die zumindest in der oberen Reihe ihre Häckchen zeigen. Alle tragen die Uniform; die leitenden Bergbeamten sind an den Federbüschen und dem preußischen Adler am Schachthut erkennbar, während die anderen Bergleute lediglich das Bergbauemblem („Schlägel-und-Eisen") an der Kopfbedeckung angeheftet haben. Die Bergkapelle, die zu jedem Bergwerk früher gehört hat, ist noch mal um das Jahr 1907 im Bild festgehalten worden. Je nach dem Naturell eines jeden Mitgliedes stehen die Bergleute mehr oder weniger „stramm"; wie man es sich vorstellt, ist der Dirigent der „schnei- T 77b digste" von allen, während der Trompeter ganz links außen einen etwas kläglichen Eindruck macht: Er hat auch das Koppel falsch herum angelegt, so daß das aufgeprägte Emblem auf dem Kopf steht.

Anläßlich des Salzfestes im Jahre 1900 entstand eine Aufnahme, bei der die Belegschaft „mit Damen" abfotografiert worden ist. Zuoberst T 78a halten zwei Knappen die Fahne, auf der das Motto „Kali und Salz – Gott erhalt's" aufgestickt worden ist. Auch auf dieser Aufnahme sind wieder einige der schon von anderen Fotos bekannten Personen anzutreffen, die auch auf weiteren Abbildungen des eigentlichen Festzuges und des anschließenden -vergnügens wiederzutreffen sind. Diese Aufnahmen

sind zeitgeschichtliche Dokumente allerersten Ranges, zeigen sie doch
T 78 b die damaligen Lebensumstände in aller Deutlichkeit: die Kleidung, die
Spiele (Mädchen spielen mit Ring und Reifen, werfen Pfeil oder sind an
der Tombola zu treffen, bei der Puppen und Spiele wie Dame, Mühle
und Halma zu gewinnen sind, Buben schießen mit der Armbrust, Pfeil
und Bogen, mit dem Blasrohr oder ertüchtigen sich im Klettern), die
Erziehung und die Lebenseinstellung.

Mit diesem „Bilderbogen" sollte verdeutlicht werden, daß die Industriearchäologie nicht nur vergangene Technik und verlorenes Ingenieurwissen, sondern auch, ausgehend von den baulichen und maschinellen Überresten, das menschliche Umfeld bisweilen zurückgewinnen
kann. Wie hier in diesem Falle des Kaliwerkes Hohenfels gelingt es nicht
nur, anhand der historischen Fotos z. B. die verlorene Inneneinrichtung
der Salzmühle zu rekonstruieren, sondern man erhält zugleich durch die
Darstellung des Arbeitsprozesses eine „humane" Komponente, welche
in diesem Falle ausgesprochen weit ist, die sogar bis in das Lebensbild
von Einzelpersonen hineinreicht. Die Einstellung des Bergbeamten als
Stellvertreter des Direktors muß um das Jahr 1900 erfolgt sein; sein
Werdegang bis zum Bergwerksdirektor und Leiter des Betriebes mit
allen Pflichten und Annehmlichkeiten läßt sich zumindest erahnen.
Man weiß, wie und wo er gelebt hat, daß zu seiner Ausstattung ein Kutscher, ein Gärtner und zwei Dienstmädchen gehört haben, man kann
aus den Aufnahmen eindeutig ausmachen, daß mit der Größe seiner
Dienstaufgaben auch sein Leibesumfang gewachsen ist. Damit und mit
diesen Beobachtungen an historischem Quellenmaterial beginnt Industriearchäologie interessant zu werden, da alle jene technischen Denkmäler, die es zu betrachten und zu beurteilen gilt, ja von Menschen
geschaffen worden sind, die man sonst kaum einmal erfassen kann: In
diesem Sinne ist die Industriearchäologie eine wahrhaft humane
Wissenschaftsdisziplin.

BIBLIOGRAPHIE
(in Auswahl)

Zeitschriften

Der Anschnitt. Zeitschrift für Kunst und Kultur im Bergbau, Bochum 1949 ff.
Blätter für Technikgeschichte, Wien 1932 ff.
Deutsches Museum, Abhandlungen und Berichte, Berlin 1929 ff.
Documents pour l'Histoire des Techniques, Paris 1961 ff.
History of Technology, London 1976 ff.
Industrial Archaeology, The Journal of the History of Industry and Technology, Discup 1964/1965 ff.
Industrial Archaeology, Tokyo 1977 ff.
Industriearchäologie, Zeitschrift für Technikgeschichte, Brugg 1977.
Kultur und Technik, Zeitschrift des Deutschen Museums, München 1977 ff.
Technikgeschichte, hrsg. v. Verein Deutscher Ingenieure, 1965 ff. (Fortsetzung der Zeitschrift Beiträge zur Geschichte der Technik und Industrie, 1909–1941).
Technikgeschichte in Einzeldarstellungen, Düsseldorf 1967 ff.
Technikgeschichte als Vorbild moderner Technik, Schriften d. Georg-Agricola-Gesellschaft, Essen 1975 ff.
Technische Kulturdenkmale, Zeitschrift des Förderkreises Westfälisches Freilichtmuseum Technische Kulturdenkmale e. V., 1969 ff.
Technique et culture, Paris 1979 ff.
Technology and Culture, The International Quarterly of the Society for the History of Technology, 1959 ff.
Mitteilungen des Vereins zur Förderung der Industriearchäologie e. V., München 1977 ff.
Newsletters of the Society for Industrial Archaeology, hrsg. v. Smithsonian Institute, 1972 ff.
Journal of the Society for Industrial Archaeology, hrsg. v. Smithonian Institute, 1972 ff.

Abhandlungen/Transactions von Kongressen

Transactions of the First International Congress on the Conservation of Industrial Monuments, Ironbridge 29 May – 5 June 1973, Ironbridge 1975.

SICCIM – II. Internationaler Kongreß für die Erhaltung Technischer Denkmäler (bearb. v. Werner Kroker) (= Veröffentlichungen aus dem Deutschen
Bergbau-Museum Bochum, Nr. 13), Bochum 1978.

The Industrial Heritage, Transactions of the Third International Conference on
the Conservation of Industrial Monuments, 2 Bde. (bearb. v. Marie Nisser),
Stockholm 1978 ff.

Papers des Symposiums „Industriele Archaeologie", in: De Ingenieur nr. 251
(20. Juni 1974), S. 490–510.

Atti del Convegno Internazionale di Milano 24.–26. Juni 1977, Mailand 1978.

Internationales Symposium zur Geschichte des Bergbaus und Hüttenwesens,
hrsg. v. d. Bergakademie Freiberg, bearb. v. Eberhard Wächtler u. Gisela-
Ruth Engewald, Freiberg 1978.

Bundesrepublik Deutschland

Bernhard u. Hilla Becher/Hans Günther Conrad/Eberhard G. Neumann, Zeche
Zollern 2, München 1977.

Bernhard u. Hilla Becher/Heinrich Schönberg/Jan Werth, Die Architektur der
Förder- und Wassertürme, München 1971.

Franziska Bollerey/Kristiana Hartmann, Wohnen im Revier. Siedlungen von
Beginn der Industrialisierung bis 1933, München 1975.

Günther Borchers, Arbeitersiedlungen 1 (=Arbeitshefte des Landeskonservators Rheinland, Bd. 1), Köln 1975.

Tilmann Buddensieg u. a., Industriekultur. Peter Behrens und die AEG
1907–1914, Berlin 1978.

Wilhelm Busch, F. Schupp, M. Kremmer, Bergbauarchitektur 1919–1974 (=
Arbeitshefte des Landeskonservators Rheinland, Bd. 13), Köln 1980.

Günter Drebusch, Industriearchitektur, München 1976.

Axel Föhl, Technische Denkmäler im Rheinland (= Arbeitsheft 20 des Landeskonservators Rheinland), Köln 1976.

H. Glaser/W. Ruppert/N. Neudecker, Industriekultur in Nürnberg, München
1980.

Eberhard Grunsky, Vier Siedlungen in Duisburg (1925–1930) (= Arbeitshefte
des Landeskonservators Rheinland, Bd. 12), Köln 1975.

Roland Günter, Zu einer Geschichte der technischen Architektur im Rheinland.
  Textil-Eisen-Kohle, in: Beiträge zur Rheinischen Kunstgeschichte und
  Denkmalpflege, Beiheft 16, Düsseldorf 1970.

Wilfried Hansmann/Juliane Kirschbaum, Arbeitersiedlungen 2 (= Arbeitshefte
des Landeskonservators Rheinland, Bd. 3), Köln 1975.

Wilfried Hansmann/Wolfgang Zahn, Denkmäler der Stolberger Messingindustrie (= Arbeitshefte des Landeskonservators Rheinland, Bd. 2), Köln 1974.

Gerhard Heilfurth, Der Bergbau und seine Kultur. Eine Welt zwischen Dunkel und Licht, Zürich-Freiburg i. Br. 1981.

Francis Donald Klingender, Kunst und industrielle Revolution, Dresden 1974.

Kunst und Technik in den 20er Jahren. Neue Sachlichkeit und Gegenständlicher Konstruktivismus (hrsg. v. Helmut Friedel), München 1980.

Conrad Matschoß/Werner Lindner, Technische Kulturdenkmale, München 1932.

Walter Müller-Wulckow, Architektur der Zwanziger Jahre in Deutschland, Königstein i. T. Neuausgabe 1975.

Die Nützlichen Künste. Gestaltende Technik und Bildende Kunst seit der Industriellen Revolution (hrsg. v. Tilmann Buddensieg/Henning Rogge), Berlin 1981.

Willi Paul, Technische Sehenswürdigkeiten in Deutschland 4 Bde., München 1976 ff.

Akos Paulinyi, Industriearchäologie. Neue Aspekte der Wirtschafts- und Technikgeschichte, Dortmund 1975 (= Vortragsreihe der Gesellschaft für Westfälische Wirtschaftsgeschichte, Heft 19).

J. Reulecke/W. Weber, Fabrik – Familie – Feierabend. Beiträge zur Sozialgeschichte des Alltags im Industriezeitalter, Wuppertal 1978.

G. A. Ritter, Arbeiterkultur, Königstein i. T. 1979.

Peter Ruhnau, Das Frankenberger Viertel in Aachen (= Arbeitshefte des Landeskonservators Rheinland, Bd. 11), Köln 1976.

Rainer Slotta, Technische Denkmäler in der Bundesrepublik Deutschland, 3 Bde., Bochum 1975 ff.

Ders., Förderturm und Bergmannshaus. Vom Bergbau an der Saar (= Veröffentlichungen aus dem Deutschen Bergbau-Museum, Nr. 17), Saarbrücken 1979.

Hermann Sturm, Fabrikarchitektur – Villa – Arbeitersiedlung, München 1977.

Ulrich Troitzsch/Gabriele Wohlauf (Hrsg.), Technikgeschichte, Historische Beiträge und neuere Ansätze, Frankfurt a. M. 1980.

Gabriele Unverferth/Evelyn Kroker, Der Arbeitsplatz des Bergmanns in historischen Bildern und Dokumenten, Bochum 1979 (= Veröffentlichungen aus dem Deutschen Bergbau-Museum Bochum, Nr. 15; Schriften des Bergbau-Archivs, Nr. 2), Bochum 1979.

Vom Glaspalast zum Gaskessel. Münchens Weg ins technische Zeitalter (hrsg. v. Verein zur Förderung der Industrie-Archäologie e. V.) (= Arbeitshefte des bayerischen Landesamtes für Denkmalpflege 3), München 1978.

Ernst Werner, Die Eisenbahnbrücke über die Wupper bei Müngsten (= Arbeitshefte des Landeskonservators Rheinland, Bd. 5), Köln 1975.

Heinrich Winkelmann (Hrsg.), Der Bergbau in der Kunst, Essen 1958.

Belgien

Le Règne de la Machine – Rencontre avec l'Archéologie Industrielle (hrsg. v. d. Société Nationale de Crédit à l'Industrie u. d. Crédit Communal de Belgique), Brüssel 1975.

Le Paysage de l'Industie. Région du Nord-Wallonie-Ruhr (hrsg. v. d. Archives d'Architecture Moderne), Brüssel 1975.

Adrian Linters, Industriele Archaeologie: Definities en Bemerkingen, in: Bouwkundig Erfgoed in Vlaanderen M 75, Berichtenblad nr. 32, Dezember 1977.

Deutsche Demokratische Republik

Technische Denkmale in der Deutschen Demokratischen Republik (hrsg. v. d. Gesellschaft f. Denkmalpflege im Kulturbund der DDR), Berlin [1]1973 und [2]1977.

W. Preiß, Zinnaufbereitung Altenberg, Probleme der Erhaltung technischer Denkmale, in: Wiss. Zeitschrift der Technischen Hochschule Dresden 3, 1954, S. 371–376.

Otfried Wagenbreth, Technische Kulturdenkmale des Braunkohlenbergbaus im Zeitzer Revier, in: Bergbautechnik 17, 1967, S. 319–323.

Ders., Technische Kulturdenkmale des Freiberger Bergbaus (= Freiberger Forschungshefte D 70), Leipzig 1970, S. 71–90.

Ders./F. Hofmann, Alte Freiberger Bergwerksgebäude und Grubenanlagen (= Freiberger Forschungshefte C 19), Berlin 1957.

Ders., Die Pflege technischer Kulturdenkmale – eine gesellschaftliche Aufgabe unserer Zeit und unseres Staates zur Popularisierung der Geschichte der Produktivkräfte, in: Wiss. Zeitschrift der Hochschule für Architektur und Bauwesen Weimar 16, 1969, S. 465–484.

Ders., Zur Problematik der Denkmalpflege von Bergbau- und Hüttenanlagen, in: Bergakademie 3, 1965, S. 172–178.

H. Nadler, Um die Erhaltung technischer Kulturdenkmale, in: Jahrbuch „Natur und Heimat" (hrsg. v. Deutschen Kulturbund der DDR), Berlin 1952, S. 124–130.

Eberhard Wächtler/Otfried Wagenbreth, Soziale Revolution und Industriearchäologie, in: Ethnographisch-Archäologische Zeitschrift 18, 1977, Heft 3, S. 399–417.

Dies., Ziele und Methoden der Pflege technischer Denkmale in der Deutschen Demokratischen Republik, in: Beiträge zur Geschichte der Produktivkräfte 9 (= Freiberger Forschungshefte D 90), Leipzig 1975.

Frankreich

Maurice Daumas, L'Archéologie Industrielle en France, Paris 1980.
Lise Grenier/Hans Wieser-Benedetti, Le Siècle de l'Eclectisme, Lille 1830–1930, Paris-Brüssel 1979.
Dies., Les Châteaux de l'Industrie, Paris-Brüssel 1979.

Großbritannien

Brian Bracegirdle, The Archaeology of the Industrial Revolution, London 1974.
Ralf Angus Buchanan, Industrial Archaeology in Britain, Hammondworth 1972.
Ders., The Theory and Practise of Industrial Archaeology, Bath 1968.
Neil Cossons, The BP Book of Industrial Archaeology, Newton Abbot 1975.
Kenneth Hudson, Industrial Archaelogy, an Introduction, London 1963.
Ders., Handbook for Industrial Archaeologists, London 1967.
Ders., The Archaeology of Industry, London 1976.
Ders., World Industrial Archaeology, Cambridge 1979.
J. P. M. Pannell, The Techniques of Industrial Archaeology, Newton Abbot 1966.

Italien

Antonella Negri/Massimo Negri, L'Archeologia Industriale (= Tangenti 53), Messina-Florenz 1978.
Franco Borsi, Introduzione alla Archeologia Industriale, Rom 1978.

Österreich

Richard Pittioni, Studien zur Industrie-Archäologie, in: Österr. Akad. d. Wiss., Anzeiger phil.-hist. Klasse 105, 1968, S. 123–143; 106, 1969, S. 264 ff.; 107, 1970, S. 266 ff.; 109, 1972, S. 279 ff.
Manfred Wehdorn, Die Baudenkmäler des Eisenhüttenwesens in Österreich, Düsseldorf 1977.

Polen

Ochrona Zabytków Techniki (= Schutz technischer Denkmäler), Warschau 1980.

Schweden

Bengt Holtze/Ake Nisbeth/Rolf Adamson/Marie Nisser, Swedish Industrial
Archaeology. Engelsberg Ironworks – A Pilot Project, Stockholm 1975.

Schweiz

Hans Martin Gubler, Prolegomena zur Geschichte der Industriearchitektur im
Kanton Zürich, in: Festschrift Drack, Stäfa 1977.
Ders., Industriearchäologie – Versuch einer Beschreibung, in: Archithese. Zeit-
schrift u. Schriftenreihe für Architektur und Kunst 1980, Heft 5, S. 5 ff.

Tschechoslowakei

Jiří Vondra, Přehled Technických Památek v Českých Zemích (= Eine Übersicht der Technischen Denkmäler in den böhmischen Landen), Prag 1970.
Otfried Wagenbreth, Zur Pflege der technischen Kulturdenkmale in der ČSSR
und in der VR Polen, in: Wiss. Zeitschrift der Hochschule für Architektur und
Bauwesen Weimar 20, 1973, S. 191–202.

Weitere Literatur findet sich in den Kongreßbänden.

ABBILDUNGSNACHWEIS

T 1 a: Roger J. Mercer, Grimes Graves Norfolk – an interim statement on conclusions drawn from the total excavation of a flint mine shaft and a substantial surface area in 1971–2, in: Settlement and Economy in the Third and Second Millenia B. C. (= British Archaeological Reports 33, 1976), S. 101 ff.

T 2 a: Fritz Klähn, St. Andreasberg.

T 2 b: G. de G. Sieveking, in: Gerd Weisgerber u. a., 5000 Jahre Feuerstein – Die Suche nach dem Stahl der Steinzeit, Bochum 1980, S. 530.

T 5 a: Stadtbildstelle Mülheim a. d. Ruhr.

T 10 a: Rheinisches Landesmuseum Bonn.

T 24: Österreichische Nationalbibliothek, Wien.

T 27 a, 47, 48: Bernhard und Hilla Becher, Düsseldorf.

T 32: Die Arbeiterwohnungen des Bochumer Vereins, Berlin 1883, S. 12.

T 34: Lebendiges Rheinland-Pfalz 10, 1973, Heft 5, Abb. 15 und 16.

T 35: Mitt. Sächs. Heimatschutz 26, 1937, S. 259 und 261.

T 43 b, 58: Lichtbildarchiv Saarbergwerke AG, Saarbrücken.

T 56, 59, 79 b: Landeskonservator Westfalen-Lippe, Münster.

T 61, 68–78: Kaliwerk Bergmannssegen-Hugo, Lehrte.

T 63: Bildarchiv Foto Marburg.

Alle anderen Fotovorlagen wurden den Sammlungen des Deutschen Bergbau-Museums Bochum bzw. des Bergbau-Archivs entnommen, wofür ich Frau Dr. Evelyn Kroker, M. A., sowie Herrn Fritz Miekley herzlich danke. Für die Anfertigung der Vorlagen danke ich Fräulein Ulrike Frohne und Frau Thea Mundt.

TAFELTEIL

T 1 a   Grime's Graves, Pingenfeld.

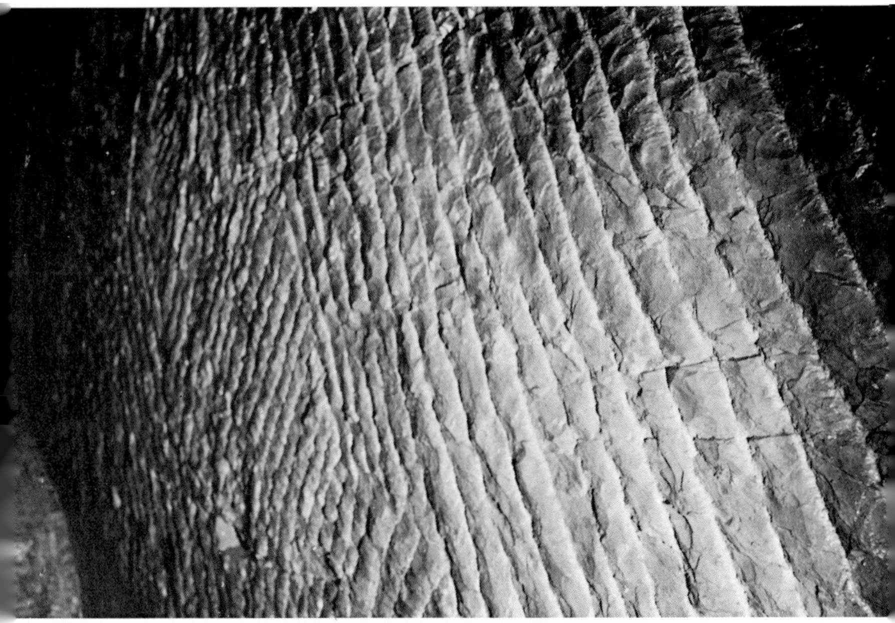

T 1 b   Goldhausen (bei Korbach), Schacht St. Georg, Schlägel und Eisen-Spuren.

T 2b   Grime's Graves, Schacht Greenwell's Pit bei der Ausgrabung.

T 2a   St. Andreasberg, Grube Samson, Kehrrad.

T 3a   Fördermaschine der Zeche Trappe (Herbede/Ruhr).

T 3b   Fördermaschine mit konischer Seiltrommel am Ludwig-Schacht
(Ölsnitz/Erzgebirge).

T 4a   Fördermaschine mit zylindrischen Seiltrommeln am Hilfe-Gottes-Schacht (Lugau-Ölsnitz/Erzgebirge).

T 4b   Fördermaschine mit Treibscheibe am Duhamel-Schacht (Ensdorf/Saar).

T 5 a   Förderpumpe 6 im Wasserwerk Styrum (transloziert und zwischenzeitlich gelagert auf der Zeche Zollern 2/4 in Dortmund-Bövinghausen).

T 5 b   Fördermaschine im Kaliwerk Thiederhall (Salzgitter-Thiede).

T 6a   Fördermaschine der Zeche Zollern 2/4 (Dortmund-Bövinghausen).

T 6b   Turmfördermaschine der Zeche Hannover-Hannibal (Bochum-Hordel).

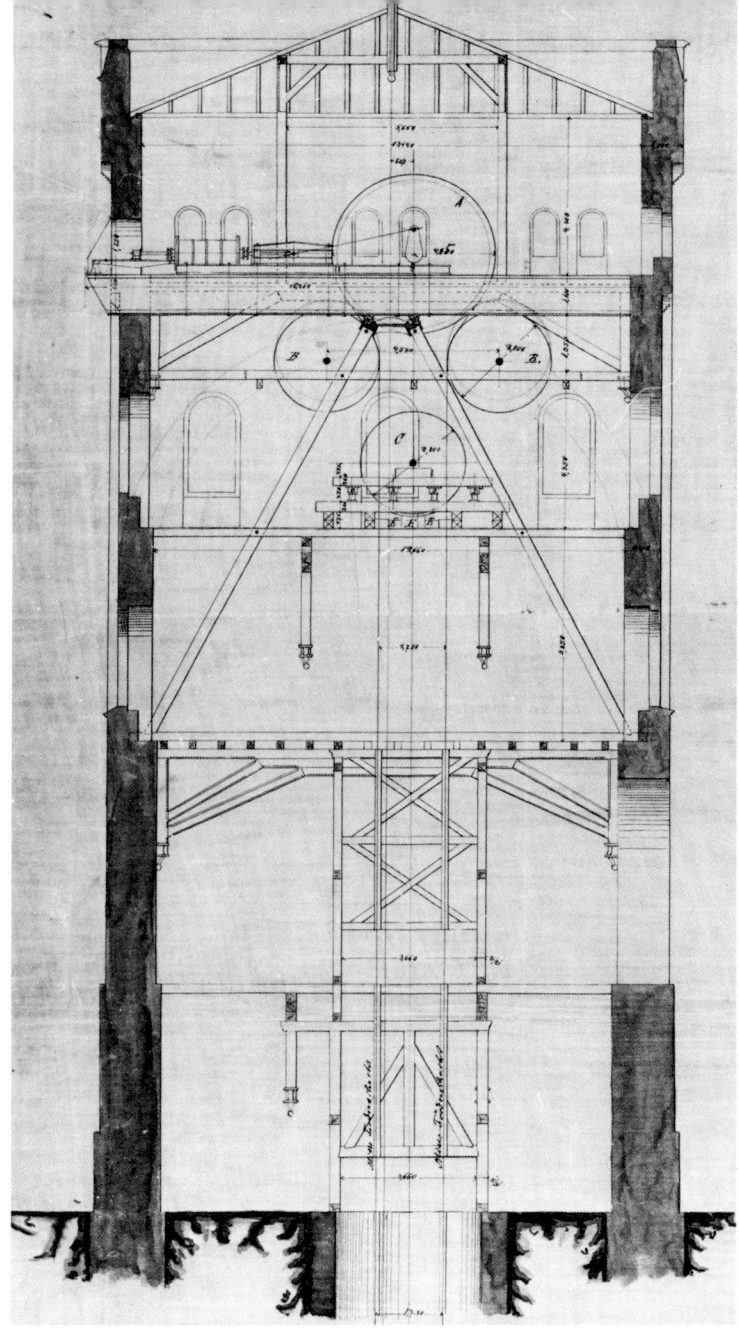

T 7 Malakoffturm der Zeche Hannover-Hannibal (Bochum-Hordel)
mit Eintragung der Koepe-Turmfördermaschine (Projekt).

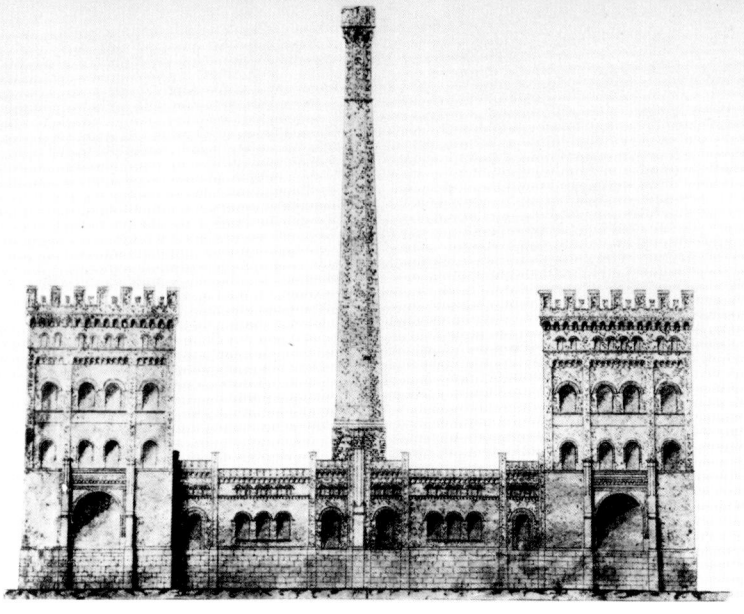

T 8a   Ansicht der Zeche Hannover 1/2 (Bochum-Hordel) mit den beiden
Malakofftürmen (um 1860).

T 8b   Heutige Ansicht (1980).

T 9 Förderturm der Kaligrube Glückauf (Sarstedt bei Hannover).

T 10a   Römische Kalköfen in Iversheim (Eifel).

T 10b   Bohrturm und Pumpe auf dem Bohrfeld Wietze.

T 11a Fördergerüst, Lohnhalle, Kaue und Fördermaschinenhaus
der ehem. Grube Dr. Geier (Waldalgesheim).

T 11b Fördermaschine der ehem. Grube Dr. Geier (Waldalgesheim).

T 12 a   Barbara-Saal der ehem. Grube Dr. Geier (Waldalgesheim).

T 12 b   Betriebsgebäude der ehem. Grube Dr. Geier (Waldalgesheim).

T 13 Lohnhalle, Kaue, Fördergerüst und Bunker der ehem. Grube Dr. Geier (Waldalgesheim).

T 14a   Schlafhaus der ehem. Grube Von der Heydt (heutiger Zustand).

T 14b   Schlafhaus der ehem. Grube Von der Heydt (ursprünglicher Bauzusammenhang).

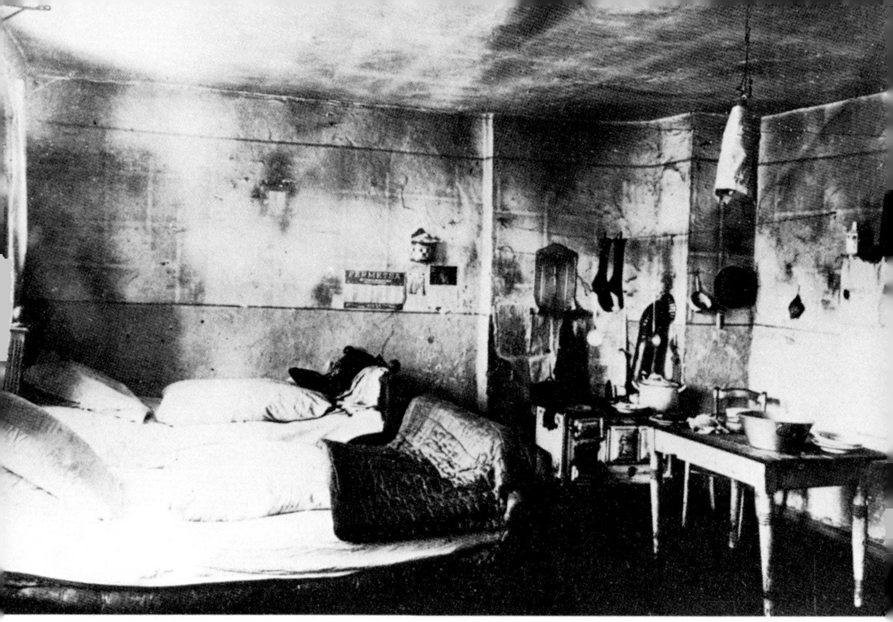

T 15 a Schlafraum im Schlafhaus der ehem. Grube Von der Heydt.

T 15 b Herde im Schlafhaus der ehem. Grube Von der Heydt.

T 16a   Küche im Schlafhaus der ehem. Grube Von der Heydt.

T 16b   Speisegenossenschaft der ehem. Grube Von der Heydt.

T 17a Kaffeeküche der Grube Maybach (Friedrichsthal).

T 17b Kaffeeausschank im Schlafhaus der ehem. Grube Von der Heydt.

T 18a   Rechtsschutzsaal (Friedrichsthal-Bildstock).

T 18b   Prämienhäuser (Friedrichsthal-Bildstock; Quierschieder Straße).

T 19a   Schachtgebäude Apfelbaumer Zug (Brachbach).

T 19b   Erzaufbereitung Friedrichssegen (Friedrichssegen).

T 20a   Destillationsofen der Grube San Teodoro (Almaden).

T 20b   Destillationsofen der Grube Las Minetas (Almadenejos).

T 21   Mundloch des Emilianus-Stollen (Wallerfangen).

T 22 a   Okkupationsinschrift am Emilianus-Stollen (Wallerfangen).

22 b   Schacht 2 der Altenberg-Grabung (Müsen).

T 23 a   Schacht 4 der Altenberg-Grabung (Müsen).

T 23 b   Haus mit Schacht der Altenberg-Grabung (Müsen).

T 24 Kuttenberger Kanzionale (Wien, Albertina).

T 25a Solebrunnen der Saline Lüneburg.

T 25b Siedepfannen der Saline Lüneburg.

T 26 Schornsteine und Rauchkanal der Blei- und Silberhütte (Braubach).

T 27 a   Durch Röstgase abgestorbene Hänge der ehem. Eisenerzgrube San Fernando-Wolf (Herdorf).

T 27 b   Salzhalde des Kaliwerks Neuhof-Ellers (Neuhof bei Fulda).

T 28a Frühislamische Schlackenhalde in Semdah (Oman).

T 28b Mittelislamische Schlacken in Abu Zenah (Oman).

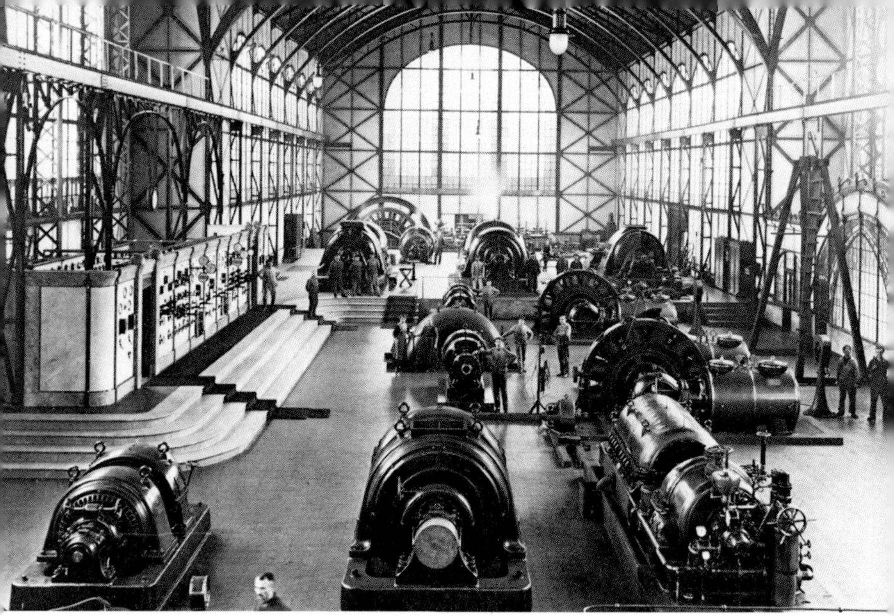

T 29a Inneres der Maschinenhalle Zollern 2/4 (Dortmund-Bövinghausen)
mit der originalen Maschinenausstattung (um 1935).

T 29b Streckenförderung durch Treckjungen im Mansfelder Kupferschieferbergbau
(1. Hälfte 20. Jahrhundert).

T 30a   Kläranlage der Emschergenossenschaft in Bochum

T 30b   Pumpwerk „Alte Emscher A" der Emschergenossenschaft in Duisburg.

T 31   Waschkaue für Berglehrlinge im Schulgebäude der Zeche Hannibal II (Bochum).

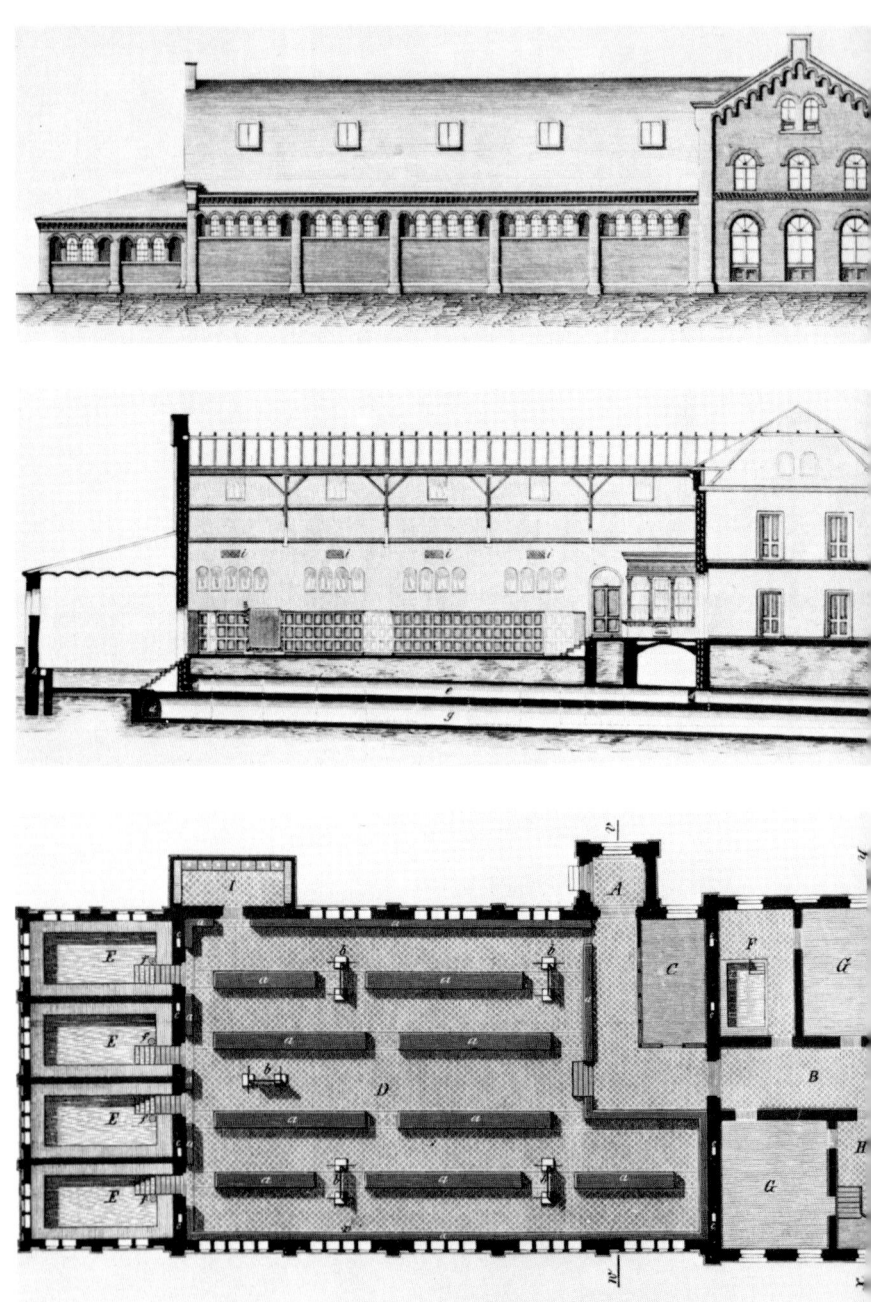

T 32 Waschkaue der Zeche Maria Anna und Steinbank (Wattenscheid-Höntrop)
mit Badebassins und rd. 800 Kleiderspinden, um 1880.

T 33 a   Ehem. Bet- und Zechenhaus der Quecksilbergrube Gottesgab (Obermoschel/Pfalz).

T 33 b   Tagesanlagen der Grube Samson (St. Andreasberg).

T 34 a   Westfront der Gießhalle der Sayner Hütte (Bendorf), um 1855.

T 34 b   Innenaufnahme der Gießhalle der Sayner Hütte (Bendorf), um 1960.

T 35 Schwarzenberg-Gebläse, heute auf der Lehrgrube Alte Elisabeth (Freiberg/Erzgebirge).

T 36   Solepumpe der Saline Bad Kissingen.

T 37   Steueranlage der Feuermaschine von Unna-Königsborn.

T 38 Pumpenanlage im Johannesbrunnenhaus im Schloß Nymphenburg (München).

T 39 Pumpenanlage II (Brunnenhaus im Dörfchen) im Park des Schlosses Nymphenburg (München).

T 40   Pumpenanlage III (Brunnenhaus im Dörfchen) im Park des Schlosses Nymphenburg (München).

T 41   Pumpenanlage III (Brunnenhaus im Dörfchen) im Park des Schlosses Nymphenburg (München).

T 42 Mundloch des Ernst-August-Stollens in Gittelde.

T 43 a   Mundloch des Tiefen-Georg-Stollens in Bad Grund.

T 43 b   Mundloch des Heinitz-Stollens der Grube Heinitz (Neunkirchen/Saar).

T 44   Mundloch des Reinhold-Forster-Erbstollens in Eiserfeld/Sieg.

T 45 a   Ehem. Verwaltungsgebäude der Saline Bad Dürrheim.

T 45 b   Bohrhaus I der Saline Bad Dürrheim.

T 46a Siedehaus der ehem. Saline Ludwigshall in Rottweil.

T 46b Rohsolebehälter der ehem. Saline Ludwigshall in Rottweil.

T 47   Ansicht der Zeche Scharnhorst (Dortmund-Scharnhorst).

T 48 Fördergerüst am Schacht Hermine der Grube Reden (Landsweiler-Reden/Saar).

T 49   Lohnhalle der ehem. Zeche Zollern 2/4 (Dortmund-Bövinghausen).

T 50a   Verwaltungsgebäude der ehem. Zeche Zollern 2/4 (Dortmund-Bövinghausen).

T 50b   Elektrotechnische Schalttafel der Maschinenhalle der ehem. Zeche Zollern 2/4 (Dortmund-Bövinghausen).

T 51a   Längsfassade mit Haupteingang der Maschinenhalle der ehem. Zeche Zollern 2/4 (Dortmund-Bövinghausen).

T 51b   Glasfenster des Haupteingangs der Maschinenhalle der ehem. Zeche Zollern 2/4 (Dortmund-Bövinghausen).

T 52 Bronzeuhr über der Schalttafel der Maschinenhalle der ehem. Zeche Zollern 2/4 (Dortmund-Bövinghausen).

T 53 a   Inneres der Maschinenhalle der ehem. Zeche Zollern 2/4
(Dortmund-Bövinghausen).

T 53 b   Haupteingang der Maschinenhalle der ehem. Zeche Zollern 2/4
(Dortmund-Bövinghausen).

T 54   Inneres der Maschinenhalle der ehem. Zeche Zollern 2/4 (Dortmund-Bövinghausen).

T 55   Wasserturm in Worms.

T 56   Wasserturm in Münster.

T 57a Wasserturm und Ratswasserturm in Lüneburg.

T 57b Wasserturm in Mannheim.

T 58   Malakofftürme der ehem. Grube Hirschbach (Dudweiler/Saar).

T 59   Malakoffturm am Schacht Hannibal 2 (Wanne-Eickel).

T 60   Malakoffturm am Schacht Hannover 3 (Wattenscheid-Günnigfeld).

T 61   Fördergerüst am Schacht Bergmannssegen des Kaliwerks Bergmannssegen-Hugo
(Lehrte).

T 62   Fördergerüst am Schacht 2 der Zeche Lohberg (Dinslaken).

T 63   Barbarakirche in Kutna Hora (Kuttenberg).

T 64 a   Barbarazyklus im Turmuntergeschoß der Pfarrkirche von Niederhausen/Nahe.

T 64 b   Szene aus dem Valentinzyklus im Turmuntergeschoß der Pfarrkirche von Niederhausen/Nahe.

T 65 a   Stifterbild im Turmuntergeschoß der Pfarrkirche von Niederhausen/Nahe.

T 65 b   Bethaus der Bergleute im Muttental (Witten-Bommern).

T 66   Fördergerüst am Schacht 1 der Zeche Scharnhorst (Dortmund-Scharnhorst).

T 67 a Bergmannsskulpturen und Porträtmedaillons an der Bergwerksdirektion in Saarbrücken.

T 67 b Details mit den Büsten von Böcking, von Dechen, Krug von Nidda und Sello.

T 68 a   Belegschaft beim Abteufen des Schachtes Hohenfels der Kaligrube Hohenfels
(Wehmingen bei Sehnde/Hannover).

T 68 b   Erstes Kesselhaus der Kaligrube Hohenfels (Wehmingen bei Sehnde/Hannover).

T 69 Tagesanlagen der Kaligrube Hohenfels (Wehmingen bei Sehnde/Hannover).

T 70a   Provisorisches Verwaltungsgebäude der Kaligrube Hohenfels
(Wehmingen bei Sehnde/Hannover).

T 70b   Schichtwechsel auf der Kaligrube Hohenfels (Wehmingen bei Sehnde/Hannover).

T 71a   Direktorenvilla der Kaligrube Hohenfels (Wehmingen bei Sehnde/Hannover).

T 71b   Belegschaftsszene der Kaligrube Hohenfels (Wehmingen bei Sehnde/Hannover).

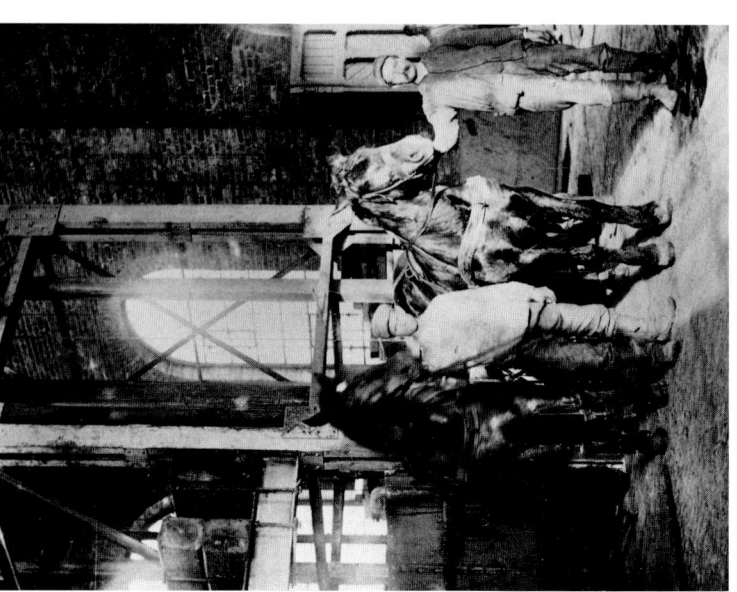

T 72b   Grubenpferde am Schacht der Kaligrube Hohenfels (Wehmingen bei Sehnde/Hannover).

T 72a   Wasserturm der Kaligrube Hohenfels (Wehmingen bei Sehnde/Hannover).

T 73　Bergleute vor Ort; Kaligrube Hohenfels (Wehmingen bei Sehnde/Hannover).

T 74a   Am Füllort: Kaligrube Hohenfels (Wehmingen bei Sehnde/Hannover).

T 74b   Aufbereitung der Kaligrube Hohenfels (Wehmingen bei Sehnde/Hannover).

T 75   Aufbereitung der Kaligrube Hohenfels (Wehmingen bei Sehnde/Hannover).

T 76 Aufbereitung der Kaligrube Hohenfels (Wehmingen bei Sehnde/Hannover).

T 77a   Belegschaftsangehörige der Kaligrube Hohenfels
(Wehmingen bei Sehnde/Hannover) beim Bergfest am 30. November 1900.

T 77b   Bergmusik der Kaligrube Hohenfels (Wehmingen bei Sehnde/Hannover) beim
Bergfest im Jahre 1907.

T 78 a   Belegschaftsangehörige der Kaligrube Hohenfels
(Wehmingen bei Sehnde/Hannover) mit Damen.

T 78 b   Mädchen und Belegschaftsangehörige vor der Tombola bei einem Bergfest
der Kaligrube Hohenfels (Wehmingen bei Sehnde/Hannover).

T 79 a   Fördergerüst Germania II über dem Deutschen Bergbau-Museum Bochum.

T 79 b   Gebäude der Holzkohlenhütte Luisenhütte in Wocklum (Balve/Sauerland).

T 80 a   Gebläse der Holzkohlenhütte Luisenhütte in Wocklum (Balve/Sauerland).

T 80 b   Hochofen der Holzkohlenhütte Luisenhütte in Wocklum (Balve/Sauerland).